"十二五"职业教育国家规划教材

经全国职业教育教材审定委员会审定

动物外产科技术

郑继昌　凌　丁　主编

第三版

DONGWU
WAICHANKE
JISHU

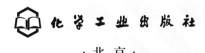

化学工业出版社

·北京·

内容简介

《动物外产科技术》为"十二五"职业教育国家规划教材。第三版是从兽医岗位能力需求入手，以动物外科与产科疾病防治工作过程为导向，严格按技能标准化操作要求进行编写。内容包含动物外科手术与疾病、动物产科手术与疾病两篇，共十三章。各章开头有知识目标和技能目标，结尾有目标检测题。为更好地满足实践性教学，设计了 24 个实训项目、22 个案例分析，为学生技能练习提供了操作指导。本书内容简明扼要、深入浅出，学习者易学易练，实现了"教、学、做"合一，同时，将课程思政内容融入教材中。本书配有丰富的数字资源，可扫描二维码学习观看，电子课件可从 www.cipedu.com.cn 下载参考。

本书可作为高职高专院校和成人教育等畜牧兽医类专业的教材，也可作为农村实用技术培训教材，还可以供从事畜牧兽医工作的技术人员参考。

图书在版编目（CIP）数据

动物外产科技术/郑继昌，凌丁主编. —3 版. —北京：
化学工业出版社，2021.10（2024.2重印）
"十二五"职业教育国家规划教材
ISBN 978-7-122-39866-6

Ⅰ.①动⋯　Ⅱ.①郑⋯②凌⋯　Ⅲ.①家畜外科－高
等职业教育－教材②家畜产科－高等职业教育－教材
Ⅳ.①S857

中国版本图书馆 CIP 数据核字（2021）第 184319 号

责任编辑：迟　蕾　梁静丽　李植峰　　　　文字编辑：张雨璐
责任校对：王佳伟　　　　　　　　　　　　装帧设计：史利平

出版发行：化学工业出版社（北京市东城区青年湖南街 13 号　邮政编码 100011）
印　　装：河北鑫兆源印刷有限公司
787mm×1092mm　1/16　印张 16　字数 390 千字　2024 年 2 月北京第 3 版第 3 次印刷

购书咨询：010-64518888　　　　　　　　售后服务：010-64518899
网　　址：http://www.cip.com.cn
凡购买本书，如有缺损质量问题，本社销售中心负责调换。

定　　价：49.80 元

《动物外产科技术》(第三版)编审人员

主　　编　郑继昌　凌　丁

副 主 编　何海健　闫慎飞

编写人员　(按照姓名汉语拼音排列)

何海健　金华职业技术学院

李春雨　广东农工商职业技术学院

李　娅　广西大学动物科学技术学院

凌　丁　广西农业职业技术学院

师丽敏　海南职业技术学院

史兴山　黑龙江职业学院

王　韫　保定职业技术学院

武彩红　江苏农牧科技职业学院

熊　飙　广西农业职业技术学院

闫慎飞　河南农业职业学院

叶存栋　广东农工商职业技术学院

翟文栋　保定职业技术学院

郑继昌　广东农工商职业技术学院

周德忠　商丘职业技术学院

主　　审　吴敏秋　江苏农牧科技职业学院

前言

《动物外产科技术》(第三版)依据《国务院关于印发国家职业教育改革实施方案的通知》(国发〔2019〕4号)等文件精神，在汲取精品在线开放课程建设经验以及部分资深教师教学改革实践与研究成果的基础上修订完成。 按照教育部对国家规划教材建设的要求，本着"纠正错误、更新陈旧、补充遗漏、开发资源"的原则，对第二版教材进行修订。 修订工作主要集中在以下几个方面。

教材保留第二版的编写结构，相比第二版，增加了眼、肾、膀胱、前列腺等部位疾病手术以及骨折修复手术等，并对部分药品、器械、技能操作等内容进行了更新。 根据教育部对课程思政的要求与部署，将课程思政与职业素养目标融入教材中。 数字资源以二维码的形式呈现，电子课件可从 www.cipedu.com.cn 下载参考。

本版教材各章开头列出了具体知识目标和技能目标，便于引导学生研究与练习；文中各项外产科疾病控制均按工作过程展述，并配有大量的操作流程图片，便于学生直观学习和应用；结尾设置题型丰富的目标检测题，便于学生复习、分析和巩固关键技能点。

本次修订，郑继昌负责编写第一章、实训一~实训五和实训二十二、实训二十三；何海健、叶存栋负责编写第二章和实训六、实训十一、实训十二、实训十三、实训十五；周德忠负责编写第三章、第四章和实训十六；凌丁负责编写第五章、实训七~实训十、实训十七、实训十八；翟文栋负责编写第六章第一节~第三节、第四节第一~二项、第五节和实训二十；李春雨负责编写第六章第四节第三、四项；闫慎飞负责编写第七章、第九章；武彩红负责编写绪论和第八章；史兴山负责编写第十章；师丽敏负责编写第十一章；李娅负责编写第十二章；王韫负责编写第十三章第一节、实训十四、实训十九；熊飙负责编写第十三章第二节、实训二十一和实训二十四。 由郑继昌、凌丁负责统稿、修改、定稿。 江苏农牧科技职业学院吴敏秋教授对教材内容进行了审定。

由于编者水平有限，书中不足和疏漏之处在所难免，恳请使用本教材的师生、广大读者和专家批评指正，以便今后进一步修改、补充和完善。 在编写过程中，参考了相关教材、著作，在此向有关作者表示感谢。

编 者
2021 年 5 月

第一版前言

本教材是在教育部《关于全面提高高等职业教育教学质量的若干意见》、《关于实施国家示范性高等职业院校建设计划加快高等职业教育改革与发展的意见》、《关于加强高职高专教育教材建设的若干意见》精神的指导下，在化学工业出版社的大力筹措下组织编写的。

在编写过程中，编者根据国家示范性高职建设院校课程体系建设精神，以动物外科与产科疾病防治工作过程为导向，结合"教、学、做一体"课程教学的改革方向和学生的基本素质，严格按技能标准化操作要求，编写各项技能操作项目，同时引入大量操作性图片和新技术，突出实践性教学和职业教育特色。内容简明扼要、深入浅出、易学易练。其包含外科手术的基础知识和基本技能、常用外科与产科手术操作方法、外科与产科疾病的诊断治疗等内容，适用于全日制高职高专畜牧兽医类专业的学生和从事畜牧兽医工作的技术人员使用。

本教材由高职高专院校一线教师和畜牧兽医行业技术人员共同编写，力求结合岗位技能需求，体现"工学结合"的实践特色。本书编写分工如下：郑继昌负责编写第一章、实训一～实训五和实训十三、实训十四；何海健负责编写第二章和实训七～实训十；周德忠负责编写第三章、第四章和实训六；凌丁负责编写第五章、第十三章、实训十一和实训十五；翟文栋负责编写第六章和实训十二；闫慎飞负责编写第七章、第九章；武彩红负责编写第八章；史兴山负责编写第十章；言天久负责编写第十一章；李娅负责编写第十二章。由郑继昌负责统稿。

本教材承蒙江苏畜牧兽医职业技术学院吴敏秋老师审核并提出了宝贵的修改意见，对本书的编写工作给予了大力支持，在此表示衷心感谢！

由于编者水平有限，书中不足之处在所难免，恳请广大读者和同行专家提出宝贵意见。

编　者
2008 年 12 月

第二版前言

《动物外产科技术》第二版依据《国家中长期教育改革发展规划纲要（2010—2020年）》和《国家高等职业教育发展规划（2011—2015年）》文件精神，在汲取精品课程建设经验以及部分资深教师教学改革实践与研究成果的基础上编写完成。编写人员按照《教育部关于"十二五"职业教育教材建设的若干意见》对国家规划教材建设的要求，以及本着"纠正错误、更新陈旧、补充遗漏、开发资源"的原则，对第一版教材进行修订。修订工作主要集中在以下几个方面。

第二版教材改变了一版的编写结构，将实训指导分类纳入到动物外科手术与疾病、动物产科手术与疾病的相关章节后，提高了实训的针对性。相比第一版，增加了胆囊手术等内容，并对部分药品、器械、技能操作等进行了更新，同时删除了多处相对陈旧或者不适宜的内容。

实践教学内容中增加了豁鼻修补术、食管切开术、气管切开术、声带切除术、犬胃切开术、肠切除吻合术、脓肿的诊断和治疗、眼病的治疗技术、四肢疾病的诊断与治疗9个实训指导内容以及22个案例分析，并与相关知识前后衔接紧密，修订后的教材内容贴近生产实际，符合动物外科与产科疾病防治工作过程，便于"教、学、做"合一教学和学生自学复习。

本版教材各章开头提出了知识目标和技能目标，使其引导作用发挥得更具体、更合理；结尾设置题型丰富的目标检测题，其中案例分析题可有效启发学生工作和问题分析思路；书中配有光盘，便于直观教学。

为了顺应立体化教学趋势，在修订过程中，建设了与教材配套的课程网站，拓宽了学生自主学习的渠道，可登录网站地址 http: //222. 216. 3. 183:803/course0079/index. aspx 参阅学习。

本次修订，郑继昌负责编写第一章、实训一～实训五和实训二十二、实训二十三；何海健负责编写第二章和实训六、实训十一、实训十二、实训十五；周德忠负责编写第三章、第四章和实训十六；凌丁负责编写第五章、实训七～实训十、实训十三、实训十四、实训十七～实训十九、实训二十一、实训二十四和第一章至第六章的案例分析；翟文栋负责编写第六章和实训二十；闫慎飞负责编写第七章、第九章；武彩红负责编写第八章；史兴山负责编写第十章；言天久负责编写第十一章；师丽敏、钱林东负责编写第十二章、第八章至第十三章的案例分析；王韫负责编写第十三章。由郑继昌、凌丁负责统稿、修改、定稿。江苏农牧职业学院吴敏秋老师对教材内容进行了审定。在编写过程中，参考了同行、专家的有关教材及著作，在此向有关作者和单位表示诚挚的感谢。

由于编者水平有限，书中不足和疏漏之处在所难免，恳请使用本教材的师生、广大读者和专家批评指正，以便今后进一步修改、补充和完善。

编 者
2015 年 2 月

目录

第一篇　动物外科手术与疾病

第二篇　动物产科手术与疾病

动物外产科技术课程所讲授的知识与技能是从事畜牧兽医工作人员必备的专业技术之一。学好本课程须要充分了解动物外产科技术的学习项目、学习目的、学习方法和发展简史，进而树立正确的学习观念，培养坚定的学习信心，这样才能选用良好的手段与措施学好、学实专业技术本领。

一、动物外科学与动物产科学概念

动物外产科技术分为动物外科技术和动物产科技术两部分，内容包括动物外科手术与疾病、动物产科手术与疾病两部分。

1. 动物外科学

动物外科学包括动物外科学和动物外科手术学两部分。动物外科学也称为动物外科疾病学，是研究使用外科手段（手术和手法，特殊外科器械及装置、手术刀和缝合等）诊断和防治动物外科疾病，提高畜牧业生产水平，为实验科学和兽医临床服务的一门兽医临床学科；动物外科手术学是研究与动物外科手术有关的医疗措施、局部解剖、手术通路与方法、适应证、并发症、继发症以及术后护理的一门兽医临床学科。

2. 动物产科学

动物产科学是动物医学的一个分支学科，是主要研究动物生理生殖、生殖疾病及繁殖技术的一门兽医临床学科。从整体上看，动物产科学包括两大部分内容：一是动物产科基础理论部分，包括动物生殖分泌和生殖生理（母畜生殖生理、公畜生殖生理、泌乳生理和新生仔畜生理等）方面的基本知识；二是动物产科临床技术，包括动物生殖疾病（产科疾病、母畜科疾病、公畜科疾病、新生仔畜疾病等）、生殖疾病诊疗技术以及繁殖控制技术。

二、学习动物外产科技术的目的与方法

通过学习动物外产科技术，熟悉常见动物外产科疾病的种类及发病规律，能针对不同疾病病状特征，正确选择和应用动物外产科技术手段，对外产科疾病进行科学地诊断、治疗和护理，为从事动物临床医学工作奠定专业基础。

要学好外产科技术，应局部与整体结合，理论与实践结合，预防与治疗结合，以提高生产性能、经济价值和恢复器官功能为医疗目标，反复研习理论知识和练习手术操作技术，积极参与临床医疗生产实践，这样才能成为能工巧匠式专业人才。

复习考核资料包

第一篇

动物外科手术与疾病

⭐ 思政与职业素养目标

1. 以严谨的科学态度开展动物外科手术实践，勤学苦练，精益求精。
2. 在动物外科手术实践中不怕脏累，培养吃苦耐劳的品格和职业责任意识。
3. 实践出真知，养成敢于实践、勤于实践的工作作风。
4. 向师长学技术，更要学习医德医风，养成良好的职业品德。
5. 家畜、家禽是农民的生活与致富源泉，在工作中强化兴农扶贫情怀。
6. 通过动物救治感受学习成果，树立职业自豪感，爱岗敬业。

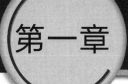

第一章 动物外科手术操作技术基础

1. 认识物理灭菌和化学消毒的基本原理与作用。
2. 认识麻醉的种类及其基本原理。
3. 认识组织的分离、止血、缝合和创口绷带包扎的目的与注意事项。

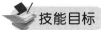

1. 能进行物理灭菌和化学消毒标准操作。
2. 能进行全身麻醉、局部麻醉、复合麻醉的操作。
3. 能进行组织的分离、止血、缝合和创口的绷带包扎标准操作。
4. 能进行手术前准备与手术后动物护理。

第一节 无 菌 术

外科手术严格要求进行无菌操作，无菌术可以保证手术区域和手术过程保持无菌，有效地防止感染的发生，使手术创在较短的时间内能良好地愈合。外科无菌术是指在外科范围内防止伤口（包括手术创）发生感染的综合预防性技术。无菌术主要通过消毒和灭菌两种方法来防止伤口受微生物的感染。消毒是指临床上应用适宜的化学方法来杀灭或抑制微生物生命活动的措施。灭菌是指临床上应用适宜的物理学方法来杀灭微生物的措施。

一、灭菌与消毒

常用的灭菌和消毒方法有煮沸灭菌法、高压蒸汽灭菌法和化学药品消毒法。此外，还有流通蒸汽灭菌法、干热灭菌法和火焰烧灼灭菌法等，但应用较少。

1. 灭菌方法

灭菌前，应检查所用器械、用品的实用性，以保证刀、剪锋利，转轴灵活，各种钳和镊子闭合紧密，锁扣开闭灵活。对需灭菌的器械及用品清洗后用纱布擦干净，再用纱布包住捆实或用带盖容器盛装好。

（1）煮沸灭菌法 煮沸灭菌法不一定要求用特别的灭菌器，可用一般带盖清洁的铝饭盒、铝锅、铁锅等。将需要灭菌的器械按顺序放入灭菌容器中，加水至淹没全部器械，即可进行加热煮沸灭菌。加热煮沸后维持 15～20min（灭菌容器的盖子应盖严，以保持水温），可将一般的细菌杀灭，但不能杀灭具有顽强抵抗力的细菌芽孢。对可疑污染芽孢细菌（破伤风杆菌、炭疽杆菌、坏死杆菌等）的器械或物品，必须煮沸 90min 以上。常水中加入碳酸氢钠使之成 2% 的碱性溶液，可以提高水的沸点至 102～105℃，这不但可以增强灭菌效果，还能防止金属器械生锈（但对橡胶制品有损害）。

达到煮沸灭菌所需的时间后，微启灭菌容器盖倾出全部沸水后，盖严备用。

有些地区水的硬度较大，水垢较多，可以先将水煮沸，去除沉淀后再用来煮沸灭菌，这样则可以防止有较多的沉淀物附着在器械表面而影响使用。

（2）高压蒸汽灭菌法 高压蒸汽灭菌法需用特制的灭菌器。高压蒸汽灭菌器的式样很多，有手提式、立式、卧式等，其容积大小各异，但灭菌的原理相同，都是利用蒸汽在容器内的积聚而产生压力。蒸汽的压力增高，温度也随之增高。

高压蒸汽灭菌时应先向高压灭菌器中加入自来水至规定位置，再将准备好的手术器械用消毒巾包好，按顺序放入高压灭菌器的盛物桶中，继而将盛物桶放入高压蒸汽灭菌器中盖好上盖，旋紧螺丝。加热至压力 5lbf/in^2（或 0.0345MPa）、温度 108.4℃时旋开放气阀放出冷气后，关闭放气阀，继续加热至压力 15lbf/in^2（或 0.1034MPa），温度 121.3℃，维持 30min。然后停止加热，放气至气压表指针指至 0 处后，开启上盖取出灭菌物品备用。该办法能杀灭所有的微生物，包括具有顽强抵抗力的细菌芽孢体。

高压蒸汽灭菌器应定期进行计量检测，不合格者不宜使用，以免造成人身伤亡和财产损坏。高压蒸汽灭菌器使用注意事项如下。

① 高压蒸汽灭菌器的压力表必须准确，要定期进行检验，以保证使用的安全。

② 高压蒸汽灭菌器内所加的水不宜过多，以免沸腾后水向内桶溢流，使消毒物品被水浸泡，但又不宜过少，以免烧坏灭菌器内的电热丝。

③ 放气阀门下连接的金属软管必须保留，不得折损，否则放气不充分，冷空气滞留在桶内会影响温度的上升，影响灭菌效果。

④ 灭菌后应立即间断缓慢地放气，待气压表指针指至 0 处，旋开盖子及时取出内容物，不可待其自然冷却降压，否则物品会变湿，妨碍正常使用。

⑤ 灭菌后放气时，不可过快，尤其内装有玻璃制品或其他易碎物品时，如果减压太快，则会造成物品严重破损。

⑥ 应该经常测定高压蒸汽灭菌器灭菌效果，简单易行的方法是化学指示剂法。可用市售121℃压力蒸汽灭菌化学指示卡放在被灭菌的物品中间。灭菌时指示卡受温度影响发生变化而变成黑色，表示符合灭菌条件。如果不变黑，表示不符合灭菌条件，应找出原因并纠正。

2. 消毒方法

化学药品消毒能力受药物浓度、温度、环境、作用时间等因素的影响。但化学药品消毒法不需特殊设备，使用方便，尤其对于某些不宜用热力灭菌用品的消毒，仍不失为一个有用的补充手段。器械在浸泡入化学消毒剂之前，应该将沾染污物洗净，尤其是被油脂覆盖的器械，以免其妨碍化学药品对器械的消毒作用，所以应该事先仔细将油脂除去。有些化学消毒药物对活组织有害，故在使用前应将器械表面沾有的消毒药液用灭菌的生理盐水冲洗干净。临床上所用的化学药品很多，常用的有下列几种。

（1）新洁尔灭 是应用最多最普遍的一种化学消毒液。其毒性较低，刺激性小，且消毒能力较强，略带一种芳香气味。使用时多配制成 0.1% 的溶液，常用来浸泡消毒器械、消毒手臂或其他可以浸湿的用品等。其原药为黄色黏稠的流膏样。市售的新洁尔灭为 5% 或 3% 的水溶液，使用时 50 倍稀释即成 0.1% 溶液。新洁尔灭溶液易取得、配制，使用方便，其主要特点如下。

① 浸泡器械或消毒手臂及其他物品后，可不再用灭菌水冲洗，而直接应用，对组织无害，使用方便。

② 稀释后的水溶液比较稳定，可以贮存较长时间。实验结果提示，贮存一般不宜超过 4个月。

③ 可以长期浸泡器械，既贮存又灭菌，但浸泡器械时必须按比例加入 0.5％亚硝酸钠，即每 1000mL 的 0.1％新洁尔灭溶液中加入医用亚硝酸钠 5g，配成防锈新洁尔灭溶液。

④ 环境中有机物的存在，会使新洁尔灭的消毒能力显著下降。器械上的血污必须清洗干净，否则会很快使药液变为灰绿色而降低其杀菌能力。

⑤ 在浸泡保存消毒器械的容器中，不能混有杂物、毛发和沉淀性杂质。需及时用纱布过滤，使用其澄清的液体。

⑥ 不可与各种清洁剂（如肥皂）混用，它们属于阴离子表面活性剂，两者相遇会大大降低新洁尔灭类的消毒效能。

⑦ 忌与碘酊、升汞、高锰酸钾和碱类药物混合应用。

新洁尔灭属于阳离子表面活性剂，这一类的药物还有灭菌王、洗必泰、杜米芬和消毒净等。其用法基本相同，只是浓度稍有差异。

① 杜米芬：0.05％～0.1％水溶液用于浸泡或擦拭。

② 消毒净：0.1％～0.5％水溶液用于浸泡或擦拭消毒。

③ 洗必泰：0.02％水溶液用于消毒手臂，浸泡 3min；0.5％的 70％乙醇溶液用于术野消毒；0.1％水溶液用于器械消毒；0.05％水溶液用于外伤冲洗。

（2）酒精　是常用的消毒剂，一般采用 70％～75％的酒精。可用于浸泡器械，特别适于有刃的器械，浸泡不少于 30min，可达理想的消毒效果。70％～75％酒精亦可作为手臂的消毒液，但消毒之后需用灭菌生理盐水冲洗一下。其他可浸湿物品的消毒也可使用 70％～75％酒精，但大件器物不宜使用，因所需酒精太多，价格昂贵。

（3）煤酚皂溶液　不可以使用粗制产品，因为粗酚会使器械表面不洁，且对活组织的损害较重。煤酚皂溶液即来苏尔，是常用的消毒药，多用于环境消毒或器物消毒，在没有较好消毒药的情况下，亦可选用本药，用 5％溶液浸泡器械 30min。因其有刺激性，故在使用前应将沾附于器械表面的药液冲洗干净后方可应用于手术区内。在手术方面，它并不是理想的消毒药品。

（4）甲醛溶液　10％甲醛溶液用于金属器械、塑料薄膜、橡胶制品及各种导管的消毒，一般浸泡 30min。40％的甲醛溶液（福尔马林）可以作为熏蒸消毒剂。在任何抗腐蚀的密闭大容器里都可以进行熏蒸消毒。较大的玻璃制干燥器也可用做熏蒸器具。但采用甲醛熏蒸消毒的器物，在使用前须用灭菌生理盐水充分清洗，以除去其刺激性。

（5）聚乙烯酮碘　又名聚烯吡酮碘或聚乙烯吡咯烷酮碘，是聚乙烯吡咯酮和碘的有机复合物，是棕黄色粉末，可溶于水和醇中，使用时按所需浓度配制。0.75％溶液用于皮肤消毒，0.1％溶液可用于口腔消毒，1％溶液用于阴道消毒，0.5％溶液以喷雾方式用于腔洞黏膜防腐（鼻腔、咽、阴道等）。其刺激性小，毒性也低，比碘酊和碘溶液的作用弱，是一种新型的外科消毒药。

（6）癸甲溴铵　商品名百毒杀，为双链季铵盐化合物，微黄色液体。本品通过增强病原体膜的通透性促使病原体生命物质漏失，起到灭菌消毒作用，有效杀灭或抑制多种病原细菌、病毒、真菌、芽孢体等。器械消毒用 10％癸甲溴铵溶液按 1∶600 倍稀释使用，一般浸泡 30min；皮肤消毒用 10％癸甲溴铵溶液，按 1∶200 倍稀释使用。此药物高浓度对皮肤有腐蚀作用，误用时用无菌水或清水洗净即可。

（7）二氯异氰脲酸钠粉　商品名强力消毒灵，白色粉末。本品在水中水解成次氯酸（HOCl）而达到杀灭病原微生物作用，对畜禽常见细菌性和病毒性病原均有杀灭作用。手术场地、器械、皮肤消毒按 1∶1000 稀释（50kg 水加本品 50g）。

二、手术器械及其他物品的准备与消毒

手术中所使用的器械和其他物品的种类繁多，性质各异，有金属制品、玻璃、搪瓷、棉花

织物、塑料、尼龙、橡胶制品等，这些都可能对手术创造成直接或间接的接触感染。而灭菌和消毒的方法也很多，应根据物品的抗腐蚀性、抗高压性等选择消毒灭菌方式。

1. 金属器械

所有手术用器械都应清洁，不得粘有污物或灰尘等。不常用的器械或是新启用的器械，要用温热的清洁剂溶液除去表面的保护性油类或其他保护剂，然后再用大量清水冲去残存的洗涤清洁剂后备用。为保护手术刀片应有的锋利度，最好用小纱布包好，用化学药液浸泡法消毒（不宜高压灭菌）。每次所用的手术器械，可以包在一个较大的布质包单内，这样更便于灭菌和使用。

手术器械最常用的灭菌方法是高压蒸汽灭菌法。若无条件时，也可以采用煮沸法或化学药物浸泡消毒法。

2. 玻璃、瓷和搪瓷类器皿

所有用品应充分清洗干净，易损易碎的物品要用纱布适当包裹。这类器皿若体积较小，可采用高压蒸汽灭菌法、煮沸法或化学消毒药物浸泡法（玻璃器皿勿骤冷骤热，以免破损）。大件的器物如大方盘、搪瓷盆等，可以考虑使用酒精火焰烧灼灭菌法，即在干净的大型器皿内倒入适量医用酒精（95%）并及时点火燃烧。

3. 注射器的灭菌

手术用注射器有一次性注射器、玻璃注射器、金属注射器。

(1) 一次性注射器　现今手术已普遍使用一次性注射器（出厂时均已灭菌），使用甚为方便，并保证了灭菌的要求。

(2) 玻璃注射器　事先应将注射器洗刷干净，把内栓和外管按标码挑选后用纱布包好。临床上多用高压蒸汽灭菌法，没有条件时也可采用煮沸法或流动蒸汽灭菌法。

(3) 金属注射器　先将金属注射器清洗干净，并将其各部件拆卸开，用消毒巾包好。大批量使用注射器应用高压蒸汽灭菌法，小批量的常用煮沸灭菌法。金属注射器灭菌后，使用时用灭菌的敷料钳或镊子取出，在无菌状态下配套安装好。

4. 橡胶、尼龙和塑料类用品

包括临床常用的各种插管和导管、手套、橡胶布、围裙及各种塑料制品。有些不耐高压，有些不能耐受高热。这些用品都应在消毒前清刷干净，消毒后用净水充分漂洗后备用。在消毒灭菌时，应该用纱布将物品包好。橡胶制品可以选用高压灭菌（但很易老化发黏失弹性）或煮沸灭菌法，也可以采用化学消毒药液浸泡法来消毒；有些专用的插管和导管等，也可以在小的密闭容器内（如干燥器）用甲醛熏蒸法来消毒。目前这类用品很多都是一次性使用的，这就减少了消毒工作中的许多繁琐环节，但其经济代价较高，提高了医疗费用。有些医疗单位有使用环氧乙烷气体灭菌装置的条件，则会使很多手术用品的消毒灭菌变得既方便又简单。

5. 敷料、手术创巾、手术衣帽和口罩等物品

一次性使用的止血纱布、手术创巾、手术衣帽及口罩等均有出售，主张多次应用。多次重复使用的这类用品都是用纯棉材料制成，临床使用之后可以回收再经灭菌后应用。止血纱布由医用脱脂纱布制成，根据具体需要，先裁制成大小不同的方形纱布块，似手帕样；然后以对折方法折叠，达到最后将剪断缘的毛边完全折在内部为止；再将若干块这种止血纱布用纯棉的小方巾包成小包，方便灭菌，使用上也方便。这些用品一般采用高压蒸汽灭菌。在没有高压灭菌器的时候，也可以采用流动蒸汽灭菌法（使用普通的蒸锅，可以从水沸腾后并发出大量蒸汽时计算，经 1～2h 灭菌）。

消毒的物品用布单包好，小而零散的则可装入贮槽，或用小的布单包好。贮槽是用金属材料制成的特殊容器（图1-1）。灭菌前，将贮槽的底窗和侧窗完全打开。在灭菌后从高压锅内取出时，立刻将底窗和侧窗关闭。贮槽在封闭的情况下，可以保证一周内的时间是无菌的。回收的上述用品均需经过洗涤处理，不得黏附有被毛或其他污物，然后按不同规格分类整理、折叠，消毒后再重复使用。

图1-1 贮槽

三、手术场地的选择与消毒

手术应尽量安排在手术室内进行，无条件者可选择在室内或室外临时搭建手术场地进行。

1. 手术室的条件与消毒

（1）手术室的条件 手术室的条件与预防手术创的空气尘埃感染关系极为密切。良好的手术室非常有利于手术人员完成手术任务。所以，建立一个良好的手术室，也应视为预防手术创外科感染的重要内容之一。手术室的一般要求如下。

手术区消毒

① 手术室应有一定的面积和空间，一般大动物的不小于 $40\sim50m^2$，小动物的不小于 $25m^2$，房间高度在 $2.8\sim3.0m$ 较为合适。天花板和墙壁应平整光滑，以便于清洁和消毒。地面应防滑，并有利于排水。墙壁最好砌有釉面块，固定的顶灯应设在天花板上，外表应平整。

② 室内要有足够的照明设备（不含专用手术灯）。

③ 手术室应有较好的通风系统，建筑时可考虑设计自然通风或是强制通风。门窗应密封，防尘良好。

④ 手术室内应保持适当的温度，以 $20\sim25℃$ 为宜。有条件时可以安装空调机，最好是冷暖两用机，冬季保温，夏季防暑。

⑤ 分别设置无菌手术室和染菌手术室。如果没有条件设置两种手术室，则一般化脓感染手术最好安排在其他地方进行，以防交叉感染。如果在室内做过化脓感染创手术，必须在术后及时、严格地消毒手术室。

⑥ 手术室内应仅放置重要的器具，一切不必要的器具、与手术无关的用具，都不得摆放在手术室里。

⑦ 手术室还需设立必要的附属用房，房间的安排应毗邻。附属用房包括消毒室、器械室、准备室、洗刷室、更衣室、厕所和淋浴室等。

⑧ 比较完善的手术室可以再设置仪器设备的存贮间，用以存放麻醉机、呼吸机以及常用的检测仪器、麻醉药品和急救药品。现代化的仪器设备很多用电脑控制，因此仪器存贮间应防潮，保持干燥。

（2）手术室工作常规 手术室应严格遵守无菌操作和清洁消毒等规章制度，否则手术室就会成为病原菌聚集的场所，增加手术创感染的机会。特别是平时的清洁卫生制度和消毒制度是绝对必要的。每次手术之后应立即清洗手术台，冲刷手术室地面和墙壁上的污物，擦拭器械台，及时清洗手术各种用品，并分类整理好摆放在固定位置。手术室被污染的地方或污染后的器物都要用适当的消毒液浸洗或擦拭，术后经过清扫冲洗的手术室应及时通风进行干燥。在施行污染手术后，应及时进行消毒，并规定平时的清洁卫生要求和定期大清洁制度。

（3）手术室的消毒 手术室消毒前，必须彻底清扫或清洗，保持场地清洁卫生。

① 化学药品喷雾（或喷洒）消毒：是一种比较简单的消毒方法，手术室的消毒可用0.1%新洁尔灭、3%石炭酸、2%煤酚皂、百毒杀等溶液，对保定栏、手术台、地面和墙壁及空间进

行喷洒或喷雾消毒。

② 化学药品熏蒸消毒：此方法比较可靠，消毒彻底。消毒前注意将门窗关好，做好密封工作，然后再熏蒸消毒。

a. 福尔马林加热法：在一个抗腐蚀的容器中加入适量的福尔马林，在容器下方直接用热源加热，使其蒸气持续熏蒸 4h，可杀死细菌芽孢体、细菌繁殖体、病毒、真菌等。使用时取含 40%甲醛的水溶液，每立方米空间用 2mL，加等量的常水就可以加热蒸发。消毒后应使手术室通风排气，否则会有强烈的刺激性。

b. 福尔马林加氧化剂法：方法基本同福尔马林加热法，只是不再用热源加热蒸发，而是加入氧化剂使其形成甲醛蒸气。使用时取含 40%甲醛的水溶液，每立方米空间用 2mL，按其毫升数值的一半称取高锰酸钾粉小心加入甲醛溶液中，然后人员立刻退出手术室，数秒钟后可产生大量烟雾状的甲醛蒸气，消毒持续 4h。

c. 乳酸熏蒸法：使用乳酸原液 $10\sim20mL/100m^3$，加入等量的常水加热蒸发，加热持续 60min，杀菌效果可靠。

③ 人工紫外线消毒：紫外线的杀菌范围较广，可以杀死一切微生物，包括细菌（甚至包括结核杆菌、芽孢等）病毒和真菌。一般在非手术时间开紫外线灯光照射 2h，即可有明显的杀菌作用，但紫外线照射不到之处则无杀菌作用。实验证明，照射距离以 1m 之内杀菌效果最好，超过 1m 则效果减弱。紫外线灯通电后 20~30min 发出的紫外光量最多。

2. 临时性手术场所的选择及其消毒

鉴于兽医工作的特殊性，手术人员往往不得不在没有手术室的情况下来施行外科手术，选择一个临时性的手术场地是必要的。手术场地可选择在室内、室外或畜舍内。

(1) 室外手术场地 选择避风平坦的空地或草地，彻底清扫干净，用消毒药喷洒消毒和防尘。应在晴朗无风天气进行手术。

(2) 室内手术场地 腾出足够的空间，地面、墙壁清扫干净，然后用消毒药液充分喷洒消毒和避免尘土飞扬。为了防止屋顶灰尘跌落，必要时可在适当高度悬挂布单或塑料薄膜等，一般能遮蔽病畜及器械即可。在刮风的天气，还应注意严闭门窗。

(3) 畜舍内手术场地 对于不能起立的危重病畜，不得不在厩舍内就地进行手术，此时更应注意环境的清洁、消毒。首先将邻近家畜尽量移开，水泥或地板地面可润湿打扫，干燥泥地注意勿扬起尘土，小心铲除积粪，然后充分喷洒消毒药液。

四、手术人员的准备与消毒

手术人员本身，尤其是手臂的清洁与消毒对防止手术创的感染具有很重要的意义，决不可忽视，否则手术就很难保证在无菌条件下进行。手术人员在术前应做以下准备。

1. 更衣

手术人员在术前应穿着清洁的衣服和套鞋，上衣最好是超短袖衫以充分裸露手臂，并戴好手术帽和口罩，手术帽应把头发全部遮住，帽的下缘应达到眉毛上和耳根顶端，手术口罩应完全遮住口和鼻。

2. 手、臂的清洁与消毒

清洁与消毒手和臂之前，首先检查指甲，长的要剪去，剔除甲缘下的污垢，有逆刺的也应事先剪除。手部有伤口，尤其有化脓感染创者不能参加手术。手部有小的新鲜伤口如果必须参加手术时，应先用碘酊消毒伤口，暂时用胶布封闭，再进行手的消毒。手术时最好戴上手套。

手和臂的清洁消毒准备方法很多，简便而有效的常用方法如下。

(1) 手、臂的洗刷 用香皂或洗手液反复擦刷和用流水充分冲洗，以对手臂进行机械性清洁、处理，这是对手和臂准备的基础。

对手、臂进行刷洗时，最好用指刷沾肥皂并按一定顺序擦刷。一般首先对甲缝、指端进行仔细地擦刷，然后按手指、指间、掌心、掌背、腕部、前臂、肘部及以上顺序擦刷，通常历时5～10min。然后用流水（温水或自来水）将肥皂泡沫充分洗去。冲洗时手应朝上，使水自手指向肘部方向流去，然后用灭菌巾或纱布按上述顺序拭干，最好是每侧用灭菌巾一块。如果不具备流水条件，则最少要在2～3个盆内逐盆清洗。

（2）手、臂的消毒 手、臂经上述初步的机械性清洗后，还必须经过化学药品的消毒。手、臂的化学药品消毒最好是用浸泡法，以保证化学药品均匀而有足够的时间作用于手、臂的各个部分。专用的泡手桶可节省药液和保证浸泡的高度。如果用普通脸盆浸泡则必须不时地用纱布块浸蘸消毒液，轻轻擦洗，使整个手、臂部都保证湿润。可作为手、臂消毒之用的化学药品有多种，常用的如下。

① 70%酒精：浸泡或拭洗5min，浸泡前应将手、臂上的水分拭干，以免冲淡酒精浓度，影响酒精消毒能力。

② 1:1000的新洁尔灭溶液：浸泡和拭洗5min，也可以采用同样浓度的洗必泰或杜米芬溶液进行手、臂的消毒，这种方法在临床上被广泛采用。

③ 1:2000百毒杀溶液：浸泡和拭洗5min后，用无菌水冲洗干净。

④ 1:1000强力消毒灵溶液：浸泡和拭洗5min。

如果情况紧急，必要时可缩短洗手时间，简化手的消毒方法。为此，可以用肥皂及水初步清洗手、臂上污垢，擦干，并用3%碘酊充分涂布手、臂，待干后，用大量酒精洗去碘酊，即可施行手术。也可选用新洁尔灭、洗必泰等消毒液洗擦双手（注意甲缘、指端和甲沟等处的洗擦），洗后不必用消毒的纱布擦干，以免破坏药液在手臂上所形成的薄膜。

或是充分洗手之后，再戴上灭菌的手套施术。这在比较小的手术时，显得更为方便。

如果手术时间较长，为了保持手、臂良好的无菌状态，可以考虑在手术之中根据需要，再次清洗手、臂后，重复用消毒溶液浸泡手、臂。已经消毒好的手、臂，绝对不可与任何未经消毒物品接触。在进行手术之前，为了保护已消毒过的手、臂不被污染，可弯曲两臂将两手放在胸前（图1-2）或用灭菌纱布掩盖。

图 1-2　手术者装束

3. 穿着无菌手术衣

手术人员在洗手并消毒手、臂之后，取出高压灭菌的手术衣自己穿好，小心手、臂不可接触未经消毒的其他部位。由助手协助在其背后，将衣带或腰带系好。穿灭菌手术衣时应避免其他任何部分（主要指衣服的外表面）触及未经灭菌的物件，尤其要注意保护手术衣前面的前胸部分，严格防止受到污染，应保持无菌状态。如果有必要还可考虑加穿消毒过的橡胶或塑料围裙。通常动物不习惯白色，且白色又影响视力。故兽医临床的手术衣以采用淡蓝色或淡绿色较为合理。

4. 戴手套

目前兽医外科临床手术并不严格要求戴无菌手套，但是鉴于任何一种手的消毒方法都不能使手部的皮肤达到绝对无菌，所以戴无菌手套来进行手术还是比较合理的。戴手套有干戴（经高压灭菌，或由工厂生产已经消毒处理并包装好的灭菌手套）和湿戴（用化学药液浸泡消毒，如用0.1%新洁尔灭浸泡30min）两种方法。一次性手套，则无需做任何处理，可以直接穿戴。

五、动物术部的准备与消毒

1. 术部除毛

手术前用肥皂水刷洗术部周围大面积的被毛，剪除长毛，然后剃毛或用脱毛剂脱毛。术部剃毛的范围要超出切口周围 20~25cm，小动物可在 10~15cm 的范围。常用的脱毛剂的配方为：硫化钠 6~8g，蒸馏水 100mL，制成溶液，使用时先将上述溶液以棉球在术部涂擦，经 5min 左右，当被毛呈糊状时，用纱布轻轻擦去，再用清水洗净即可。通常密毛部位硫化钠用量及浓度应大一些，在毛稀、皮薄处浓度用小一些（也可另加入 10g 甘油，保护皮肤）。脱毛剂使用方便，脱毛干净，对皮肤刺激性小，不影响创伤愈合，不破坏毛囊，术后毛可再生。缺点是有臭味，有时有个体敏感，而且使用浓度过大或作用时间过长时，对皮肤角质层有损害，有时可使皮肤增厚，使切皮时出血增多，给手术带来不便。因此，脱毛剂最好也在手术前一天使用。总之，机械除毛、化学除毛各有其特点，应选择应用。

2. 术部消毒

术部皮肤消毒，最常用的药物是 5% 碘酊和 70% 酒精。

（1）注射及穿刺部的消毒 剪毛→70% 酒精脱脂→5% 碘酊涂擦→70% 酒精脱碘。

（2）手术区的消毒 临床上常用下列两种方法，术者可任选一种。

① 5% 碘酊两次涂擦术部消毒法：剃毛（或脱毛）→1%~2% 来苏尔洗刷手术区及其周围皮肤→纱布擦干→涂擦 70% 酒精脱脂→第一次涂 5% 碘酊→局部麻醉→第二次涂 5% 碘酊→术部隔离→75% 酒精脱碘→手术。

② 新洁尔灭或洗必泰等溶液消毒法：剃毛（或脱毛）→温水洗刷→纱布擦干→用 0.5% 新洁尔灭或洗必泰溶液涂擦 2 次即可手术。

上述手术区的消毒，均从手术区中心开始逐渐向周围涂擦，但在感染创或肛门等处手术时，则应自清洁的周围开始，再涂擦到感染创或肛门处（图 1-3）。

口腔、直肠、阴道黏膜消毒时，宜用刺激性小的化学消毒剂，如 0.1% 高锰酸钾溶液、0.1% 雷佛奴尔溶液、0.1% 新洁尔灭溶液或洗必泰溶液等。眼结膜的消毒常用 3%~4% 硼酸溶液、2% 蛋白银溶液、2% 红汞溶液等。

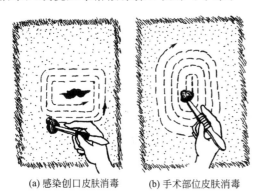

(a) 感染创口皮肤消毒　(b) 手术部位皮肤消毒

图 1-3　术部皮肤消毒

3. 术部隔离

术部虽经消毒，而术区周围未经严格消毒的被毛，对手术创容易造成污染，加上动物在手术时（尤其在非全麻的手术时）容易出现挣扎、骚动，易使尘土、毛屑等落入切口中。因此，必须进行术部周围隔离。

一般采用大块有孔手术巾（创巾）覆盖于术区（图 1-4），仅在中央露出切口部位，使术部与周围完全隔离。手术巾中央孔要与手术切口大小适合，手术巾一般用巾钳固定在畜体上，也可用数针缝合代替巾钳。手术巾要有足够的大小遮蔽非手术区。此外，在切开皮肤后，还要再用无菌

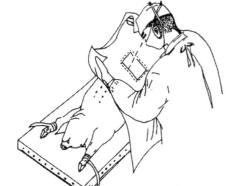

图 1-4　手术巾的敷设

巾沿着切口两侧覆盖皮肤（图1-5）。在切开空腔脏器前，应用纱布垫保护四周组织。这些措施都能进一步起到术部隔离的作用，保证手术创不受污染。在手术当中凡被污染的手术隔离巾应尽可能及时更换。

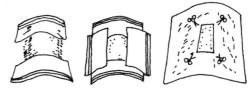

图1-5 术野隔离示意图

近年来，在手术创区域隔离方面，有人使用了一次性自粘手术薄膜，该膜已经过无菌处理，在术部除毛并经消毒、干燥之后，即可粘贴，以达到隔离的目的。

第二节 麻 醉

麻醉就是在施行手术时，应用物理的或化学的方法，使动物全身或局部痛觉暂时迟钝或消失，以便顺利进行手术的方法。

麻醉的目的在于使动物失去疼痛感觉，保护大脑的正常调节功能，防止剧烈疼痛而引起休克；简化保定方法，避免人或动物发生意外损伤；保持动物安静，以利于安全、细致进行手术操作；减少动物骚动，便于无菌操作。

药物麻醉分为局部麻醉、全身麻醉和复合麻醉。

一、局部麻醉

局部麻醉是使用局部麻醉剂，使机体某一区域内的神经干或神经末梢的感受器暂时受到抑制而失去感受与传导刺激的作用，从而使手术区失去痛觉，以便于施行手术的一种措施。

兽医临床上常用的局部麻醉方法如下。

1. 表面麻醉

局部麻醉药液直接作用于组织表面的神经末梢，使该局部痛觉消失，多用于麻醉黏膜、滑膜和浆膜。

(1) 眼结膜、角膜的麻醉 应用0.5%～1%地卡因溶液，点入结膜囊内5～6滴，经2～5min开始麻醉，持续10～15min。

(2) 口、鼻、直肠及阴道黏膜的麻醉 用1%～2%地卡因涂布或喷雾。

(3) 膀胱黏膜的麻醉 用0.5%～1%普鲁卡因溶液，利用注射器和导尿管注入膀胱内。

(4) 关节腱鞘及黏液囊的滑膜麻醉 可用穿刺法将4%～6%普鲁卡因溶液注入。

(5) 浆膜麻醉 在实施体腔手术时，常用3%～5%普鲁卡因溶液喷洒以麻醉浆膜。

2. 浸润麻醉

即将局部麻醉剂注射于皮下、黏膜下及深部组织以麻醉感觉神经末梢或神经干，使之失去感觉和传导刺激能力的方法。使用药物为0.5%～1%的普鲁卡因溶液。犬较敏感，应特别注意。浸润麻醉常用的方法如下。

(1) 皮肤及皮下结缔组织的麻醉法

① 直线麻醉法：在欲行切口的一端将针头刺入皮下沿切口方向推进到所需深度，边退针边注入药液，拔出针头在切口另端做同样操作。药量依切口长度而定。本法适于切开皮肤或体表手术［图1-6（a）］。

② 菱形麻醉法：用于术野较小的手术，如圆锯术、食管切开术等。在欲行切口的两侧中间各定一个针刺点A、B，切口两端定为C、D，即成一个菱形区。麻醉时由A点进针至C点，边退针边注注药液，针退至A点后再刺向D点，边退针边注药液。B点注射方法同A点［图1-6（b）］。

③ 扇形麻醉法：用于术野较大、切口较长的手术，如开腹术等。在欲做切口的两侧选一

刺针点，针刺入皮下并推向切口的一端，边退针边注药，针退至刺入点后再改变角度刺向切口边缘，退针注药，直到切口另一端止。以同样方法麻醉切口另一侧。每侧进针数依切口长度而定 [图 1-6 (c)]。

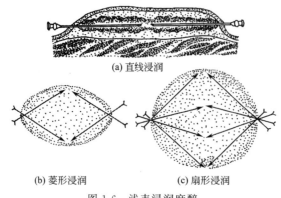

(a) 直线浸润

(b) 菱形浸润　　　　(c) 扇形浸润

图 1-6　浅表浸润麻醉　　　　　　浸润麻醉

④ 多角形麻醉法：用于横径较宽的术野，如肿瘤切除术等。先在病灶周围选数个刺针点，使针刺入后能达到病灶基部，再以扇形麻醉法将药液注于切口周围的皮下组织内，使手术区域形成一个环形封锁区，故亦称封锁浸润麻醉法（图 1-7）。

（2）深部组织麻醉法　开腹术等深部组织手术时，为使皮下、肌肉、筋膜及其间的结缔组织都达到麻醉，可采取锥形或分层注射法将药液注射于各层组织之间（图 1-8）。具体的操作方法，同于上述各种麻醉法，根据具体情况选用。

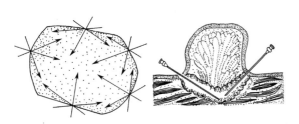
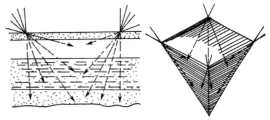

图 1-7　多角形与基部浸润麻醉　　　　　　图 1-8　分层及锥形浸润麻醉

3. 传导麻醉

传导麻醉指在神经干周围注射局部麻醉药，使其所支配的区域失去痛觉，称为传导麻醉。其优点是使用少量麻醉药产生较大区域的麻醉。传导麻醉使用的药液为 2% 盐酸利多卡因或 2%～5% 盐酸普鲁卡因，但其浓度及用量常与所麻醉神经的大小成正比。

传导麻醉的种类很多，在此详细介绍临床上最常用的腰旁神经干传导麻醉，简称腰旁麻醉，其他传导麻醉方法请参阅各种相关手术。

（1）牛腰旁神经干麻醉　在欲施行手术的体侧分三点注射，第一点是麻醉最后肋间神经，部位是在第一腰椎横突游离端前角下方，先垂直进针达腰椎横突游离端前角骨面，再将针头移向横突前缘向下刺入 0.5～0.7cm（图 1-9）；第二点是麻醉髂下腹神经，部位在第二腰椎横突游离端后角下方，先垂直进针达该处骨面，再将针头移向横突后缘向下刺入 0.7～1cm；第三点是麻醉髂腹股沟神经，部位在第四腰椎横突游离端前角下方，先垂直进针至该处骨面，再将针头移向横突前缘向下刺入 0.7～1cm。腰旁麻醉均使用 3% 盐酸普鲁卡因溶液，三个注射点都是在进针部位注入药液 10mL，再将针头退至皮下注入药液 10mL。

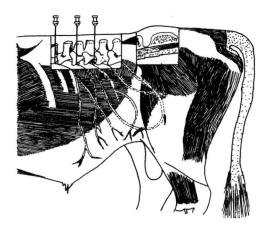

图 1-9　牛腰旁神经干麻醉　　　　　传导麻醉

（2）马腰旁神经干麻醉　马腰旁神经干麻醉的方法，除第三点注射部位在第三腰椎横突游离端后角下方之外，其余两个注射点及用药、剂量、注射方法等均与牛相同。

腰旁麻醉，注射药液 15min 后发生作用，可维持 1～2h，此麻醉法常用于腹腔手术，能使家畜保持站立姿势。

4. 脊髓麻醉

将局部麻醉药注射到椎管内，阻滞脊神经的传导，使其所支配的区域无痛，称脊髓麻醉。根据局部麻醉药液注入椎管内的部位不同，又可分为硬膜外腔麻醉和蛛网膜下腔麻醉两种（图 1-10）。在兽医临床上，目前仍多采用硬膜外腔麻醉，很少采用蛛网膜下腔麻醉。掌握脊髓麻醉技术，要求熟悉椎管及脊髓的局部解剖，以及由于脊神经阻滞所致的生理干扰。

脊髓麻醉

脊髓麻醉常用于腹腔、乳房及生殖器官等部位手术。

（1）腰荐部硬膜外腔麻醉法

① 马腰荐部硬膜外腔麻醉：适用于包皮、阴茎、臀部、阴道、直肠及后肢的手术。注射部位在两髂骨内角的连线与背中线的交点上，即第六腰椎与第一荐椎之间的间隙内。

将马妥善保定于柱栏内，局部常规消毒后，术者用 18 号麻醉针于注射部位垂直刺入（进针深度依马体大小及膘情而定，马、骡约 7cm，驴约 5cm）。当刺穿椎间韧带时，有刺破窗户纸样的感觉，阻力随之骤减，即达注射部位，接上装有药液的玻璃注射器，按压活塞。若阻力很小或无阻力，活塞自动下降，表示部位正确，可将药液注入，否则应重新矫正针头位置。用药量依马体大小而定，可注射 3% 盐酸普鲁卡因溶液 20～30mL。注药后 3～5min 呈现麻醉状态。剂量在 25mL 以下时马尚能站立，超过 25mL，则后肢站立不稳而倒地。麻醉可维持 1～3h。

② 牛腰荐间隙硬膜外腔麻醉：主要用于腹腔手术、助产、直肠、阴道或子宫脱出的整复术、乳房及

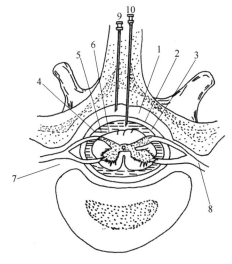

图 1-10　脊髓横断面模式图

1—硬膜外腔；2—脊硬膜；3—硬膜下腔；
4—脊蛛网膜；5—蛛网膜下腔；6—脊软膜；
7—椎间孔；8—脊神经；9—硬膜外腔麻醉；
10—蛛网膜下腔麻醉

后肢手术等。注射部位在两髂骨外角连线与背中线交点后方 2～3cm 处，即最后腰椎与第一荐椎之间的间隙内，较瘦牛的注射点在腰荐间隙凹陷内的正中点。牛皮厚而坚韧，需先用粗针头或手术刀尖刺穿，再用 18 号麻醉针沿该孔刺入，进针深度一般为 4～7cm。进针正确与否的判断，用药及剂量与马相同。

(2) 荐尾部硬膜外腔麻醉法　目的是麻醉荐神经，以便站立时施行手术。马和牛常用第一、二尾椎间隙进行麻醉，牛是位于尾中线与两坐骨结节前缘水平处同尾根部所作横线交点的凹陷处；马是举起马尾，在屈曲的背侧出现的横沟与尾背中线的交点即为注射点。操作时，术者站在畜体后方，稍抬尾巴，将针垂直刺入皮肤后，再以 45°～65° 角向前刺入，当穿破椎间韧带时，略向左右移动，使针头保持在硬膜外腔内。刺入深度牛为 2～4cm，马为 2～5cm，注射 2% 盐酸普鲁卡因溶液 15～20mL，3～15min 后产生麻醉作用，可维持 60～90min。

二、全身麻醉

全身麻醉就是利用某些药物对中枢神经系统产生广泛的抑制作用，从而暂时地使机体的意识、感觉、反射和肌肉张力部分或全部丧失的一种麻醉方法，称为全身麻醉。

根据麻醉强度，又可将全身麻醉分为浅麻醉、中等麻醉、深麻醉。浅麻醉是给予较少量的麻醉剂使家畜呈欲睡状态，各种反射活动降低或部分消失，茫然站立，头颈下垂，肌肉轻微松弛。深麻醉是动物进入昏睡状态，各种反射活动消失，将舌拉出口腔外不能自行收回，肌肉松弛，心跳变慢，雄性者阴茎脱出，家畜出现反射消失和肌肉松弛的深睡状态。介于浅麻醉和深麻醉之间为中麻醉。临床上可利用不同的药量来控制麻醉的深度，一般情况，小手术多用浅麻醉，大手术常用中麻醉或深麻醉。

根据麻醉剂引入体内的方法不同，可将全身麻醉分为吸入麻醉和非吸入麻醉两大类，后者又可分为静脉内麻醉法、肌肉内麻醉法、内服麻醉法、直肠内麻醉法、腹腔内麻醉法等。

近年来由于麻醉方法的发展，又有提出所谓"安定无痛"和"分离麻醉"等新麻醉方法。前者是把安定药和镇痛药配合应用达到麻醉目的，其特点是对大脑皮质抑制较轻微，毒性小而安全，对心血管系统影响也较小，临床上应用的如镇痛药埃托啡和安定药乙酰普马嗪配合组成的保定灵。分离麻醉不同于传统的全身麻醉剂，它既不对整个神经系统发生明显抑制，也不作用于网状结构，其特点是阻断大脑联络径路和丘脑向新皮质的投射，仅短暂和轻微地抑制网状激活系统、边缘系统，所以一些保护性反射依然存在，麻醉的安全度也较高，临床上常用的氯胺酮即是典型的分离麻醉剂。

1. 马的麻醉方法

(1) 保定宁（二甲苯胺噻唑与 EDTA 的合剂）　保定宁是马最常用的全身麻醉药。用药方法与剂量：骡、马每千克体重 0.8～1.2mg，驴每千克体重 2～3mg，肌内注射，约维持 2h，以后根据麻醉表现可按半量进行追加麻醉。

此外还可单用二甲苯胺噻唑（静松灵）麻醉。

(2) 氯胺酮　一次量以 1mg/kg 体重静脉注射，约 1min 即可麻醉，药效维持 10min。

2. 牛的麻醉方法

牛全身麻醉

(1) 846 合剂麻醉法　国产麻醉复合剂速眠新简称 846 合剂，具有用法简便、剂量小、适用范围广等优点。用药剂量、方法及麻醉效果：按每 100kg 体重 0.6mL 肌内注射，5～10min 即平稳进入麻醉状态，持续 40～80min；剂量增至每 100kg 体重 4mL，除麻醉时间延长外，无明显不良反应。

(2) 二甲苯胺噻唑麻醉法　按 0.6mg/kg 肌内注射，5min 后牛可自行倒卧，进入麻醉状态，可维持 1～2h，可以安全地进行手术。还可用保定宁麻醉。

（3）硫喷妥钠麻醉　成年牛的静脉注射一次的量为 10～15mg/kg，麻醉时间 5～10min，苏醒时间 1～2h，恢复前先有兴奋出现。犊牛静脉注射一次的量为 15～20mg/kg，麻醉时间 10～15min，苏醒时间 30min，无兴奋出现。临床应用时，配制成 5% 溶液，先以其总量的 1/2～2/3 于 20～30s 内静脉注射，观察 2～3min，观察麻醉深度如何。如果不够理想，再将其余量给予。有的牛会发生短暂的窒息，一般经 15～20s 后可自行恢复，或有时需稍稍辅以人工呼吸。单独使用较少，多用复合方法给药，在吸入麻醉时用本剂进行诱导麻醉后进行气管内插管的效果也被兽医工作者所接受。

（4）氯胺酮　一次量以 8mg/kg 静脉注射，1min 产生药效（肌内注射 3～5min 产生药效），药效维持麻醉 30min。

3. 羊的麻醉方法

（1）846 合剂麻醉法　羊使用 846 合剂麻醉时，可按每千克体重 0.02～0.1mL 肌内注射，经 3～10min 即平稳进入麻醉状态，持续时间为 2～3h。

（2）戊巴比妥钠　静脉注射一次量 20～25mg/kg，麻醉持续 30～40min，苏醒时间 2～3h，易引起瘤胃膨胀等并发症，宜慎重。

（3）硫喷妥钠　静脉注射一次量 15～20mg/kg，麻醉持续时间 10～20min。应充分注意可能造成呼吸抑制，出现呼吸暂停，一般在 40s 左右可自行恢复自主呼吸，否则应及时给予人工呼吸支持。

4. 猪的麻醉方法

（1）二甲苯胺噻唑与氯胺酮复合麻醉法　用二甲苯胺噻唑，按每千克体重 2mg，氯胺酮按每千克体重 7mg，混合肌内注射。

（2）戊巴比妥钠　静脉注射一次量 10～25mg/kg，麻醉 30～60min，苏醒时间 4～6h，腹腔注射也可采用此剂量。一般大猪（50kg 以上）采用小剂量（10mg/kg），小猪（20kg 以下）采用大剂量（25mg/kg）。

（3）硫苯妥钠　静脉注射一次量 10～25mg/kg（小猪用高剂量即 25mg/kg），麻醉时间 10～25min，苏醒时间 0.5～2h。腹腔注射一次量 20mg/kg，麻醉时间 15min，苏醒时间约 3h。限于短小手术，或作为吸入麻醉的诱导。

（4）氯胺酮　一次量以 20mg/kg 静脉注射，1min 产生药效（肌内注射 3～5min 产生药效），药效维持 10～20min。

5. 其他动物的麻醉方法

（1）犬的麻醉方法　846 合剂用于犬的剂量是每千克体重 0.04～0.3mL，肌内注射，给药 3～10min 即平稳进入麻醉状态，可维持 90min。麻醉期内犬的声反射和角膜反射不消失，饱食犬有呕吐和排便现象。二甲苯胺噻嗪与氯胺酮合剂对犬的麻醉效果良好。

猪和犬全身麻醉

（2）猫的麻醉方法　846 合剂用于猫的剂量是每千克体重 0.194～0.33mL，给药 3～10min 即平稳进入麻醉状态，可维持 90～120min。个别猫虽然是绝食后手术，但仍有呕吐和排便现象。氯胺酮对猫有良好的麻醉作用。

（3）鹿的麻醉方法　鹿的麻醉目前多用眠乃宁。给药剂量，梅花鹿每头 1.5～2.5mL，马鹿每头 2～3mL。均采用麻醉枪枪击或用注射器打飞针法进行肌内注射，给药后 5～10min 倒卧，由于是肌肉松弛致四肢不支而缓慢倒卧于地，故不损伤鹿茸，麻醉可维持 2h 左右。用苏醒灵催醒及解毒。

三、复合麻醉

复合麻醉是指应用两种以上麻醉药物或麻醉方法彼此配合，借以达到所需要的麻醉程度。

（1）局部麻醉的复合 在神经传导麻醉或脊髓麻醉时为了增强麻醉效果，可复合局部浸润麻醉。

（2）局部麻醉与全身麻醉的复合 是目前常用的方法，通常在全身浅、中麻后再配合某一种局部麻醉。如在全麻下进行手术时，对敏感部位再行局部浸润麻醉或神经传导麻醉。

（3）全身麻醉的复合 吸入麻醉与非吸入麻醉的复合，如先注射硫喷妥钠再吸入乙醚；两种以上非吸入麻醉的复合较多，如保定宁与氯丙嗪的复合、二甲苯胺噻唑与氯胺酮的复合等。

四、麻醉的注意事项

① 麻醉前，应进行健康检查，了解整体状态，以便选择适宜的麻醉方法。全身麻醉要禁食，牛应禁食 24～36h，停止饮水 12h，以防麻醉后发生瘤胃鼓气，甚至误咽和窒息。

② 麻醉操作要正确，严格控制药量。麻醉过程中要随时观察，监测动物的呼吸、循环、反射功能及脉搏、体温变化，发现不良反应，要立即停药，以防中毒。

③ 麻醉过程中，药量过大，出现呼吸、循环系统功能紊乱，如呼吸浅表、间歇，脉搏细弱而节律不齐，瞳孔散大等症状时，要及时抢救。可注射苯甲酸钠咖啡因、樟脑磺酸钠、氧化樟脑、苏醒灵等中枢兴奋剂。

④ 麻醉后，动物开始苏醒时，其头部常先抬起，护理员应注意保护，以防摔伤或致脑震荡。开始挣扎站立时，应及时扶持头颈并提尾抬起后躯，至自行保持站立时为止，以免发生骨折等损伤。寒冷季节，当麻醉伴有出汗或体温降低时，应注意保温，防止动物感冒。

第三节 手术器械使用与组织分离

在外科治疗中，手术和非手术疗法是互相补充的，但是手术是外科综合治疗中重要的手段和组成部分，而手术基本操作技术又是手术过程中重要的一环，尽管家畜外科手术种类繁多，手术的范围、大小和复杂程度不同，但就手术操作本身来说，其基本技术，如组织分离、止血、打结、缝合等还是相同的，只是由于所处的解剖部位不同，病理变化不一，在处理方法上有所差异而已，因此，可以把外科手术基本操作理解为是一切手术的共性和基础。

一、常用外科手术器械及其使用

外科手术常用的基本手术器械有手术刀、手术剪、手术镊、止血钳、持针钳、缝针、创巾钳、肠钳、牵开器、有沟探针等，现分述如下。

1. 手术刀

（1）手术刀的种类 主要用于切开和分离组织，有固定刀柄和活动刀柄两种。活动刀柄手术刀是由刀柄和刀片两部分构成，常用长窄形的刀片，装置于较长的刀柄上。装刀方法是用止血钳或持针钳夹持刀片，装置于刀柄前端的槽缝内（图 1-11）。

为了适应不同部位和性质的手术，刀片有不同大小和外形。刀柄也有不同的规格，常用的刀柄规格为 4、6、8 号，这三种型号刀柄只安装 19、20、21、22、23、24 号大刀片；3、5、7 号刀柄安装 10、11、12、15 号小刀片，

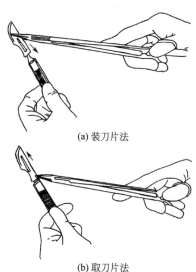

(a) 装刀片法

(b) 取刀片法

图 1-11 手术刀片装、取法

不能混装于不同型号的刀柄上。按刀刃的形状可分为圆刃手术刀、尖刃手术刀和弯形尖刃手术刀等（图 1-12）。

22 号大圆刃刀适用于皮肤的切割，应用此刀可做必要长度、任何形状切开；23 号圆形大尖刃刀适用于由内部向外表的切开，亦用于做脓肿的切开；10 号及 15 号小圆刃刀则适用于做细小的分割；11 号角形尖刃刀及 12 号弯形尖刃刀通常用于肌腱、腹膜和脓肿的切开。在手术过程中，不论选用何种大小和外形的刀片，都必须有锐利的刀刃，才能迅速而顺利地切开组织，而不引起组织过多的损伤。为此，必须十分注意保护刀刃，避免碰撞，消毒前宜用纱布包裹。使用手术刀的关键在于锻炼稳重而精确的动作，执刀的方法必须正确，动作的力量要适当。兽医手术常用的刀片为 21、22、23、24 号。

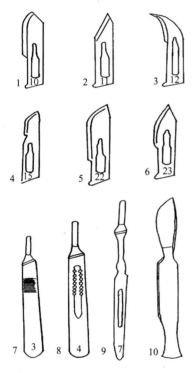

图 1-12　不同类型手术刀片及刀柄
1— 10 号小圆刃；2—11 号角形尖刃刀；
3—12 号弯形尖刃；4—15 号小圆刃；
5—22 号大圆刃；6—23 号大尖刃；
7~9—刀柄；10—固定刀柄圆刃

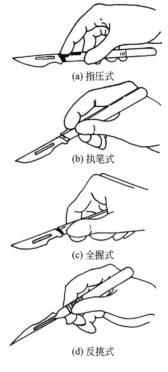

(a) 指压式

(b) 执笔式

(c) 全握式

(d) 反挑式

图 1-13　执手术刀姿势

（2）执刀方法　手术刀的持刀法有多种，不论用哪种方法均应持刀稳妥有力，并能准确掌握切割深度和运刀距离（图 1-13）。

① 指压式执刀法：也叫餐刀式执刀法，用食指按在刀背上，其余四指和掌后部握刀柄，如拿餐刀切食物的方法，此法下刀有力，一般用于比较坚韧的较长距离的组织切开，如皮肤与肌腱的切口［图 1-13（a）］。

② 执笔式执刀法：如执钢笔的方法，当刀刃向上时又称为反挑式执刀法。本法用力轻而灵活，操作精细，常用于切割短、小的切口，分离血管、神经、切开腹膜等较细微的手术操作［图 1-13（b）］。

③ 全握式执刀法：以全手握持刀柄的一种方式，用于切断坚韧组织［图 1-13（c）］。

④ 反挑式执刀法：用于较轻力量较快地切开松软组织，如浆膜、黏膜等的切开［图 1-13

（d）］。

手术刀的使用范围，除了刀刃用于切割组织外，还可以用刀柄作组织的钝性分离，或代替骨膜分离器剥离骨膜。在手术器械数量不足的情况下，暂可代替手术剪做切开腹膜、切断缝线等。

2. 手术剪

依据用途不同，手术剪可分为两种：一种是沿组织间隙分离和剪断组织的，叫组织剪；另一种是用于剪断缝线，叫剪线剪（图1-14）。

由于两者的用途不同，所以其结构和要求标准也有所不同。组织剪的尖端较薄，剪刃要求锐利而精细，主要用于剪断软组织或钝性分离组织，为了适应不同性质和部位的手术，组织剪分大小、长短、弯直、钝头尖头等几种。直剪用于浅部手术操作，弯剪用于深部组织分离，使手和剪柄不妨碍视线，从而达到安全操作之目的。钝头剪用于剪开腱膜、腹膜等组织，以防误伤深部组织或脏器，尖头剪用于剪断和分离细微组织。

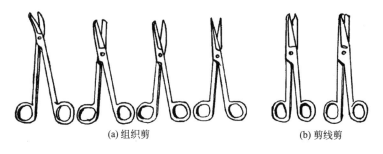

(a) 组织剪　　　　　　　　　　(b) 剪线剪

图 1-14　手术剪

剪线剪头钝而直，刃较厚，在质量和形式上的要求不如组织剪严格，但也应足够锋利，这种剪有时也用于剪断较硬或较厚的组织。

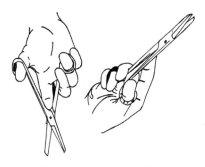

图 1-15　执手术剪的姿势

图 1-16　执手术镊的姿势

正确的持剪法是拇指与无名指伸入柄环内，食指压在关节部，中指固定无名指侧的剪柄，以利于手术剪张开和咬合的操作（图1-15）。

3. 手术镊

手术镊用于夹持或提起组织以利于分离或缝合，亦用于夹取敷料。根据镊的形状不同可分为有齿、无齿（平镊）、短型、长型、尖头和钝头等几种，可按需要选择。有齿镊损伤性大，用于夹持坚硬组织；无齿镊损伤性小，用于夹持脆弱的组织及脏器；精细的尖头平镊对组织损伤较轻，用于血管、神经、黏膜手术。

执镊子的方法有两种：一种是拳握式，用来夹持棉球涂擦消毒或夹持皮肤等硬的组织；另一种是以拇指与食指、中指相对捏执镊子中段的执镊，用力稳定而灵活（图1-16）。

4. 止血钳

止血钳（又叫血管钳）主要用于夹住出血部位的血管或组织，以达到止血的目的，或夹住较大血管后便于用线结扎止血，有时也用于分离组织、牵引缝线。止血钳一般有弯、直两种，并分大、中、小等型（图1-17）。直钳用于浅表组织和皮下止血，弯钳用于深部止血，最小的一种蚊式止血钳，用于眼科及精细组织的止血。持止血钳的方法与持剪刀法相同（图1-18）。

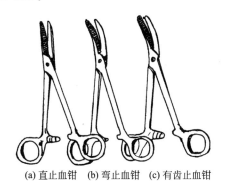

(a) 直止血钳　(b) 弯止血钳　(c) 有齿止血钳

图 1-17　各种类型止血钳

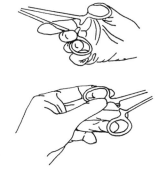

图 1-18　右手及左手松钳法

5. 持针钳

持针钳（或叫持针器）用于夹持缝针缝合组织，一般有两种形式，即握式持针钳和钳式持针钳（图1-19），兽医外科临床常使用握式持针钳。使用持针钳夹持缝针时，缝针应夹在靠近持针钳的尖端，若夹在齿槽床中间，则易将针折断。一般应夹在缝针针尾的1/3处，缝线应重叠1/3，以便操作。持钳法见图1-20。

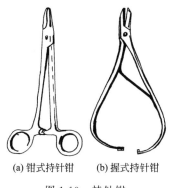

(a) 钳式持针钳　　(b) 握式持针钳

图 1-19　持针钳

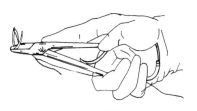

图 1-20　持钳法

6. 缝合针

缝合针主要用于闭合组织或贯穿结扎。缝合针分为两种类型。一是带线缝合针或称无眼缝合针：缝线已包在针尾部，针尾较细，仅单股缝线穿过组织，使缝合孔道最小，因此对组织损伤小，又称为"无损伤缝针"。这种缝合针有特定包装，保证无菌，可以直接利用，多用于血管、肠管缝合。二是有眼缝合针，这种缝合针能多次再利用，比带线缝合针便宜。有眼缝合针以针孔不同分为两种，一种为穿线孔缝合针，缝线由针孔穿进；另一种为弹机孔缝合针，针孔有裂槽，缝线由裂槽压入针眼内，穿线方便、快速。

缝合针规格分为直型、1/2弧型、3/8弧型和半弯型，缝合针尖端分为圆锥形和三角形（图1-21）。直型圆针用于胃肠、子宫、膀胱等缝合，用手指直接持针操作，此法动作快，操作空间较大。弯针有一定弧度，操作灵便，不需要较大空间，适用深部组织缝合，缝合部位愈深，空间越小，针的弧度应愈大，弯针需用持针钳操作。三角针适用于皮肤、腱膜、筋膜及瘢痕组织缝合，三角形针有锐利的刃缘，能穿过较厚致密组织。

7. 缝线

缝线常用的有羊肠线、丝线。羊肠线由羊的肠黏膜下层制成，缝合后在组织中被吸收，不留异物，但组织反应大，价格昂贵。丝线是蚕茧的连续性蛋白质纤维，质软不滑，便于打结，不易滑脱，拉力较好，组织反应小，容易制造，故外科广泛使用。丝线有型号编制，使用时应根据不同的型号，用于缝合不同的组织。粗线为 7～9 号，抗张力为 2.7～4.5kg，适用于大血管结扎、筋膜或张力较大的组织缝合；中等线为 3～4 号，抗张力为 1.65kg，适用于皮肤、肌肉、肌腱等组织缝合；细线为 0～1 号，抗张力为 0.9kg，适用于皮下、胃肠道组织的缝合；最细线为 000～0000 号，抗张力为 0.5kg，适用于血管、神经缝合。

8. 扩创钩

扩创钩用于扩开创口充分显露术野及深部组织。依用途不同其形状和规格各异，有齿创钩用于牵拉皮肤切口；无齿钝钩不损伤组织，使用较多，常用于扩开深部创口及脆弱组织（图 1-22）。

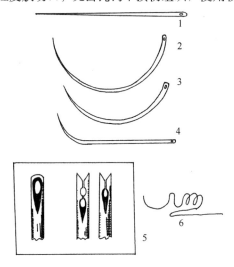

图 1-21 缝合针的种类

1—直针；2—1/2 弧型针；3—3/8 弧型针；4—半弯型针；

5—弹机孔针尾构造；6—无损伤缝针

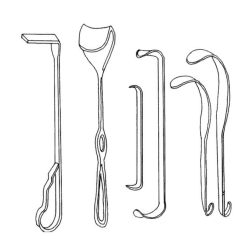

图 1-22 各种扩创钩

9. 巾钳

巾钳（又称帕巾钳、创布钳）用于固定手术巾（图 1-23）。使用时将手术巾连同皮肤一起用巾钳夹住并扣紧锁上牙即可。其执法同止血钳。

10. 其他器械

除上述常规器械外，还有自动固定牵开器、组织钳、舌钳、肠钳、海绵钳、器械钳、锐匙和锐环及探针等（图 1-24）。

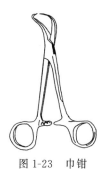

图 1-23 巾钳

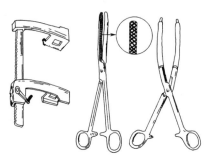

图 1-24 自动固定牵开器与肠钳

在施行手术时，所需要的器械较多，为了避免在手术操作过程中刀、剪、缝针等器械误伤手术操作人员和争取手术时间，手术器械须按一定的方法传递。器械的整理和传递是由器械助手负责，器械助手在手术前应将所用的器械分门别类依次放在器械台的一定位置上，传递时器械助手须将器械之握持部递交在术者或第一助手的手掌中。例如传递手术刀时，器械助手应握住刀柄与刀片衔接处的背部，将刀柄端送至术者手中，切不可将刀刃传递给术者，以免刺伤。传递剪刀、止血钳、手术镊、肠钳、持针钳等，器械助手应握住钳、剪的中部，将柄端递给术者。在传递直针时，应先穿好缝线，拿住缝针前部递给术者，术者取针时应握住针尾部，切不可将针尖传给术者（图 1-25）。

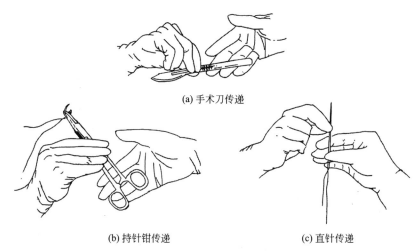

(a) 手术刀传递

(b) 持针钳传递   (c) 直针传递

图 1-25 手术器械的传递

爱护手术器械是外科工作者必备的素养之一，为此，除了正确而合理地使用外，还必须十分注意爱护和保养，器械保养方法如下。

① 利刃和精密器械要与普通器械分开存放，以免相互碰撞而损伤。

② 洗刷器械不可用力过猛或投掷，在洗刷止血钳时要特别注意洗净齿床内的凝血块和组织碎片，不允许用止血钳夹持坚、厚物品，更不允许用止血钳夹碘酊棉球等消毒药棉。刀、剪、注射针头等应专物专用，以免影响锐利。

③ 手术后要及时将所用器械用清水洗净，擦干涂油、保存，不常用或库存器械要放在干燥处，放干燥剂，定期检查、涂油。胶制品应晾干，敷以适量滑石粉，妥善保存。

④ 金属器械，在非紧急情况下，禁止使用火焰灭菌。

二、组织切开法

1. 组织切开的形状

组织切开应根据手术部位的解剖生理学特点和手术目的而定。切开的形状有直线形、菱形、T 字形、十字形、V 字形、U 字形及圆形等数种。直线切开是最常用的一种方法，损伤组织小，易于愈合。

2. 组织切开的原则

① 组织切开的大小要适当，以便于显露或除去某些组织、器官。

② 组织切开时，应根据组织张力选择切开的方向（躯干和腹壁两侧切开，多用垂直或斜切；四肢、颈部、躯干中线及其附近的手术，多采取纵切），以免术部张力过大而难于缝合或延迟创伤的愈合过程。

③ 组织切开时要避免损伤大血管、神经和腺体的输出管，以免影响术部功能。

④ 切口利于创液排出。创缘要整齐，两侧创缘、创壁应能密切接触，以利于缝合和愈合。

⑤ 切开部位应选在健康组织，坏死组织及已被感染的组织要切除干净。二次手术时应避免在伤疤处切开，以免影响愈合。

⑥ 切开组织必须整齐，力求一次切开。手术刀与皮肤、肌肉垂直，防止斜切或多次在同一平面上切割，造成不必要的组织损伤。

⑦ 切开肌肉时，要沿肌纤维方向用刀柄或手指分离，少作切断以减少损伤，以利于愈合。

⑧ 应采取分层切开法，以便认清组织构造，避免损伤血管和神经，有利于止血与缝合。

3. 组织分离

分离是显露深部组织和游离病变组织的重要步骤。分离的位置和范围，应根据手术的需要及组织解剖学结构进行。

(1) 按操作方法分类 据组织分离操作方法不同，分为锐性分离和钝性分离两种。

① 锐性分离：用手术刀或剪刀进行。用手术刀分离时，以刀刃沿组织间隙作垂直的、轻巧的、短距离的切开。用剪刀时以剪刀尖端伸入组织间隙内（不宜过深）然后张开剪柄，分离组织。在确定没有重要的血管、神经后，再予以剪断。此种方法适合于皮肤、腹膜、胃肠壁等的分离，其对组织损伤较小，术后反应也少，愈合较快。但必须熟悉解剖学，在直视下辨明组织结构时进行。动作要准确、精细。

② 钝性分离：用刀柄、止血钳、剥离器或手指等进行。方法是将这些器械或手指插入组织间隙内，用适当的力量分离周围组织。这种方法最适用于正常肌肉、筋膜和良性肿瘤等的分离。钝性分离时，组织损伤较重，往往残留许多失去活性的组织细胞，因此，术后组织反应较重，愈合较慢。在瘢痕较大、粘连过多或血管、神经丰富的部位，不宜采用。

(2) 按组织性质分类 根据组织性质不同，组织切开分为软组织（皮肤、筋膜、肌肉、腱）和硬组织（软骨、骨、角质）切开。以下分别叙述不同组织的切开和分离方法。

① 皮肤切开法

a. 紧张切开：由于皮肤的活动性比较大，切皮时易造成皮肤和皮下组织切口不一致，为了防止上述现象的发生，较大的皮肤切口应由术者与助手用手在切口两旁或上、下将皮肤展开固定（图1-26），或由术者用拇指及食指在切口两旁将皮肤撑紧并固定，刀刃与皮肤垂直，均匀用力一刀切开切口所需长度和深度的皮肤及皮下组织，必要时也可补充运刀，但要避免多次切割，重复刀痕，以免切口边缘参差不齐，出现锯齿状的切口，影响创缘对合和愈合。

b. 皱襞切开：在切口的下面有大血管、大神经、分泌管和重要器官，而皮下组织甚为疏松，为了使皮肤切口位置正确且不误伤其下部组织，术者和助手应在预定切线的两侧，用手指或镊子提拉皮肤呈垂直皱襞，并进行垂直切开（图1-27）。

② 皮下组织及其他组织的分离：切开皮肤后组织的分割宜用逐层切开的方法，以便识别组织，避免或减少对大血管、大神经的损伤。

a. 皮下疏松结缔组织的分离：结缔组织内分布有许多小血管，故多用钝性分离。

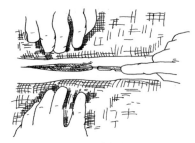

图 1-26 皮肤紧张切开法

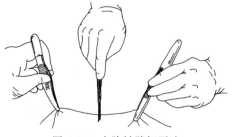

图 1-27 皮肤皱襞切开法

　　b. 筋膜和腱膜的分离：此类组织纤维切断不易愈合，故宜用钝性分离。用刀在其中央作一小切口，然后用弯止血钳在此切口上、下滑动将筋膜下组织与筋膜分开，沿分开线剪开筋膜，筋膜的切口应与皮肤切口等长。

　　c. 肌肉的分离：一般是沿肌纤维方向作钝性分离，方法是顺肌纤维方向用刀柄、止血钳或手指剥离，扩大到所需要的长度（图 1-28）。但在紧急情况下，或肌肉较厚并含有大量腱质时，为了使手术通路广阔和排液方便也可横断切开。横过切口的血管可用止血钳钳夹，或用细缝线从两端结扎后，从中间将血管切断。

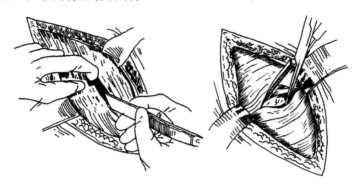

图 1-28　肌肉的钝性分离法

　　d. 腹膜的分离：腹膜锐性切开时，为了避免伤及内脏，可用组织钳或止血钳提起腹膜作一小切口，利用食指和中指或有钩探针引导，再用手术刀或剪分割（图 1-29）。

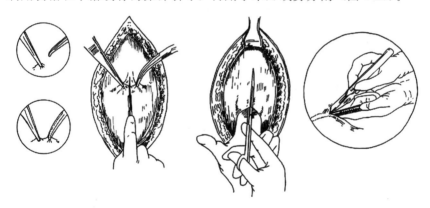

图 1-29　腹膜切开法

　　e. 肠管的切开：肠管侧壁锐性切开时，一般于肠管纵带上纵行切开，并应避免损伤对侧肠管（图 1-30）。

　　f. 良性肿瘤、放线菌病灶、囊肿及内脏粘连部分分离：此类组织宜用钝性分离，分离的方法是对未机化的粘连部可用手指或刀柄直接剥离；对已机化的致密组织，可先用手术刀切一小口，再用钝性剥离，剥离时手的主要动作应是前后方向或略施加压力于一侧，使较疏松或粘连最小部分自行分离，然后将手指伸入组织间隙，再逐步深入。对某些不易钝性分离的组织，可将钝性分离与锐性分割结合使

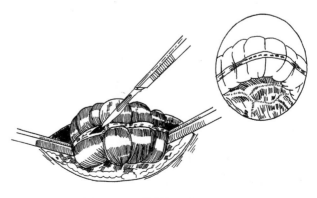

图 1-30　肠管的侧壁切开法

用，一般是用弯剪伸入组织间隙，用推剪法，即将剪尖微张，轻轻向前推进，进行剥离。

g. 骨组织的分割：首先应分离骨膜，然后再分离骨组织。分离骨膜时，应尽可能完善地保存健康部分，以利骨组织愈合，因为骨膜内层的成纤维细胞在损伤或病理情况下，可变为骨细胞参与骨骼的修复过程。分离骨膜时，先用手术刀切开骨膜（切成"十"字形或"工"字形），然后用骨膜分离器分离骨膜。骨组织的分离一般是用骨剪剪断或骨锯锯断，当锯（剪）断骨组织时，不应损伤骨膜。为了防止骨的断端损伤软部组织，应使用骨挫挫平断端锐缘，并清除骨片，以免遗留在手术创内引起不良反应和障碍愈合。

分离骨组织常用的器械有圆锯、线锯、骨钻、骨凿、骨钳、骨剪、骨匙及骨膜剥离器等（图 1-31）。

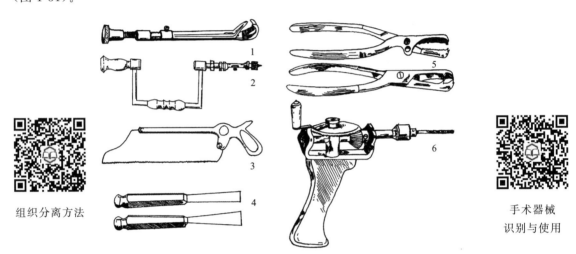

组织分离方法

手术器械
识别与使用

图 1-31　骨科常用手术器械
1—三爪持骨器；2—圆锯；3—骨锯；4—骨凿；5—狮牙持骨器；6—骨钻

h. 蹄和角质的分离：此属于硬组织的分离，对于蹄角质可用蹄刀、蹄刮挖除，浸软的蹄壁可用柳叶刀切开。闭合蹄壁上的裂口可用骨钻、锔子钳和锔子。截断牛、羊角时可用骨锯或断角器。

第四节　止　血

止血是手术过程中经常遇到而又必须立即进行的基本操作技术。手术中完善的止血，可以预防失血的危险和保证术部良好地显露，有利于争取手术时间，避免误伤重要器官，促进施术动物切口的愈合和预防并发症的发生等。因此要求手术中的止血必须迅速而可靠，并在手术前采取积极有效的预防性止血措施，以减少手术中出血。

一、出血的预防

施行手术时，为避免手术中出血过多，宜采取有效的预防措施。

1. 输血

手术前 30～60min 输入同种相合血液，马、牛可输入 500～1000mL（具体方法见急性失血急救输血）。输血有增加血液凝固性、反射地引起血管痉挛性收缩、增加抗体和血量等作用。

2. 注射止血药物

手术前可注射止血药物，如肌内注射 0.3％凝血质注射液，马、牛 10～20mL；肌内注射止血敏，马、牛 1.25～2.5g，猪、羊 0.25～0.5g；肌内注射安络血注射液，马、牛 100～

400mg，猪、羊 2～10mg；肌内注射维生素 K，牛、马 100～400mg，猪、羊 2～10mg。

3. 绞压法

用止血带、绞压器、绷带、胶皮管等，紧紧缠于术部的近心端，暂时阻止血液循环，达到止血目的。此种止血方法常用于四肢下部、尾及阴茎的手术。

二、手术过程中的止血法

1. 压迫止血法

用止血纱布或棉球压迫出血部位片刻，可使毛细血管出血和小静脉出血停止；大血管出血经压迫可暂时止血，有利于及时采取其他止血措施；深在部位出血，可用钳夹纱布压迫止血。操作时，只能按压出血部位，不能擦拭，以防损伤组织或擦掉血管断端的凝血块，发生再次出血。

2. 止血钳止血法

较大血管出血，在辨清血管断端后，可用无钩止血钳前端夹住断端并扣紧止血钳压迫或捻转，即能使血管断端闭合。小静脉钳夹数分钟后取下止血钳；较大血管断端钳夹时间应稍长或予以结扎。急救性的钳夹止血，止血钳可留存数小时或 1～2d。

3. 结扎止血法

结扎止血效果确实、可靠，是手术中重要的止血方法（图 1-32）。适用于明显可见的血管断端止血。先用止血钳夹住血管断端，用适当粗细的缝线结扎打好第一道结后，取下止血钳，将线稍拉紧，无出血时再打第二道结并剪去多余的缝线。对于横过切口的完整大血管，可先于切口两侧处分别结扎，再从中间切断。若遇较大神经，切勿结扎、切断，可将其剥离至切口一侧即可。

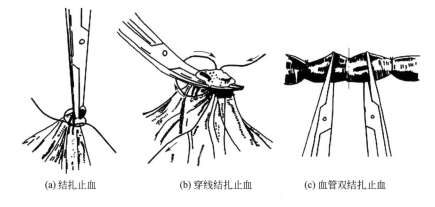

(a) 结扎止血　　　　　(b) 穿线结扎止血　　　　(c) 血管双结扎止血

止血与输血

图 1-32　结扎止血法

4. 填塞止血法

将灭菌纱布块填塞于出血的腔洞内，以达到压迫止血的目的。对较深部位出血，如摘除某组织后形成的空腔出血，鼻腔、阴道手术后及拔牙后的出血等，常用此法止血。所用纱布可浸止血药物。填塞纱布可保留数小时或 1～3d。

5. 缝合止血法

缝合止血法即利用缝合使创缘、创壁紧密接触产生压力而止血的方法。常用于弥漫性出血和实质器官出血的止血。

6. 烧烙止血法

烧烙止血法即用烧热的烙铁或电烧烙器直接烫烙手术创面，使血管断端收缩封闭而止血，多用于大面积的毛细血管出血。

三、急性失血的急救

1. 输血

输血疗法是给病畜静脉输入保持正常生理功能的同种属动物血液的一种治疗方法。

输血可补偿机体所损失的部分或全部血液，扩大血容量，补充血细胞、营养物质、激化肝、脾、骨髓等各组织的功能，并能促使血小板、钙盐和凝血活酶进入血流中，有止血作用。输血具有对病畜刺激、解毒、补偿以及增强生物学免疫功能等作用。

适应证：适用于大失血、外伤性休克、营养性贫血、严重烧伤、大手术的预防性止血等。禁忌证为严重的心血管系统疾病、肾脏疾病和肝病等。

(1) 血液的采集和保存　供血动物应该是健康、体壮、无传染病及血原虫病的成年家畜。一般马、牛每次采血 2～3L；犬的供血者体重 18～27kg，每次采血 4.5mL/kg。为防止血液凝固，采血瓶中要加入抗凝剂。抗凝剂可用肝素，每 500mL 血液用肝素 1mg 抗凝；或用枸橼酸钠，每 100mL 全血中加入 2.5%～4% 枸橼酸钠溶液 10mL 抗凝。

(2) 血液相合性的判定　输血之间的两头（只）动物必须进行相合性血象判定，否则易发生不良反应，如发热、过敏、溶血等。血液相合性的判定：临床上常用的方法有玻片凝集试验法及生物学试验法。两者结合应用更为安全可靠。每次输血时，最好先将供血者的少量血液（马、牛 150～200mL，犬 40～50mL）注入受血者静脉内，注入后 10min，若受血者的体温、脉搏、呼吸及可视黏膜等无明显变化，即可将剩余的血液全部输入。

(3) 输血的路径、数量及速度　常用输血路径为静脉内注射。一次输血量须按病情确定，急性大失血时，应该大量输血以挽救生命；以止血为目的，宜用小剂量。马、牛一次输血量为 1～2L，犬为 5～7mL/kg。输血速度宜缓慢，不宜过快，马、牛 1L 血液需 20min 输完。输血操作时严格保证无菌。

(4) 副作用及抢救

① 发热反应：输血后 15～30min，受血者出现寒战和体温升高应停止输血。

② 过敏反应：呼吸急迫、痉挛，皮肤有荨麻疹等症状，应停止输血，肌内注射苯海拉明或 0.1% 肾上腺素溶液。

③ 溶血反应：受血者在输血过程中突然不安，呼吸、脉搏增数，肌肉震颤，排尿频繁、高热、可视黏膜发绀等，应停止输血，配合强心、补液治疗。

2. 补充血容量

失血量较少时，可静脉注射葡萄糖氯化钠，马、牛 1000～3000mL；亦可用 10% 血液生理盐水溶液，马、牛 2000～2500mL；应用 6% 右旋糖酐（中分子）生理盐水溶液 1000～2000mL 静脉滴注亦可。

3. 应用止血药物

(1) 局部止血药　3% 三氯化铁、3% 明矾、0.1% 肾上腺素、3% 醋酸铅等溶液，有促进血液凝固和使局部血管收缩的作用，将纱布浸透上述某一药液后填塞创腔即可。

(2) 全身止血药　可用凝血质、止血敏、安络血、维生素 K 等肌内注射，均能增强血液的凝固性，促进血管收缩而止血。

第五节　缝　　合

缝合是将已切开、切断或因外伤而分离的组织、器官进行对合或重建其通道，保证良好愈合的基本操作技术。缝合的目的在于为分离的组织或器官予以安静的环境，给组织的再生和愈合创造良好条件；保护无菌创免受感染，加速肉芽创的愈合，促进止血和创面对合以防裂开。

一、缝合基本原则

为了促进切口愈合，缝合时要遵守下列各项原则。

① 严格遵守无菌操作。

② 缝合前必须彻底止血，清除凝血块、异物及无生机的组织。

③ 为了使创缘均匀接近，在两针孔之间要有相当距离，以防拉穿组织。

④ 缝针刺入和穿出部位应彼此相对，针距相等，否则易使创伤形成皱襞和裂隙。

⑤ 凡无菌手术创或非污染的新鲜创经外科常规处理后，可作对合密闭缝合。具有化脓腐败过程以及具有深创囊的创伤可不缝合，必要时作部分缝合。

⑥ 在组织缝合时，一般是同层组织相缝合，除非特殊需要，不允许把不同类的组织缝合在一起。缝合、打结应有利于创伤愈合，如打结时，既要适当收紧，又要防止拉穿组织，缝合时不宜过紧，否则将造成组织缺血。

⑦ 创缘、创壁应互相均匀对合，皮肤创缘不得内翻，创伤深部不应留有死腔、积血和积液。在条件允许时，可作多层缝合。

⑧ 缝合的创伤，若在手术后出现感染症状，应迅速拆除部分缝线，以便排出创液。

二、打结

打结即利用打结技术做成线结，以固定缝线，防止松脱。正确的打结是结扎止血和组织缝合的重要环节。熟练地打结还可缩短手术时间（图1-33）。

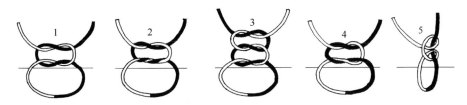

图1-33　各种线结
1—方结；2—外科结；3—三叠结；4—假结；5—滑结

1. 结的种类

（1）单结　即结扎线仅交叉一次。此结易于滑脱，用于欲切除组织的结扎和临时结扎小血管。

（2）方结（平结）　是外科手术的基本线结。因为这种结的线圈内张力愈大，打结愈紧，不易滑脱。用于结扎血管和各种缝合的打结。

（3）三叠结　又称加强结，是在平结基础上加一单结，共三道结。比平结更牢固，用于结扎大血管、张力大的组织的缝合打结和肠线缝合时的打结等。

（4）外科结　即打第一道结时多绕一次，增大摩擦面，第二道结如同平结只交叉一次。此结不易滑脱，多用于结扎大血管和张力较大的组织，如疝孔闭锁、皮肤缝合的打结等。

（5）假结（十字结、妇女结、死结）　为两道动作相同的结所成，此结易滑脱不能采用。

（6）滑结　是打结时两手用力不均，只拉紧一线而形成，易滑脱，应注意避免发生。

2. 打结方法

常用的有三种，即单手打结、双手打结和器械打结。

（1）单手打结　为常用的一种方法，简便迅速，左右手均可打结。虽各人打结的习惯常有不同，但基本动作相似（图 1-34）。

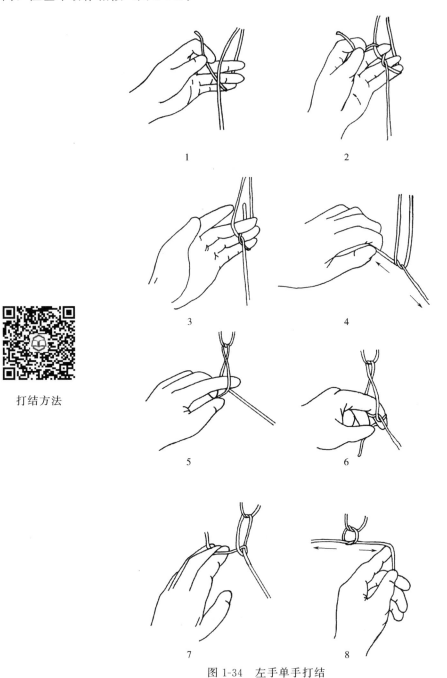

打结方法

图 1-34 左手单手打结

（2）双手打结 除了用于一般结扎外，还用于对深部或张力大的组织缝合，结扎较为方便可靠（图 1-35）。

（3）器械打结 用持针钳或止血钳打结。适用于结扎线过短、狭窄术部、创伤深处和某些精细手术的打结。方法是把持针钳或止血钳放在缝线的较长端与结扎物之间，用长线头端缝线环绕持针钳一圈后，再打结即可完成第一结，打第二结时用相反方向环绕持针钳一圈后拉紧，成为方结（图 1-36）。

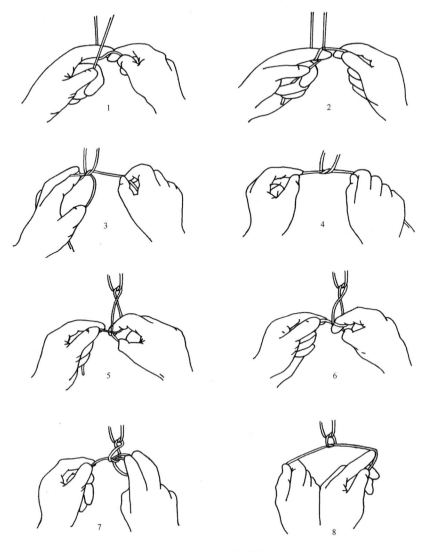

图 1-35 双手打结

3. 打结注意事项

① 打结收紧时要求三点成一直线，即左、右手的用力点与结扎点成一直线，不可成角向上提起，否则会使结扎点容易撕脱或结松脱。

② 无论用何种方法打结，第一结和第二结的方向不能相同，即两手需交叉，否则即成假结。如果两手用力不均，可成滑结。

③ 用力均匀，两手的距离不宜离线太远，特别是深部打结时，最好用两手食指伸到结旁，以指尖顶住双线，两手握住线端，徐徐拉紧，否则易松脱（图 1-37）。埋在组织内的结扎线头，在不引起结扎松脱的原则下，剪短以减少组织内的异物。丝线、棉线一般留 3~5mm，较大血管的结扎应略长，以防滑脱，肠线留 4~6mm。

④ 正确的剪线方法是术者结扎完毕后，将双线尾提起略偏术者的左侧，助手用稍张开的剪刀尖沿着拉紧的结扎线滑至结扣处，再将剪刀稍向上倾斜，然后剪断。倾斜的角度取决于要留线头的长短（图 1-38）。如此操作比较迅速准确。

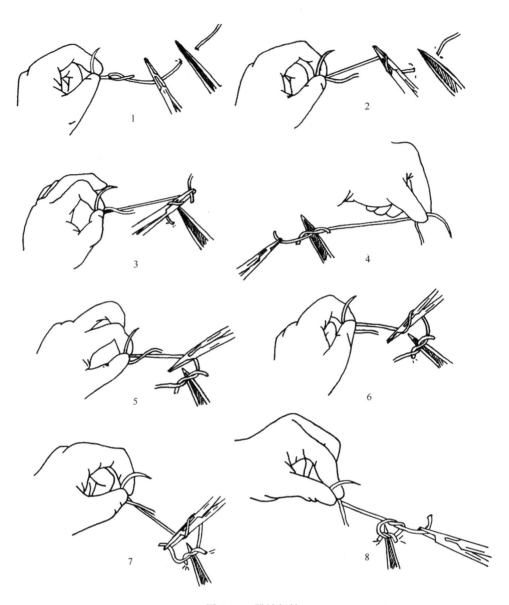

图 1-36　器械打结

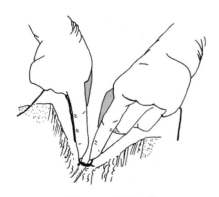

图 1-37　深部打结

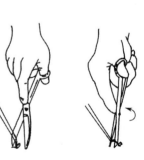

图 1-38　剪线法

三、缝合的种类及缝合技术

缝合方法可分为间断缝合、连续缝合和特殊缝合三大类。缝合操作一般是由右向左或由上向下进行。

1. 间断缝合法

即每缝一针打一次结。多用于张力大的组织的缝合。

(1) 结节缝合法 是手术中最常用、最基本的缝合形式。缝合时，每缝一针即打一次结。缝合时注意针距要适当，创缘对齐，不能有皱襞。适用于皮肤、肌肉、腱膜和筋膜等组织的缝合（图 1-39）。

间断缝合

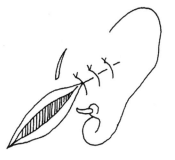

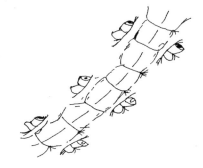

图 1-39 结节缝合法　　　　图 1-40 减张缝合法

(2) 减张缝合法 减张缝合常与结节缝合一起应用。操作时，先在距创缘较远处（2～4cm）做几针等距离的结节缝合（减张），缝线两端可系缚纱布卷或橡胶管等，借以支持其张力（此即为圆枕缝合），其间再做几针结节缝合即可（图 1-40）。适用于张力大的组织缝合，可减少组织张力，以免缝线勒断针孔之间的组织或将缝线拉断。

(3) "8"字形缝合 此种缝合法多用于腱或由数层组织构成的深创的缝合（图 1-41）。

2. 连续缝合法

即缝合中不剪断缝线结扎，仅在缝合开始和结束时打结的方法。常用于肌肉、黏膜、腹膜等张力小的组织缝合。

(1) 螺旋形缝合 即由创口一端开始缝合，第一针打结后以螺旋状继续缝合至创口另一端，最后一针将缝线折转，线头留在带缝针的缝线对侧创缘，打结并剪断线头（图 1-42）。此法常用于肌肉、子宫黏膜、腹膜等组织的缝合。

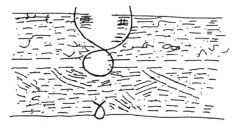

连续缝合　　　　图 1-41 "8"字形缝合法　　　　图 1-42 连续螺旋形缝合法

(2) 锁扣缝合 如锁衣服扣眼式的缝合，缝线均压在创缘一侧（图 1-43）。多用于缝合张力小的皮肤直线形切口。

(3) 袋口缝合 用于暂时缝合肛门、阴门、胃肠穿孔等，以防脏器脱出。缝合时，距缝合孔 3～4cm，沿其周围依次进针，最后适当拉紧缝线打结（图 1-44）。肛门、阴门假缝合时，应留空隙，以利排便。

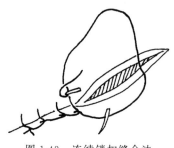

图 1-43　连续锁扣缝合法

图 1-44　连续袋口缝合法

3. 特殊缝合法

(1) 库兴缝合　又称连续水平褥氏内翻缝合。缝合方法是于切口一端开始先做一浆膜肌层间断内翻缝合，再用同一缝线平行于切口做浆膜肌层连续缝合，缝合至切口另一端（图1-45）。适用于胃、子宫等浆膜肌层缝合。

(2) 康乃尔缝合法　这种缝合法与库兴缝合相同，仅在缝合时缝针需贯穿全层组织，当将缝线拉紧时，则肠管切面即翻向肠腔（图1-46）。多用于胃、肠、子宫壁缝合。每缝一针应拉紧缝线，保证创缘密闭，达到不漏粪、不漏液、不漏气。

(3) 伦勃特缝合法　伦勃特缝合法是胃肠手术的传统缝合方法，又称为垂直褥式内翻缝合法，分为间断与连续两种，常用的为间断伦勃特缝合法。在胃肠或肠吻合时，用以缝合浆膜肌层。每缝一针应拉紧缝线，保证创缘密闭。

① 间断伦勃特缝合：缝线分别穿过切口两侧浆膜及肌层即行打结，使部分浆膜内翻对合，用于胃肠道的外层缝合（图1-47）。

② 连续伦勃特缝合法：于切口一端开始，先做一浆膜肌层间断内翻缝合，再用同一缝线做浆膜肌层连续缝合至切口另一端（图1-48）。其用途与间断内翻缝合相同。

特殊缝合与拆线

图 1-45　库兴缝合法

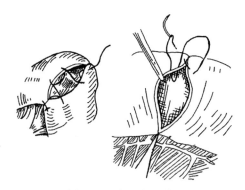

图 1-46　康乃尔缝合法

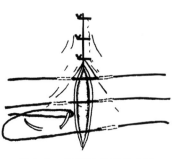

图 1-47　间断伦勃特缝合法

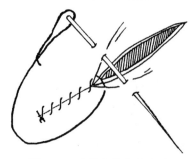

图 1-48　连续伦勃特缝合法

(4) 定位缝合 较长的直线切口或形状复杂的创口，为避免创缘闭合不良或发生皱褶，可用此法。实质是结节缝合的特殊应用，缝合时按进针顺序将缝线穿好，正确对合创缘，再分别打结；或第一步在创口两端分别做一结节缝合，第二步在创口中点做一个结节缝合，第三步在创口中点与两端结节之间的中点分别做一结节缝合，如此类推结节缝合完创口。

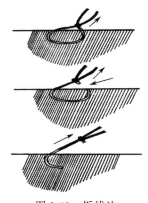

图1-49 拆线法

四、拆线

拆线是指拆除皮肤缝线。拆线时间多在术后 7～8d，个别可延至 10～14d。拆线过早或过迟，均会影响愈合过程。拆线时先除去绷带，用生理盐水洗净创围，尤其是针孔附近，再以 5％碘酊消毒创口和缝线，酒精脱碘后，用镊子提起线结紧贴针眼，将线剪断并随即抽出缝线。创口大或张力大的部位，可隔一针拆除一针，愈合良好后再将缝线全部拆除。拆线后要更换敷料，保护创口（图1-49）。

第六节 绷带包扎

绷带包扎是指利用敷料、卷轴绷带、复绷带、夹板绷带、支架绷带及石膏绷带等材料包扎止血，保护创面，防止自我损伤，吸收创液，限制活动，使创伤保持安静，促进受伤组织的愈合。

一、绷带材料及其应用

1. 卷轴绷带

卷轴绷带是用脱脂纱布制成，市售的长度均为 6m，宽度有 3cm、4cm、4.8cm、6cm、7cm、8cm 等数种。

2. 纱布

用脱脂纱布剪成适当的方形，折叠成 5～10cm^2 的方块，每 10 块一包，灭菌后用于覆盖创口、止血、填塞创腔及吸收创液等。

3. 棉花

多用脱脂棉，常做绷带的衬垫材料。若直接接触创面，须包以纱布。若衬垫低凹处或以保温为目的时，可用普通棉花。

4. 其他材料

如白布、油布、塑料布、橡胶布、麻绳、铁丝、夹板、石膏等，主要是用于保护绷带、防水或加强固定作用等。

二、绷带种类与操作技术

1. 卷轴绷带

(1) 环形带 用卷轴绷带在患部重叠缠绕 4～6 圈后，将绷带末端剪开打结。主要用于包扎粗细一致和较小的患部，如系部、掌（跖）部等。卷轴绷带的所有包扎法均以环形带为起始和结束。

(2) 螺旋带 先从环形带开始，再由下向上螺旋形缠绕，每圈均压住前一圈的 1/3 或 1/2，最后以环形带结束。螺旋带多用于掌部、跖部及尾部等。

(3) 折转带 类似螺旋带，但每圈缠至肢体外侧时均向下回折，再向上缠绕，最后以环形带结束。常用于臂、胫等粗细不一的部位。

(4) 蛇形带 又称蔓延包扎，绷带斜行向上延伸螺旋形缠绕，各圈互不遮盖。用于固定夹板绷带的衬垫材料。

(5) 交叉带 先在关节下方做一环形带，再斜向关节上部做一环形带后，斜向返回关节下方，如此反复缠绕，至患部被斜向交叉的绷带包扎好为止，最后以环形带结束。此法用于关节部位包扎。

(6) 蹄及蹄冠绷带 先将卷轴绷带的开端留出交左手，右手持绷带卷并用绷带覆盖创部，缠绕一周与左手所持短端相遇后交扭，再反方向继续包扎，每次与短端相遇时，均扭缠一次，直至包扎结束，最后长端与短端打结固定（图1-50）。

(7) 角绷带 用于牛、羊角壳脱落、角折、断角及角损伤等。先在健康角根做环行带，再缠至病角根，并以螺旋带或折转带由角根缠至角尖后，折返缠至角根，最后将绷带引向健康角根做环形结束。

(8) 使用卷轴绷带的注意事项

① 病畜须妥善保定，包扎要迅速、牢靠，松紧要适度，压迫要均匀，包扎后要平整美观。

② 四肢的绷带须按静脉血流方向由下向上缠绕。

③ 绷带打结应在肢体外侧，要避开创口。

④ 包扎好的绷带一般不要随意更换，化脓创必须2～3d更换一次绷带。

⑤ 当包扎绷带过紧导致患部肿胀、疼痛甚至血液循环障碍，或包扎后创伤继续出血以及体温高、创伤发生感染等，应及时解除绷带处理创口后，再包扎。

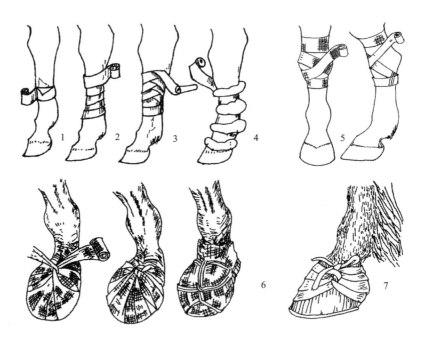

图 1-50 绷带

1—环形带；2—螺旋带；3—折转带；4—蛇形带；5—交叉带；6—蹄部包扎；7—蹄冠包扎

2. 复绷带

即根据患部形状，用棉布或纱布缝制的绷带，其四周缝有若干布带，以便结系固定。常用的有眼绷带、顶头绷带、胸前绷带、鬐甲绷带、背腰绷带、腹绷带等（图1-51）。

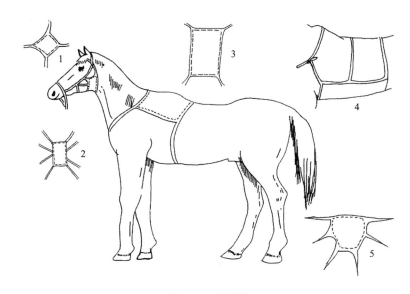

图 1-51 复绷带
1—眼绷带；2—顶头绷带；3—鬐甲绷带；4—腹绷带；5—背腰绷带

3. 结系绷带

结系绷带用于身体任何部位，以保护创口和减少张力。即在圆枕缝合基础上，用数根长号缝线分别固定在两侧圆枕基部下面，敷料盖于创口上，再把两侧固定线的游离端成对打成活结，固定好敷料。亦可在缝合后，将创口分为 3～5 等份，于每等份的一侧，用带 30cm 长缝线的缝针，距创缘 3～4cm 刺入皮下，距刺入点 0.5cm 处穿出，越过创口至对侧做对称性地刺入、穿出，如此逐一穿好后，将敷料置缝线下盖于创口上，再拉紧缝线，打活结固定（图 1-52）。

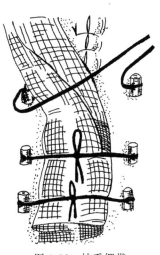

图 1-52 结系绷带

4. 固定绷带

固定绷带是使患部保持安静、固定不动而装置的一种绷带。主要用于骨折、脱臼、关节疾病及肌腱断裂等病症的治疗。

（1）夹板绷带 常用竹板、木板、胶合板、金属丝或金属板等材料，制成与患部大小、形状适宜的夹板。使用时，先擦净患部被毛，涂以滑石粉；用棉花垫平（骨骼突出部要垫厚些，应超过夹板上下两端），再用蛇形带固定；最后将选用的夹板放于棉花外围（夹板应长于两个关节，间距以 0.5～2cm 为宜），用绷带缠紧固定。

（2）石膏绷带

① 准备：先将病畜横卧保定并使之镇静或浅麻，以利整复和包扎；刷拭干净患部及其周围皮肤，涂碘酊或酒精，有创伤时应先进行外科处理，备足棉花、卷轴绷带、夹板、石膏绷带（市场有售）、石膏粉及 40℃ 的温水。

② 装置方法

a. 患部先用棉花包好（方法同夹板绷带），再以螺旋带固定。

b. 将一石膏绷带卷浸于 40℃ 水中，至不冒气泡取出，用两手握住绷带卷两端挤出多余水分，同时浸入第二卷备用。

c. 用已浸好的石膏绷带螺旋式缠绕患部，边缠边均匀涂抹石膏泥，缠至骨折上方关节后，再折向下缠，如此缠绕 7～8 层，最后一层要将两端超出的棉花折向绷带压住，并均匀、光滑涂抹石膏泥。待石膏硬固后使患畜起立，保定于六柱栏内。开放性骨折时，创伤处理并覆盖纱布后，以大于创口的杯子放于纱布上，再用石膏绷带在杯子周围缠好后，取下杯子修整边缘即成窗形石膏绷带（图 1-53）。

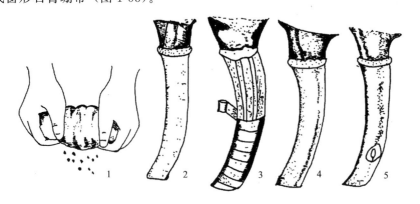

绷带技术

图 1-53 石膏绷带

1—挤压浸泡后的石膏绷带；2—缠石膏绷带；3—装夹板并用石膏绷带固定；
4—外涂石膏糊；5—做石膏窗

③ 装置石膏绷带的注意事项

a. 操作要迅速，以防石膏硬固。浸泡时间勿过长，随用随浸，保持水温，确保硬化效果。

b. 装着完毕后，应随时检查，若病畜不安、体温升高或肢体末端水肿严重，有组织坏死可能，或装着松弛固定不佳时，应及时拆除，重新装置。

c. 长骨骨折石膏绷带应固定上下两个关节，以达制动目的。后期应适当运动、促进康复。

d. 病畜如无异常病态反应，石膏绷带可于骨折愈合后拆除，一般大家畜为 6～8 周，小家畜为 3～4 周。

e. 拆除石膏绷带使用石膏锯、石膏剪、石膏刀及板锯等时，应注意防止伤及皮肤。

第七节 手术前后的措施

一、术前准备

1. 施术动物的准备

（1）术前检查 对病畜进行全面检查，可提供诊断资料，并能决定保定及麻醉的方法，是否可以施行手术，如何施行手术以及预后的估计。

（2）预防注射 术前 1 周应给病畜皮下注射破伤风类毒素 0.5～1mL，在紧急手术时可于术前给病畜注射破伤风抗毒素，大家畜 1 万～2 万国际单位，小家畜用 3000～4000 国际单位。

（3）禁食 术前应禁食半天或一天，仅给予饮水。倒卧保定及腹腔手术时，禁食更为重要。

（4）给药 给予抗生素，预防手术创感染；给予止血剂以防手术中出血过多；给予止酵剂以防术中发生臌气；也可给予强心、补液以加强机体的抵抗力。

（5）畜体准备 术前刷拭动物体表，清除污物，然后向被毛喷洒 0.1% 新洁尔灭或其他消毒药。在动物的腹部、后躯、肛门、会阴等处施行手术时，术前包扎尾绷带。会阴部的手术，术前应灌肠导尿，以免术中动物排粪尿，污染术部。

2. 拟订手术计划

手术计划的内容有以下几点。

① 手术的名称、目的、日期及手术人员的分工。

② 手术前必须采取的防制措施，如禁食、胃肠减压、灌肠、导尿、给药的种类与方法，给动物注射破伤风类毒素或破伤风抗毒素等。

③ 所需用的手术器械、药品、敷料，及其他用品的种类、数量及消毒的方法，保定及麻醉的方法，手术操作过程中应注意的问题。

④ 手术过程中可能出现的问题，如大出血、休克、窒息等应如何预防及急救。

⑤ 术后护理及治疗措施。

3. 施行手术的工作组织

为了较好有序地完成手术，手术人员要合理分工。

（1）术者 是手术的负责人，手术的主要操作者。

（2）第一助手 配合术者做切开、止血、清理术野、缝合及术后处理等工作。必要时可代替术者进行手术。手术过程中第一助手站在术者对面。

（3）第二助手 协助术者及第一助手完成手术工作。手术过程中第二助手应该站在术者的左侧。

（4）第三助手（器械助手） 熟悉及准备所用的器械、敷料、药品及消毒工作。手术过程中器械助手应将器械及时、准确地传递给术者，及时清理器械上的血迹、污物及线头。手术过程中，器械助手应站在术者的对面或右侧。

在施行较大的手术时（如肠吻合术、瘤胃切开术），还需要增加辅助人员负责保定、麻醉、供应药品及敷料。

4. 手术记录

其主要内容见手术记录表（表1-1）。

表 1-1　手术记录表

手术号：　　　　　手术日期：　　年　月　日

畜主姓名		畜别			性别		年龄	
初诊时间				术前诊断				
病史摘要								
术前检查								
手术名称			手术时间	时　分～　时　分			术后诊断	
手术者		助手	1：		2：		3：	
保定方法								
麻醉方法 及效果								
手术方法								
术后处理								
医嘱								

兽医：

二、术后措施

1. 术后治疗措施

（1）预防术后感染 术后抗感染常用的药物有磺胺类药物及抗生素类药物。常用的磺胺类药物有氨苯磺胺、磺胺嘧啶钠、磺胺甲基嘧啶、磺胺二甲基嘧啶、磺胺异唑、磺胺甲基异唑及磺胺甲氧嗪等。用抗生素类做抗感染药物时，首选药物是青霉素G、氨苄青霉素，另外还可依次选用庆大霉素、卡那霉素、链霉素及四环素等。

（2）输液 通常是给患畜静脉注射葡萄糖氯化钠注射液。当手术过程中动物失血过多时，给动物输血或静脉注射 6%中分子右旋糖酐注射液，大家畜一次 1000～2000mL，小家畜一次 500～1000mL。当动物出现酸中毒时静脉注射 5%碳酸氢钠注射液，大家畜一次 300～1000mL，小家畜 50～150mL。患畜体质较弱时还要适量静脉注射 10%～25%葡萄糖注射液。

（3）补充维生素 为促进上皮生长可给患畜补充维生素 A；为促进骨骼的愈合可给患畜补充维生素 D；为纠正手术后的胃肠功能紊乱可给动物补充维生素 B_1 及维生素 B_2；为促进创伤的愈合，可给动物补充维生素 C。

2. 术后护理

注意患畜的保暖，防止感冒及呼吸道感染。要防止动物摔伤及骨折。在苏醒以后的半日内，不宜让其饮水及采食，以防误咽。术后每日检查体温、呼吸、脉搏，以便及时掌握患畜的状况。要防止动物啃、舐伤口。

实训一 消毒与灭菌

【实训目的】

1. 学生通过独立操作，学会各种常用的消毒灭菌方法及注意事项。

2. 培养学生树立严格的无菌观念，为兽医临床实际工作打下基础。

【实训内容】

1. 器械物品的消毒灭菌。

2. 敷料的制备与消毒灭菌。

3. 手术场地的消毒。

4. 手术部位的消毒。

5. 手术人员的准备与术者手臂的消毒。

【设备与材料】

1. 煮沸消毒器 6 具、高压灭菌器 1～2 具、手术常规器械 6 套、橡皮手套 6 双、各种注射器各 6 具。

2. 敷料剪 6 把、纱布 2 包、脱脂棉 2 包、贮槽 6 个、搪瓷盘 6 个、75%酒精、5%碘酊、带盖瓷杯 12 个。

3. 实习动物 6 头、喷雾器 3 具、清扫工具、术部常规处理器械 6 套、8%硫化钠溶液、手术巾 6 块、常用防腐消毒药。

4. 泡手桶 1～3 个、洗手盆 12 个、指甲刷 6 个。

【方法与步骤】

教师首先向学生阐明实习内容、目的要求和进行的具体步骤以及主要的注意事项，然后学生分为 6 组，各组按顺序进行独立操作，最后总结实习过程中的优缺点。具体操作方法见正文。

【注意事项】

1. 带有电源的灭菌器，使用时一定要遵守操作规程，注意安全。

2. 灭菌器内经常保持足够的水量，一般要在 3000mL 左右。

3. 进行消毒灭菌过程中，操作者不得离开现场，以免发生事故，特别对电煮锅和高压蒸汽灭菌更要注意。

4. 各项操作过程一定保持无菌，培养无菌观念。

【实训报告】

说明器械消毒灭菌与手术部位消毒过程，以及它在外科手术及外科疾病治疗中的重要意义。

实训二 麻 醉

【实训目的】

学会马、牛、猪、犬、羊的全身麻醉方法，观察麻醉现象，学会传导麻醉、硬膜外腔麻醉及浸润麻醉的部位、方法和操作技术。

【实训内容】

1. 全身麻醉。

2. 传导麻醉。

3. 硬膜外腔麻醉。

4. 浸润麻醉。

【设备与材料】

实习动物〔马、牛、猪、犬、羊若干头（只）〕、剪毛剪、消毒用品、保定用具、保定宁、846 合剂、氯胺酮、苏醒灵 4 号、0.25％～0.5％盐酸普鲁卡因溶液、2％～3％盐酸普鲁卡因溶液、常规消毒药品等。

【方法与步骤】

教师先讲解目的、要求、实习内容及注意事项，进行全身麻醉、传导麻醉、硬膜外腔麻醉及浸润麻醉示教，然后分 2～4 组分别练习操作技术。具体操作方法见正文。

【注意事项】

1. 马、牛、猪、犬、羊全身麻醉，要让学生注意观察麻醉现象，并做好记录，若出现中毒现象，立即用苏醒灵解救。

2. 传导麻醉时，保定要确实，以防发生事故。硬膜外腔麻醉时，局部要严格消毒，并控制针刺深度，以防损伤脊髓。

3. 传导麻醉部位，要使每个同学亲自进行触摸。针刺方法，部分同学也可进行独立练习。

4. 传导麻醉效果最好通过简单手术或针刺反应鉴定痛觉，以便使学生正确认识传导麻醉在外科手术中的作用。

【实训报告】

讨论并写出全身麻醉的方法、麻醉现象、传导麻醉和硬膜外腔麻醉及浸润麻醉的部位和操作技术。

实训三 组织分离与止血

【实训目的】

认识常用外科器械并会使用，学会组织切开法、软组织钝性分离法以及手术中常用止血方法的操作技术。

【实训内容】

1. 常用外科器械的使用方法。

2. 组织切开法。

3. 手术中常用的止血方法。

【设备与材料】

1. 术部常规处理器械 3 套，手术常规器械 3 套，缝合器械 3 套，注射器、巾钳、创布各 3 套及保定用具等。实习动物 3 头（只）。

2. 碘酊棉球、酒精棉球、消炎粉、止血药物、保定宁、846 合剂、普鲁卡因、生理盐水、青霉素等。

【方法与步骤】

教师先向学生讲解实训内容、目的及注意事项。有条件时学生分成 3 组，在教师指导下，认识器械，练习组织分离及止血技术的操作。或教师进行示教。

1. 常用外科器械的识别及使用方法操作练习。

2. 组织分离法。利用实习动物在保定、消毒、麻醉的基础上，无菌进行组织切开法、软组织钝性分离法的操作，具体内容见教材相应内容。

3. 止血法。结合组织分离，灵活运用压迫止血法、止血钳止血法、结扎止血法、填塞止血法等进行止血操作（具体操作方法见教材）。

【注意事项】

1. 利用实习动物进行组织分离止血的操作，要在无菌条件下进行。

2. 要按照正规的操作程序、正确的操作方法进行练习操作。

3. 手术结束后及时进行术后常规处理。定期应用抗生素，防止创口感染。加强饲养管理及护理。

【实训报告】

写出本次实训内容的操作要领和心得体会。

实训四 缝 合

【实训目的】

学会外科打结的方法和技术，会持针、纫针，会常用的缝合方法及临床应用。

【实训内容】

1. 外科打结方法。

2. 缝合的操作技术。

【设备与材料】

40cm 线绳 40 条，缝针 40 枚，止血钳 20 把，持针器 20 把，手术剪 20 把，各种规格缝线（样品），动物的皮肉、胃肠适量等。

【方法与步骤】

老师讲解打结方法、纫针、持针、缝合技术后，分 4～6 组，分别练习打结技术。按小组在白布、手巾或牛皮纸上练习一般缝合技术，利用动物皮肤、胃、肠练习皮肤、胃、肠缝合技术等。

1. 外科打结方法

外科打结方法很多，常用者有单手打结法、双手打结法和器械打结法三种。具体操作见正文。

2. 缝合的操作技术

（1）持钳操作方法见正文。

（2）纫针操作方法见正文。

（3）间断缝合与连续缝合法操作方法见正文。

（4）特殊缝合胃肠等器官缝合操作方法见正文。

【注意事项】

（1）单层缝合时缝针需穿过创底，以免创底内留有死腔。

（2）针刺入孔与穿出孔应与创缘等距、对称。皮肤切口缝合时距创缘 1～2cm，肌肉缝合为 1.5～2cm，浆膜、黏膜为 0.2～0.5cm。

（3）缝线间距应在保证创口紧密结合的情况下针数越少越好。

（4）皮肤缝合后，应用镊子整理创缘，矫正其内翻或外翻现象，使其紧密结合以利愈合。

（5）对有化脓及渗出物过多的伤口，一般不做密闭缝合，留有排液孔，以利排液。

（6）肠管缝合要做到不漏粪、不漏液、不漏气。

【实训报告】

说明打结方法及缝合技术。

实训五　绷　带

【实训目的】

学会卷轴绷带、结系绷带、固定绷带的包扎技术及注意事项。

【实训内容】

1. 卷轴绷带的包扎。

2. 结系绷带的包扎。

3. 石膏绷带的包扎。

【设备与材料】

1. 实习动物 3～6 头（只），保定用具等。

2. 卷轴绷带、夹板材料、石膏绷带卷、石膏粉、脱脂纱布、脱脂棉、搪瓷盘、脸盆、温度计、剪刀等。

【方法与步骤】

先由教师讲授实训内容，操作方法及注意事项，并结合实习动物边讲边做，然后学生分 3～6 组进行练习操作。

1. 卷轴绷带包扎法：环形绷带、交叉绷带、螺旋绷带、角绷带、蹄冠绷带、蹄绷带等（具体内容见正文）。

2. 结系绷带包扎法具体操作方法见正文。也可结合手术进行此项练习。

3. 石膏绷带包扎法具体操作方法见正文。

【注意事项】

1. 包扎绷带时，动物保定要牢固，包扎要迅速、牢靠、松紧要适度。

2. 石膏绷带包扎时，要严格掌握水温及浸泡时间，石膏糊边用边和，不能久置，防止硬化。

【实训报告】

总结卷轴绷带、结系绷带、石膏绷带的操作方法及注意事项。

案例分析

［病例］　黄牛全身麻醉。

［疗法］　测量获得牛的体斜长 145cm、胸围 128cm，根据（胸围 cm）^{2} ×（体斜长 cm）÷10800 公式计算出黄牛体重。按 200kg 计，按 0.6mg/kg 剂量计算出用药量为 120mg，转换为 2% 二甲苯胺噻唑溶液的药液量为 6mL，最后进行颈部肌内注射。

［效果］　注射后 5min，黄牛自然下卧，随后平稳进入全身麻醉状态。

［分析］　为避免称重麻烦，一般通过测量换算办法估算黄牛的体重。二甲苯胺噻唑对黄牛有良好的镇静、镇痛和肌松效果，且安全范围较大，是一种常用的麻醉药。为让黄牛术后尽快苏醒，可注射苏醒灵，以减轻麻醉对黄牛生理的影响。

目标检测题

一、名词解释

1. 消毒　2. 灭菌　3. 麻醉　4. 浸润麻醉　5. 组织分离　6. 止血　7. 伦勃特缝合　8. 绷带包扎

二、填空题

1. 煮沸灭菌时间一般为加热煮沸后维持 _____ min，高压蒸汽灭菌需要在压力 15lbf/in^2（或 0.1034MPa），温度 121.3℃，维持_____ min。

2. 外科消毒常用的化学药品有_____、_____、_____、_____、_____、_____、_____等。

3. 常用的酒精棉球、碘酊棉球是用_____%酒精、_____%碘酊制成的。

4. 手术人员的准备与消毒包括_____、_____、_____、_____等。

5. 术部的准备与消毒包括_____、_____、_____等。

6. 浸润麻醉使用的药物为_____的普鲁卡因溶液。牛腰旁神经传导麻醉需要麻醉的三条神经是_____、_____、_____；脊髓麻醉多采用_____麻醉。

7. 根据麻醉强度，全身麻醉可分为_____、_____、_____。

8. 皮肤切开法有_____、_____两种。

9. 预防手术中出血过多的主要措施有_____、_____、_____等。

10. 手术过程中的止血方法有_____、_____、_____、_____、_____。

11. 结的种类有_____、_____、_____、_____、_____、_____。外科常用的基本线结是_____。

12. 最常用的间断缝合法是_____，最常用的连续缝合法是_____，最常用的胃肠缝合法是_____，最常用的切口绷带是_____。

13. 拆线时间多在术后_____ d，个别可延至_____ d。

三、问答题

1. 术部的常规处理包括哪些内容？

2. 猪、犬全身麻醉时常用哪些药物？麻醉时应注意哪些事项？

3. 组织切开时要遵守哪些原则？

4. 遇到急性失血如何急救？

5. 创口缝合时要遵守哪些原则？

6. 手术前的准备工作有哪些？

7. 手术后的常规护理有哪些措施？

第二章 常用外科手术

知识目标

1. 认识动物阉割术的目的和手术通路。

2. 认识拔牙、接鼻、断角、食管切开、气管切开、消声、竖耳、脑多头蚴孢囊摘除的适应证和手术通路。

3. 认识开胸、开腹、瘤胃切开、犬胃切开、真胃复位、胆囊切开、小肠切断与吻合、肠套叠整复、直肠脱整复、直肠部分截除、动物断尾等手术的适应证和手术通路。

技能目标

1. 能够进行动物阉割术的标准操作。

2. 能够进行拔牙、接鼻、断角、食管切开、气管切开、消声、竖耳、脑多头蚴孢囊摘除等手术的操作。

3. 能够进行开胸、开腹、瘤胃切开、犬胃切开、真胃复位、胆囊切开、小肠切断与吻合、肠套叠整复、直肠脱整复、直肠部分截除、动物断尾等手术的操作。

第一节 阉割术

摘除或破坏公畜的睾丸、附睾或母畜的卵巢或子宫，使其失去性功能和生殖能力的一种外科手术，称为阉割术。雄性动物的阉割术又称去势术。阉割目的有如下六个。

① 使性情暴躁的公畜变得温顺。

② 提高肉的品质和产肉量（肉用家畜）。

③ 提高皮毛质量和数量（毛皮家畜）。

④ 淘汰劣种公畜。

⑤ 治疗某些生殖器官疾病，如睾丸炎、附睾炎等。

⑥ 使正常健康的公母畜失去繁殖功能（绝育手术）。

一、猪阉割术

1. 小公猪去势术

小公猪的去势，以1~2月龄或体重5~10kg为宜。通常选择在21~28日龄仔猪断奶时进行。选择晴朗天气，阉割前，对猪进行检查，如有隐睾或阴囊疝者，按隐睾或阴囊疝手术方法进行；如为病猪要恢复健康后再进行。

（1）术式 倒立或侧卧保定。切口在阴囊中缝两侧面0.5~1cm与中缝平行做两个切口；也可采用与中缝平行做一个切口，然后在阴囊中隔内部做一个切口（图2-1）。

（2）操作方法 首先用左手握住阴囊颈部，使阴囊中缝在两睾丸正中间，以5%碘酊或

图 2-1 小公猪去势睾丸固定与切割

75％酒精棉球消毒后，沿阴囊缝侧方 0.5～1.0cm 处，平行阴囊缝切开阴囊和总鞘膜，挤出睾丸，撕断鞘膜韧带，再捻断精索，取下睾丸，断端涂以 5％碘酊。用同样方法摘除另一侧睾丸。

2. 猪的隐睾摘除术

(1) 适应证 隐睾猪性欲强烈，生长缓慢，肉质低劣，饲养困难，因此必须进行去势。

猪的隐睾多位于腰区肾脏的后方，有时则位于腹腔下壁或下外侧壁，腹股沟内环的稍前方；少数位于腹下壁的脐区或在骨盆腔膀胱的下面。

隐睾猪最好是在 4～6 月龄时进行手术。术前应停喂半天。

(2) 保定 可采取半仰卧保定、倒悬式保定或隐睾侧向上的侧卧保定。

(3) 麻醉 局部盐酸普鲁卡因浸润麻醉。

(4) 术式 切口部位在隐睾侧的髋结节向腹中线引垂线，在此线上距离髋结节 6～8cm 处，平行腹中线做一纵行切口，切口长 3～5cm。切开皮肤、肌层和腹膜，向腹腔内插入两个手指，按腹股沟区、耻骨区、髂区、肾脏后方的腰区、膀胱背面的顺序探索隐睾。发现椭圆形游离的睾丸后将其引出切口外，然后结扎精索，摘除睾丸，切口分层缝合。

3. 小母猪卵巢子宫摘除术（小挑花）

术前禁食半天，多数选择在早晨空腹时进行。

(1) 去势年龄 一般在断奶时，即 25～28 日龄或体重 15kg 以内。

(2) 局部解剖

① 卵巢：性成熟前的幼龄仔猪，卵巢只有黄豆大，表面平滑，淡红色。性成熟以后大如核桃，表面凹凸不平，呈葡萄状，其突出即为滤泡或黄体。

② 输卵管：弯曲乳白色的细管，一端以输卵管伞与卵巢相连，另一端与子宫角相连。

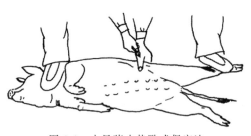

图 2-2 小母猪去势卧式保定法

③ 子宫：包括子宫颈、子宫体及两个子宫角。由子宫阔韧带把它悬挂在骨盆腔与腹腔之间。

(3) 保定 右侧半仰卧保定，术者右脚后跟着地，右脚前掌踩压小猪左侧颈部，同时术者左脚踩压小猪左后脚（图 2-2）。

(4) 切口位置 术者以左手中指顶住左侧髋结节，然后以拇指压迫同侧腹壁，向中指顶住的左侧髋结节垂直方向用力下压，使左手拇指所压迫的腹壁与中指所顶住的髋结节尽可能地接近，使拇指与中指连线与地面垂直，此时左手拇指指端的压迫点稍前方即为术部。此切口相当于髋结节向左列乳头方向引一垂线，切口在距左列第 2～3 乳头连线外缘 2～3cm 处的垂线上。由于猪的营养、发育和饥饱状况不同，切口位置也略有不同，即所谓"肥朝前、瘦朝后，饱朝内、饥朝外"，要根据具体情况灵活掌握。

(5) 操作方法 局部常规消毒后，术者右手将术部皮肤向腹侧牵拉，以便术后皮肤切口与肌肉切口错位。左手拇指用力按压在术部稍外侧，压得越紧离卵巢越近，手术也越容易成功。右手持刀（小挑刀或手术刀），用拇指、中指和食指控制刀刃深度，用刀尖垂直切开皮肤，切口长 0.5~1.0cm，然后用刀柄以 45°角斜向前方伸入切口，当猪号叫时，随腹压升高而适当用力"点"破腹壁肌肉和腹膜，此时，有少量腹水流出，有时子宫角也随着涌出。如子宫角不出来，左手拇指继续紧压，右手将刀柄在腹腔内做弧形滑动，并稍扩大切口，在猪号叫时腹压加大，子宫角和卵巢便从腹腔涌出切口之外，或以刀柄轻轻引出。随后右手捏住脱出的子宫角及卵巢，轻轻向外拉，用左右手的拇、食指轻轻地轮换往外导，两手其他三指交换压迫腹壁切口，将两侧卵巢和子宫角拉出后，用手指捻断或用小挑刀切断子宫体，将两侧卵巢和子宫角一同摘除。碘酊消毒切口，提起后肢稍稍摆动一下，即可放开。

（6）问题与处理

① 腹膜穿破后子宫角不能出来（原因：切口位置太靠前或靠后、切口过小、拇指压力不足），可用刀柄在腹腔内做弧形划动或用手指勾，双腿倒提，扩大创口再缝合。

② 出血（原因：刀刺伤髂外动脉），应停止手术。

③ 卵巢脱落游离于腹腔内（俗称"荐高"），措施为等小母猪长大，卵巢呈桑葚状时再用大挑花法摘除。

④ 小肠冒出来（原因：切口太大），要进行腹膜、腹壁缝合。

（7）注意事项

① 保定要确实、可靠。

② 切口部位要准确。

③ 手术要空腹进行，以便卵巢、子宫角能顺利及时涌出。

4. 大母猪卵巢摘除术（大挑花）

术前禁食半天，通常选择在早晨空腹时进行。

（1）去势年龄 适用于 3 月龄、17.5kg 以上未发情母猪。

（2）保定 右侧横卧保定，两后肢拉直。

（3）术部 左侧髋结节前下方 5~10cm（据猪的大小而定），相当于肷部三角区中央，一般指压抵抗力最小、最凹陷的部位为好（图 2-3）。

（4）操作方法 术部剃毛、消毒。术者位于猪的腹侧，左手抓住膝皱襞向下拉紧腹壁皮肤，右手持刀，将皮肤切开 3~5cm 的弧形口（月牙口），用左手或右食指戳破腹肌和腹膜，伸入腹腔内，在骨盆腔入口处的顶部寻找卵巢或子宫角，摸到卵巢后，用食指钩住卵巢并借助刀柄将卵巢提至切口外；若找不到卵巢，可先找到一侧子宫角，由后向前找出卵巢，用麻线结扎卵巢悬吊韧带和输卵管后，摘除卵巢和输卵管伞。牵住断端，导出另一侧子宫角及卵巢或术者左手食指再次伸入切口内，中指、无名指屈曲下压腹壁的同时，食指越过直肠下方进入对侧髋结节附近探查另一卵巢，用相同方法再取出对侧卵巢。腹壁切口小的可不缝合；腹壁切口稍

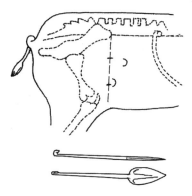

图 2-3 猪大挑花切口定位与刀具

大的，可用结节缝合法将皮肤、肌肉、腹膜全层一次缝合；腹壁切口大的或体大的母猪可先缝合腹膜后，再将肌肉、皮肤一次结节缝合。创口涂 5% 碘伏或 5% 碘酊。缝合时不要损伤肠管，腹壁缝合要严密，防止腹壁疝的发生。

另一种方法为术者位于猪的背侧，左脚踩住猪颈部，右脚踩住猪尾巴进行手术。

二、公牛及公羊阉割术

1. 去势年龄

公牛 1~2 岁；肥育公牛，出生后 4~6 月龄；公羊 3~4 月龄。

2. 去势季节

春秋季节，选择天气晴好日子。

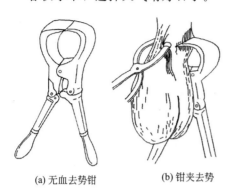

(a) 无血去势钳　　(b) 钳夹去势

图 2-4　公牛无血去势

3. 保定

牛站立，提举一后肢柱栏保定或右侧卧保定，左后肢前方转位，充分暴露阴囊部位。公羊去势倒立保定或右侧卧保定。

4. 去势方法

（1）无血去势　阴囊术部常规消毒，术者左手紧握阴囊颈部，将睾丸挤向阴囊底部，由助手于阴囊颈部将一侧精索挤到阴囊的一侧固定，术者用无血去势钳，在阴囊颈部夹住精索并迅速用力关闭钳柄，听到类似腱被切断的声音，继续压 1min，再缓缓张开钳嘴，按同样方法钳夹另一侧精索，最后术部皮肤涂抹碘酊消毒（图 2-4）。

优点：简单易学，无术后感染和并发症，不受季节限制，牛、羊均可使用本法。

（2）有血去势术

① 切口种类（图 2-5）

a. 纵切口：适用于成年公牛。

b. 横切口：适用于幼年公牛。

② 操作方法：与猪去势方法基本相同。即用上述二种不同方法切开阴囊后，挤出睾丸，用手撕开或用手术剪剪开鞘膜韧带并分离精索，然后用止血钳夹住精索最上端，并用结扎线贯穿结扎后，退出止血钳，接着用止血钳夹住精索，在结扎线下方 1.5～2.0cm 处切断精索，确定断端无渗血，涂搽碘酊或碘伏后松开止血钳。幼小的公牛精索较细，也可不结扎，直接将精索捻断即可。

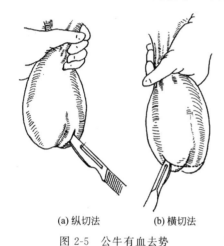

(a) 纵切法　　(b) 横切法

图 2-5　公牛有血去势

睾丸摘除后，清理阴囊积血，检查切口位置是否在最低位，大小是否适当，以利排液。然后向阴囊内部撒入磺胺结晶粉或其他消炎药，阴囊创口涂碘伏或碘酊（图 2-6）。

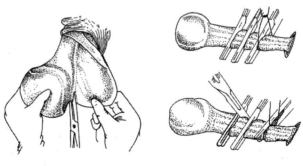

(a) 剪开阴囊韧带，分离精索　　(b) 三钳钳夹法切断精索

图 2-6　睾丸摘除方法

③ 注意事项：摘除睾丸和附睾前，必须贯穿结扎精索，以防阴囊出血。去势后，最好注射破伤风类毒素，以防发生破伤风。

三、犬、猫阉割术

1. 公犬、公猫去势术

(1) 适应证 为使犬、猫绝育、性情温顺，常施阉割术。当发生睾丸肿瘤、严重外伤、顽固性睾丸炎或附睾炎、前列腺增生、会阴疝等疾病时，也可结合阉割进行治疗。

(2) 器械 常规手术器械 1 套。

(3) 术前准备 术前对阴囊、睾丸、前列腺、泌尿道进行临床检查。若泌尿道、前列腺有感染，应在去势前一周进行抗生素治疗，术前有必要进行血常规、血生化检查。

(4) 麻醉 用速眠新（846）或舒泰注射麻醉或呼吸麻醉。

(5) 手术方法 阴囊前方、阴囊及两大腿内侧常规无菌消毒，并覆盖创布。于阴囊基部前方切开皮肤和皮下组织，其切口长度以一侧睾丸能从此处挤出为宜。一手从阴囊后方向前挤压一睾丸至切口处。切开精索筋膜，睾丸即可露出。但因受到附睾尾韧带的牵扯而不能完全将睾丸挤出切口外。故需用一止血钳钝性分离附睾韧带，并将其夹住、结扎和切断。将睾丸引出，精索拉紧，钝性分离附着在鞘膜壁层上的脂肪，并向腹壁方向推移，充分显露精索。然后，根据动物体格大小，选用下述方法切除睾丸和附睾。

① 闭合式：适用于体重 20kg 以下的犬。先用三把止血钳从精索近端依次钳夹精索（图 2-6）。取下最近止血钳（离皮肤切口最近的一把），在此留下压痕处贯穿结扎精索，再移第二把止血钳（中间一把），以同样方法作贯穿结扎，在此结扎处与第三把止血钳间切断精索。

② 开放式：适用于体重 20kg 以上的犬。用剪刀从睾丸基部纵向剪开鞘膜壁层。先在精索近端结扎和切断鞘膜壁层和睾丸提肌，再按"闭合式"方法用三把止血钳钳压、结扎和切断睾丸动、静脉和输精管。这样，睾丸、附睾和精索即被切除。"开放式"优点是可直接结扎血管，较牢靠；缺点是切开与腹腔相通的鞘膜腔，手术也费时。

无论用"闭合式"或"开放式"，在切除睾丸后，须用一把镊子将精索残端夹住，观察有无出血或缝线有无滑脱。如无出血，即可松开镊子，让精索退回原位。

按同样方法切除另一侧睾丸。但应注意，不要切开阴囊中隔，以免引起阴囊出血，两侧睾丸切除后，结节缝合深浅两层皮下组织，并做皮内缝合。最后结节缝合皮肤。

(6) 术后护理 为防止动物自我损伤创口，应给犬套上颈圈。术后 7～10d 拆除皮肤缝线。

2. 母犬、母猫卵巢子宫摘除术

目前国外兽医临床主张在进行犬、猫卵巢摘除术时，将子宫同时摘除。这主要是因为母犬、母猫只摘除卵巢而不摘除子宫很容易并发子宫角发炎和蓄脓。另外，子宫本身也能产生极少量的激素，影响发情。而卵巢子宫全切除后，临床效果稳定可靠。

(1) 适应证 卵巢囊肿、卵巢肿瘤、中断繁殖。以阉割为目的卵巢摘除术，一般在出生后 6 个月以前进行。发情期、妊娠期、产褥期卵巢血管扩张充血，应避免手术。

(2) 器械 一般开腹手术器械，卵巢钩。

(3) 保定与麻醉 仰卧保定，四肢开张，后躯垫高（倾斜 30°角）。全身麻醉。

(4) 手术方法 术前禁食 12h，使肠管空虚便于手术操作。

① 在腹部脐前方至耻骨前部做常规去毛、消毒准备。

② 于腹中线脐部向后切开皮肤。切口长度 4～10cm（根据动物个体而定）。分离皮下组织，切开腹白线腱膜和腹膜，打开腹腔。

③ 用卵巢钩或猪小挑花刀柄或食指伸入一侧腹腔背部探寻子宫角，并将其钩住引出切口外。也可在膀胱背侧找到子宫体，沿子宫体向前寻找一侧子宫角。此法简单，容易操作。子宫角引出切口后，顺子宫角向前向上提起输卵管和卵巢。用食指和拇指钝性撕断卵巢悬韧带。这样，卵巢易引近切口。注意不要撕破卵巢动、静脉。

④ 将一侧卵巢旋转，使卵巢系膜、血管、输卵管旋呈索状，在索状部把三把止血钳顺序等距钳夹卵巢系膜、血管、输卵管。然后靠近卵巢的第一、第二把止血钳间剪断卵巢系膜、血管和输卵管，摘除卵巢；继而将缝线从第二和第三止血钳之间系膜中穿过，并环绕系膜、血管、输卵管一至两圈收紧打结。然后除去第二、第三把止血钳，若断端无出血，即可将系膜还纳回正常位置。

⑤ 用同样方法摘除另一侧卵巢。

⑥ 两侧卵巢摘除之后，用常规方法闭合腹壁切口。

四、禽阉割术

1. 去势年龄

公鸡 2～4 月龄育成公鸡（1.25kg 左右），或 15～30 日龄雏公鸡。术前应停饲半天，最好在早晨饲喂前进行去势。健康的公鸡，叫声洪亮，而且附近无传染病发生时，才可以去势。

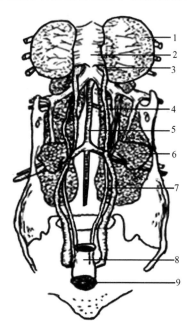

图 2-7 公鸡生殖器

1—睾丸；2—睾丸间膜；3—附睾；
4—输精管；5—腹主动脉；6—肾脏；
7—输尿管；8—直肠；9—泄殖腔

2. 器械

术者根据公鸡大小与日龄，选用育成公鸡阉割器械或雏公鸡阉割器械 1 套（保定杆、开创器、勒睾器、睾丸勺、镊子等）。用于去势器械和术者手臂浸泡用的消毒液一盆。

3. 术部

常用的术部有两个：第一个是在最后肋间隙与倒数 1～2 肋骨之间，切口起点于背最长肌的外缘，顺最后肋骨的前缘向下做 2～3cm 的切口。该部位因切口扩大受限制，只适用于 2～3 月龄的小鸡。第二个是在最后肋骨后方 0.4～0.5cm 处，切口起点和方向与第一种同，适用于较大的鸡（图 2-7）。

4. 术式

拔去术部羽毛，用碘酊消毒。将周围的羽毛擦湿，分向两侧。为了使皮肤与肌肉创口错开，可将皮肤向侧方稍稍移动，做 2～3cm 的切口。用开创器扩大创口，用探针或镊子捣破腹膜。停饲后的鸡常能立即看到手术侧的睾丸。如被肠管遮盖时，可将其轻轻向下方拨开，睾丸即可露出。对侧睾丸位于其下。两侧睾丸以一层薄膜（肠系膜）相隔，将该薄膜轻轻扯破，即可看到对侧睾丸。此时一定注意不要损伤肾脏及睾丸附近的血管。

分别或同时摘除两侧睾丸。分别摘除时睾丸过大者可先取上面的，以免影响下面睾丸的摘除。睾丸过小者，可先取下面的，以防发生出血时不易找到下面的睾丸。常用下述方法摘除睾丸。

① 勒除法：用各种勒睾器将线环（马尾毛环、金属线环）套入睾丸系膜上，然后勒断系膜，摘除睾丸。脱落时可用睾丸勺或小尖钩取出。

如睾丸中等大有可能同时摘除时，需用睾丸勺将下面睾丸提起，使其靠拢上面睾丸，将它们同时套住后再勒除。

对小鸡运用竹制睾丸套签更为适宜。方法是左手执睾丸套签，右手执睾丸勺伸向睾丸，借睾丸勺的帮助先套住下面的睾丸，拉动睾丸套签上的线端勒除睾丸，再用睾丸勺取出。用同样的方法勒除上面的睾丸。

② 捻转法：是用捻转钳子摘除睾丸。先用捻转钳子挟住睾丸系膜。此时应避免挫碎睾丸体和挟的部位过高，以防睾丸碎块移植在浆膜上使手术无效和损伤主动脉及后腔静脉等大血管。然后向一侧捻转数回，捻断睾丸系膜，摘除睾丸。

公鸡去势时，最好能从一侧切口摘除两侧睾丸。难度大时亦可从另一侧重新切口。

5. 术后处理

术后创口涂碘酊或碘伏，可不缝合。如创口较大可进行 2～3 针结节缝合。

术后有时会形成皮下气肿，一般可不治自愈，严重时可吸出皮下气体。术后切口部的皮肤由于皮下结缔组织出血的缘故而呈现各种各样的颜色，一般经 1～2 周可自愈。

6. 手术要点及注意事项

① 对大公鸡去势，先喂几勺冷水、使血管收缩，然后再进行去势，可减少出血死亡。

② 术中应避免损伤脊椎下面的大血管，以防止因大出血引起死亡。如遇出血，应立即用睾丸勺背面沾冷无菌水压迫血管，或在腹腔浇洒凉无菌水，待止血后再把凝血块轻轻取出，防止与内脏粘连。

③ 手术后要经常观察，以便及时发现皮下气肿。如果发生气肿，可以用手指挤压，使气体从切口排出。如果切口已经愈合，可以用剪刀在气肿最突出的地方剪一小口，使皮下气体排出。

五、公马去势术

1. 适应证

公马去势的时间以春末夏初和晚秋最为适宜，天气凉爽干燥易于伤口恢复。公马去势的最佳年龄是 2～4 岁。

2. 器械

常规外科手术器械和公马去势钳。

3. 保定

柱栏内保定或者露天倒马侧卧保定。

4. 麻醉

温顺的公马可以运用皮肤切口局部麻醉，结合精索内局部麻醉；性情凶猛的马要全身麻醉。

5. 术式

公马去势前注射破伤风抗血清。术前禁食 12h，不禁水，并对体表进行擦拭清洁。保定后，对阴囊和会阴部进行清洗消毒，对马尾进行绷带固定。术前通过直肠检查确定腹股沟内环的大小，以确定使用何种手术方法，防止术后腹股沟疝或者阴囊疝的发生。

(1) 开放式露睾去势术 保定确实，术者蹲在侧卧马背侧的腰臀部，左手握住阴囊颈部，使阴囊皮肤紧张，充分显露睾丸的轮廓，使两个睾丸与阴囊缝平行。用手术刀在距离阴囊缝 10～15cm 处平行切开阴囊和总鞘膜，用力挤压并显露睾丸，切口长度根据睾丸大小来决定。睾丸露出后，睾丸会努力回缩，应该立即用手固定睾丸，另一手寻找附睾丸尾韧带，剪断并撕开，然后分离撕开睾丸系膜。最后摘除睾丸，方法如下。

① 结扎法：充分显露精索和血管，在睾丸上方约 6～10cm 处的精索上进行两次贯穿结扎，确保结扎紧实。切断精索和血管，确定不出血后用碘伏消毒断端，将精索缩回鞘膜管内。

② 捻转法：充分显露紧缩后，使用固定钳在睾丸上约 6cm 处钳住精索，在固定钳的下方 2cm 处装好捻转钳，慢慢扭转精索，由慢到快直至断裂为止（图 2-8）。该方法适合精索粗的

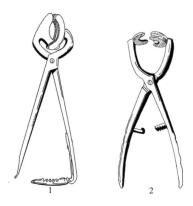

图 2-8 固定钳和扭转钳
1—固定钳；2—扭转钳

公马。

③将断法：充分显露精索后，一手抓持睾丸使精索保持紧张状态，另一手拇指、中指和食指夹住精索，用指端反复将精索，直到被刮断为止。该方法不适宜老龄和精索粗的公马。

（2）被睾去势法 患有阴囊疝的马或者腹股沟管内环过大，采用露睾去势法有发生肠脱出的风险，应该采用被睾去势法。手术时，在阴囊底部距离阴囊缝约 2cm 处，平行切开阴囊皮肤，显露总鞘膜，用力挤出被有总鞘膜的精索和睾丸，在睾丸上约 6cm 处两次贯穿结扎总鞘膜和精索，再切断总鞘膜和精索，摘除睾丸。

6. 术后护理

术后常规全身使用抗菌药和止疼药，注意观察术后出血情况。让马处在安静的栏舍内，防止马卧地，早晚测体温，并进行牵遛运动 30min～1h，严禁接触母马，7～10d 即可恢复。

六、阉割并发症及处理

1. 术后出血

家畜阉割后，往往由于对精索断端、阴囊壁的血管止血不当；结扎线脱落；结扎过紧将血管勒断；精索断端坏死等而引起出血。

常用的治疗方法：阴囊壁血管出血，一般不需处理，不久即可自行止血；拉出精索对断端进行细致的结扎；向阴囊腔或鞘膜腔内紧紧地填入以灭菌脱脂纱布包裹的大量棉塞，并对阴囊创缘做几针临时缝合，缝线和棉塞经 24～48h 后除去。

在应用上述止血法的同时可配合使用提高血液凝固性的制剂，如止血敏、止血芳酸、维生素 K 混合使用止血效果好。必要时亦可进行输血。

2. 腹腔内容物及精索断端脱出

去势时总鞘膜切口不当或精索残留过长，都会导致术后精索自阴囊切口脱出。此时，可重新结扎后切除多余部分。对于网膜或小肠脱出，必须慎重，特别是母猪卵巢摘除时，切口过大，缝合不当容易发生外伤性腹壁疝，甚至发生肠嵌闭及粘连，进而引起肠壁坏死。

当网膜及肠脱出时，及时用生理盐水或 0.1% 新洁尔灭溶液洗净，然后还纳腹腔，重新缝合皮肤切口。当发生肠嵌闭甚至坏死时，则按嵌闭性疝进行处理。

3. 阴囊及包皮炎性水肿

本症是去势后由于炎性渗出液浸润到阴囊壁、包皮，有时扩散到下腹壁的皮下所引起。

常见的病因有：去势时组织损伤严重致使局部血液循环和淋巴循环受到了高度的破坏；创口感染、局部渗出增加；创口过小；阴囊壁、总鞘膜的切口不一致以及创口不正等影响渗出液的排出；去势后运动不足、血液循环和淋巴循环扰乱等。

临床表现为阴囊、包皮肿胀，有时则扩散到下腹壁。触诊肿胀部柔软如面团，有指压痕，局部常无明显的热痛症状。但当创口感染时，则局部肿胀、增温、疼痛剧烈并呈现不同的全身症状。

局部肿胀严重、体温升高者，可用消毒过的手指扩大创口，排净阴囊内积存的凝血块和渗出液，用防腐消毒药冲洗创腔，创口涂碘伏，并配合应用抗生素。

当包皮和阴囊部位水肿严重而消散缓慢且无明显的全身症状者，可进行局部刺破后涂碘酊，并适当地加强牵遛运动以改善局部的血液循环和淋巴循环。

第二节 头、颈部位手术

一、拔牙术

1. 适应证

蛀齿、断齿、化脓性齿髓炎和骨膜炎、牙源性颌骨骨髓炎、影响永久齿生长的不正常位置的乳齿、生长过长影响咀嚼的犬齿均为本手术的适应证。

2. 器械

要拔除马的臼齿有许多困难，必须有专门的拔牙钳，才能拔出不同部位的臼齿和切齿。而小家畜的齿钳可用人医的钳子代替。

3. 保定

很温顺的牛、马可在六柱栏内站立保定，固定头部；对烈性牛、马应侧卧保定，患齿侧向上，牢固地固定头部。

4. 麻醉

上颌臼齿拔出时宜用上颌神经或眶下神经传导麻醉；上颌前臼齿或门齿拔出时，用眶下神经麻醉；下颌臼齿拔出时麻醉下颌齿槽神经。

5. 术式

麻醉之后用消毒液洗涤口腔，除去食物残渣。在患齿周围用纱布擦干，再在齿龈周围涂上碘酊。

拔牙术常分为四个步骤，具体如下。

① 切开齿龈：用特制的长柄窄齿凿分离齿冠基部的齿龈，其目的在于减少齿龈的撕裂，给肉芽组织充满齿槽创造良好条件，倘若齿龈由于某些原因不能剥离时，可在齿槽水平缘用外科刀切除。特别是后两个臼齿的齿龈剥离常常遇到一些困难。

② 齿钳的安装：齿钳要准确地夹住患齿，钳喙的长轴必须与牙长轴平行。安放时，钳喙应紧贴牙面滑入牙颈部，钳喙的位置必须在牙根部，并尽可能插向根方，而不是置于牙冠釉质上。夹紧患齿，不让钳喙在牙骨质上滑动，否则易断根，同时不得牵连邻近健齿。

③ 松动患齿：固定患齿后，用齿钳在牙的纵轴作旋转，并小心前后运动，使齿槽内的牙齿动摇，绝对不得用强而急剧的力量，不然易使齿槽受到损伤或折断齿龈。当牙已松动，即可进行拔除。

④ 拔牙：是整个拔牙术的最后阶段，要顺着齿的纵轴进行拔除。为了便于操作，可将齿枕放在预拔齿的前邻齿冠上，拔牙时，齿钳的前端通常受相对齿面的阻挡，所以应不断更动齿钳所夹的位置，由齿冠向齿根逐渐移动。临床经验证明，前臼齿比后臼齿容易拔出，第三后臼齿拔出最为困难，主要受相对侧齿的限制。当牙齿拔出时可听到齿槽充满空气和血液流出的捻发音。

拔牙之后放低马头，防止血液流入气管内造成误咽。除非齿槽有化脓过程用碘酊纱布紧紧填塞齿槽，否则不需要任何填充物品，靠齿槽中自然凝血块填塞。

6. 术后护理

术后 2～3d 内，只给流质饲料，后给柔软干草。

二、接鼻术

1. 适应证

牛鼻镜断裂。

2. 病因

穿鼻环时位置选择在鼻中隔过前即靠近鼻唇镜；鼻环材料不良，如直接用绳或铅丝，多见于役用牛，南方主要发生于水牛。

3. 治疗

采用鼻镜断裂修补术（缺损部的公、母榫吻合术）。

（1）保定 站立，头部确切保定。

（2）麻醉 两侧眶下神经传导麻醉，用2％盐酸普鲁卡因每侧眶下孔注入20mL，必要时局部配合浸润麻醉。

（3）手术方法

① 上鼻端削成一个突出端，形成蘑菇状的新鲜创面即公榫；下鼻端作一个大小、长度、形状相合凹陷的椭圆形创口即母榫。

另一种手术方法是上、下两鼻端都削平（容易引起鼻道狭窄）。

② 缝合，新鲜创面消毒后，将公榫与母榫相合，用8～10号丝线对相合的上下皮肤作2个减张圆枕缝合（或2个水平纽孔缝合），再在皮肤上作3个结节缝合。

4. 注意事项

① 为防止术中出血过多，可在上、下两游离端用纱布条做一临时结扎，或用肠钳钳住上、下两鼻部断端。

② 春秋季节（早春、晚秋）修补，成功率高。

③ 修补的创面要平整、干净，除去增生的肉芽组织和坏死组织。

④ 一定要用减张圆枕缝合（或水平纽孔缝合）加结节缝合。

⑤ 术后创面要经常消毒、防止感染。

⑥ 加强管理，最好戴上笼头。

⑦ 怀孕6个月以上的母牛，一般在产后手术。

⑧ 鼻镜断裂后缺损过大，修补后造成鼻孔狭窄者，不宜施术。

⑨ 在炎症或感染化脓期不宜修补。

三、断角术

1. 适应证

为避免性情恶劣的牛对人、畜造成损伤；雄鹿断角取鹿茸，角的不正常弯曲有损伤眼睛或其他软组织的危险，以及在角部复杂性骨折治疗中要求除角时，都需要施行本手术。角基的局部解剖结构见图2-9。

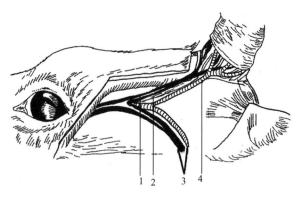

图2-9 角神经、血管

1—角静脉；2—角神经；3—颞浅动脉和静脉；4—角动脉

2. 器械

有特制的断角器（图 2-10）或骨锯、链锯及烙铁等。

3. 保定

柱栏内站立保定，注意固定好牛头；鹿科动物实施全身麻醉。

4. 麻醉

应用角神经传导麻醉，其部位在额骨外缘稍下方，眶上突的基部与角根之间为注射点。牛用 3%～4% 盐酸普鲁卡因；鹿科动物可用眠乃宁。

5. 术式

手术可分为有血断角术和无血断角术，前者在有生命的组织范围内施行手术。麻醉后在预断角水平涂碘酊，用断角器或锯迅速锯断角的全部组织。为了避免血液流入额窦内，可用事先准备好的灭菌纱布，压迫

图 2-10　断角器

角根断端或用手指压迫角基动脉，进行止血。骨蜡涂抹对断端有良好的止血作用，另外可用磺胺粉或碘硼合剂撒布在灭菌纱布上，再覆盖在角的断面，装上角绷带，能起止血和保护双重作用。角绷带外涂抹松馏油，以防雨水浸湿。无血断角，因没有破坏角突，不用止血和装绷带。

6. 术后护理

术后要注意绷带松脱，1～2 个月后断端角窦腔被新生角质组织充满。若由于感染引起额窦炎和化脓，按化脓性额窦炎处理。

四、食管切开术

1. 适应证

适用于食管创伤、食管梗塞和食管憩室。

2. 保定与麻醉

站立保定或右侧卧保定，确实固定头部，充分伸展颈部，便于手术。全麻或局部浸润麻醉，必要时用氯丙嗪镇静。

3. 手术方法

（1）颈部食管　确定颈部食管梗塞位置后，术部常规消毒，避开颈静脉，平行胸头肌或臂头肌，沿颈静脉做上切口或下切口通路（图 2-11），沿颈静脉纵向切开皮肤 12～15cm。用外科刀切开皮肤和有两层筋膜的皮肌，钝性分离颈静脉与肌肉之间的筋膜，在颈上 1/3 和中 1/3 处钝性分离肩胛舌骨肌，再剪开颈深筋膜；在颈下 1/3 处剪开肩胛舌骨肌筋膜及颈深筋

图 2-11　牛颈部食管切开术切口
1—上方切口；2—下方切口

膜，进一步寻找食管。食管暴露后，剥离、拉出，用纱布将食管与其他部分隔离。切开食管的全层，擦去唾液，取出异物。第一层连续缝合食管黏膜，第二层将肌层与外膜做间断或连续内翻缝合，皮肤切口做结节缝合。

异物在食管内保留 48h 以上，管壁有坏死的倾向时，食管不得缝合，保持开放，皮肤可部分缝合，用浸消毒液的棉纱填塞。

（2）胸部食管　牛的切口位于左侧第 7 或第 8 肋骨，马的切口位于第 8 或第 9 肋骨，与肩胛骨后角向后引的水平线相交处，为切口上端。切开皮肤、皮肌、筋膜，剥离截断

肋骨，切开肋胸膜，手入胸腔后，切口与手臂间用纱布堵塞。可用胃管插入食管寻找梗塞部，继而从食管注入石蜡油并用手指压梗塞物，在食管畅通后，闭合胸腔和缝合皮肤。

对于胸部食管梗塞，可通过颈部下 1/3 处的食管切口，用长柄钳分次取出梗塞物，或经切口插入胃探子将梗塞物慢慢推送入胃。如梗塞物在近贲门部时，可行胃切开术，通过长钳或手将贲门部异物取出。

4. 术后护理

术后 4～5d 内禁止饲喂，每日输液（如葡萄糖盐水等）。以后先给流质食物和柔软饲料，也可实行营养灌肠；应用抗生素以预防感染。如切口感染，可进行开放疗法。食管一般 10～12d 愈合，皮肤切口于 10～14d 左右可拆线。

五、气管切开术

1. 适应证

当鼻骨骨折、鼻腔肿瘤等引起气管狭窄、窒息而有生命危险时，需做气管切开紧急手术。

2. 保定与麻醉

大动物采用柱栏保定，两侧缰绳将头系牢，剪毛、消毒和局部麻醉。小动物侧卧保定，全身麻醉。

3. 术部

上切口是在颈腹侧上与中 1/3 交界的正中线上，相当于第 3～5 软骨环处；下切口在颈腹侧中与下 1/3 交界处的正中线上。

4. 手术方法

(1) 预防性气管切开术 是患畜呼吸困难但还未达到极度困难的程度时，在第 3～5 气管环的腹侧中线处纵切皮肤 6～8cm，分离筋膜、颈皮肌和肌肉，露出气管，用手术刀将上下相邻两软骨环各切一半圆形切口，将气管导管插入（外管向上方插入，内管向下方插入），扣上锁扣，皮肤上下切口缝合几针，插管两侧系上绷带，固定于颈上部（图 2-12、图 2-13）。

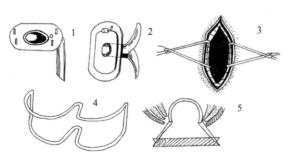

图 2-12 气导管类型及其代用品
1,2—金属制气导管；3—双"W"形；4—拉钩式；5—横木

(2) 紧急气管切开术 是在患畜生命垂危，站立不稳，呼吸极度困难时，一次切开皮肤、筋膜、肌层和气管环。用刀柄扩开创口，空气迅速进入气管内，当患畜病情稍缓解时，再将相邻两个软骨环各切一半圆形切口，插入气管导管。

5. 术后护理

防止患畜摩擦术部。术后术部分泌物黏稠而量多，应每日清洗擦拭。防止气管导管系带解脱造成脱管。上呼吸道疾病痊愈，当堵塞插管口后确认无呼吸困难时，方可取下气管插管。创

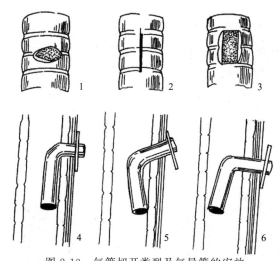

图 2-13　气管切开类型及气导管的安放

1—圆形切开；2—直线切开；3—窗形切开；4—气导管正确安装；5,6—气导管不正确安装

口可自行愈合。

六、犬消声术

1. 适应证

消除犬吠叫引起的扰民，需实行喉室声带切除术。

2. 器械

开口器、喉镜、常规手术器械和高频电刀。

3. 保定与麻醉

全身麻醉，如施经口腔内喉室声带切除术，可胸卧位保定，并用开口器打开口腔，也可配合咽部表面浸润麻醉；如施腹侧喉室声带切除术，动物应进行气管内插管，配合吸入麻醉，动物仰卧保定，头颈伸直。

4. 手术方法

（1）口腔内喉室声带切除术　适用于短期内消除犬的吠叫。口腔打开后，舌头向外拉，并用喉镜镜片压住舌根和会厌软骨尖端，暴露喉室内两条声带，呈"V"形。用一长的弯组织钳依次从声带背侧钳压声带，再用长的弯手术剪剪除钳压过的声带。应尽可能多地钳压和切除声带组织，包括声带肌。但腹侧声带应保留几毫米不切除。另一侧声带亦用同样方法切除。止血可用高频电刀电灼止血或用小的纱布球压迫止血。为防止血液吸入气管，在手术期间或手术结束后，须吸出气管内的血液，并在手术结束后，安插气管插管，将头放低。密切监护动物。待动物苏醒后，拔除气管插管（图 2-14）。

（2）腹侧喉室声带切除术　适用于要长期消除犬的吠叫。术部刮毛消毒，在甲状软骨腹正中切开皮肤 4～6cm 及皮下组织，分离胸骨舌骨肌，暴露甲状软骨和环甲软骨韧带，在甲状软骨正中切开甲状软骨和环甲韧带，用小创钩或预置线将甲状软骨向左右两侧拉开，暴露喉室和声带，用镊子夹住声带向外提起，用剪刀将其剪除，用高频电刀或电烙铁烧灼止血，用同法剪除另侧声带。用镊子夹棉球将气管内的血液清除干净，结节缝合甲状软骨，分层缝合胸骨舌骨肌和皮肤（图 2-15）。

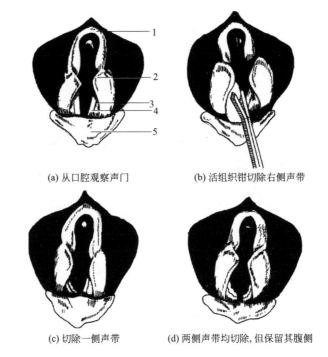

(a) 从口腔观察声门   (b) 活组织钳切除右侧声带

(c) 切除一侧声带   (d) 两侧声带均切除，但保留其腹侧

图 2-14　口腔内喉室声带切除术

1—小角状突；2—楔状空；3—勺状会厌壁；4—声带；5—会厌软骨

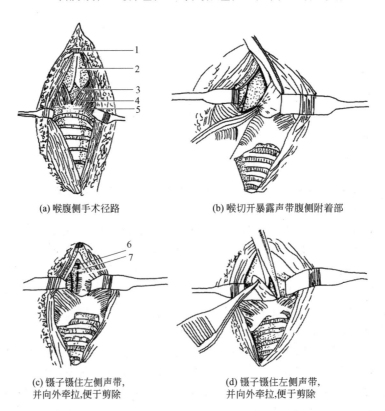

(a) 喉腹侧手术径路   (b) 喉切开暴露声带腹侧附着部

(c) 镊子镊住左侧声带，
并向外牵拉，便于剪除   (d) 镊子镊住左侧声带，
并向外牵拉，便于剪除

图 2-15　腹侧喉室声带切除术

1—舌骨静脉弓；2—甲状软骨；3—环甲韧带；4—环甲状肌；5—环状软骨；6—喉腔；7—左侧声带

5. 术后护理

颈部包扎绷带。动物单独放置于安静的环境中，以免诱发动物吠叫，影响创口愈合。为减少声带切除后瘢痕组织的增生，术后可用强的松龙 2mg/次，连用 2 周。然后剂量减少至 1mg/次，连用 2～3 周。术后用抗生素 3～5d，以防感染。

七、犬断耳术及竖耳术

1. 适应证

大丹犬、杜宾犬、拳师犬、雪纳瑞等品种，使其耳直立，进行耳整形术（表 2-1）。此手术以 3～6 月龄时实施为好。

表 2-1　犬耳整容术中耳的长度与年龄的关系

品　　种	年　　龄	犬耳长度/cm	品　　种	年　　龄	犬耳长度/cm
小型史纳沙犬	10～12 周龄	5～7	杜伯文犬	7～8 周龄	6.9
拳师犬	9～10 周龄	6.3	大丹犬	7 周龄	8.3
大型史纳沙犬	9～10 周龄	6.3	波士顿犬	任何年龄	尽可能长

2. 器械

断耳用的夹子、弯剪及其他常规手术器械。

3. 保定和麻醉

手术台上侧卧或俯卧保定，固定头部。进行全身麻醉，同时应用盐酸肾上腺素和局部麻醉药。

4. 手术方法

手术部位剪毛消毒。将下垂的耳尖向头顶方向拉紧伸展，用记号笔将所需裁剪符合施术犬的头型、品种和性别的耳朵的形状画好，根据一边耳朵的形状将对侧耳朵的形状也做上记号，一般多从内耳缘上 1/3 到外耳缘的下端曲线切除。丹麦大猎犬耳轮保留稍长些，上端呈尖形，杜宾犬和拳师犬则留短些。先将脱脂棉球塞进外耳道内，防止血液流入。当犬的两耳画的形状已经对称并齐，用肠钳夹住耳朵，切除耳朵多余部分。然后，对出血点进行止血，用直针进行单纯连续缝合，从距耳尖 0.75cm 处软骨前面皮肤上进针，越过软骨背面皮肤上出针，缝线在软骨两边形成一直线。耳尖处缝合不要拉得太紧，否则会导致耳尖腹侧面歪斜或缝合处软骨坏死。缝合间距要均匀，力量要适中，防止耳后缘皮肤折叠和缝线过紧导致腹面屈折（图 2-16）。

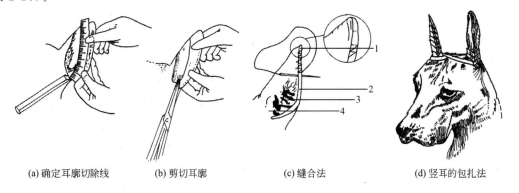

(a) 确定耳廓切除线　　(b) 剪切耳廓　　(c) 缝合法　　(d) 竖耳的包扎法

图 2-16　犬断耳术及竖耳术

1—耳尖；2—耳缘；3—耳屏；4—耳根

5. 术后护理

把防腐膏涂在创口上，将纱布条卷成锥形作为支撑物塞入外耳道内，锥尖向上，用绷带在耳基部包扎，以促使耳直立或将缝合线穿入两耳尖部在头顶上系结。3d 换一次纱布和涂药，连续两周，抗生素连用 5d，术后第 7 天拆线。2 周后如果犬耳不能直立，再包扎绷带，直至耳直立为止。

为了防止创面发生瘢痕性变形，要经常按摩耳轮。

八、眼球摘除术

1. 适应证

眼球摘除术适用于动物全眼炎、严重眼穿孔、眼球脱出、眼内肿瘤、眼球严重创伤及难治愈性青光眼等。

2. 器械

常规眼科和软组织手术器械。

3. 保定

小动物采用侧卧保定，患眼在上；大动物采用柱栏内保定，烈性家畜需要侧卧保定。

4. 麻醉

全身麻醉，或配合球后局部麻醉；大动物也可以作深度镇静配合球后麻醉。

5. 手术方法

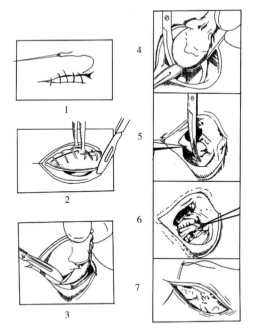

图 2-17 经眼睑眼球摘除术

(1) 经眼睑眼球摘除术 在眼球化脓和眶内肿瘤已蔓延到眼睑的动物上适用。常规剪毛消毒后，连续缝合上、下眼睑，闭合睑裂。环绕眼睑缘做一椭圆形切口，马因皮肤紧贴深层骨组织，切口需紧靠眼睑缘，否则皮肤难以闭合。切开皮肤、眼轮匝肌至睑结膜后，一边用有齿组织镊向外牵拉眼球，一边用弯剪环行分离球后组织，并紧贴眼球壁切断所有直肌和斜肌。当牵拉眼球可做旋转运动时，用弯止血钳伸入眼底窝连同眼球退缩肌、视神经及其临近动静脉一起夹住，用手术刀或者弯剪在止血钳上缘将其切断，取出眼球。结扎止血钳下面的血管，当出血控制后，将球后组织连同眼肌等组织一并结扎。用温热青霉素生理盐水冲洗干净创面，最后单纯间断缝合眼睑皮肤切口（图 2-17）。

(2) 经球结膜眼球摘除术 在眼球脱出、严重角膜穿孔及眼球内容物脱出、角膜穿透创继发眼内感染但尚未波及眼睑的情况适用。

常规剪毛消毒后，用开睑器撑开眼睑，必要时在外眦切开皮肤，以扩大眼裂。用组织镊夹持临近角膜缘，并在其外侧的球结膜上做环行切开。用弯剪顺着巩膜向眼球赤道方向分离筋膜囊，尽可能靠近虹膜分别剪断 4 条直肌和 2 条斜肌的止端。继续用组织镊夹持眼球直肌残端并向外牵引，用弯剪环行分离眼球深处组织至眼球可以做旋转运动。将眼球继续前提，先以可吸收缝线结扎视神经和血管，再将弯剪伸入球后剪断眼球退缩肌、视神经和血管。眼球摘除后，压迫止血，用温热青霉素生理盐水冲洗干净创腔。

将创缘作单纯间断缝合，最后闭合上下眼睑（图2-18）。

6. 术后护理

术后因眶内出血而出现肿胀，切口流出血清样液体，3～5d逐渐减少。全身使用抗生素和止疼药，局部可用热敷减少肿胀和疼痛。术后7～10d拆除缝线。

九、眼睑内翻术

1. 适应证

眼睑内翻是指眼睑缘向眼球方向内转，导致睫毛和眼睑缘持续刺激眼球表面的一种异常状态。常发生于面部皮肤褶皱多的犬，如沙皮犬、松狮犬、巴哥犬、斗牛犬等。少数品种的猫也为好发品种，需要手术矫正。

2. 器械

眼科器械。

3. 保定

侧卧保定，患眼在上。

4. 麻醉

全身麻醉，配合手术切口局部浸润麻醉。

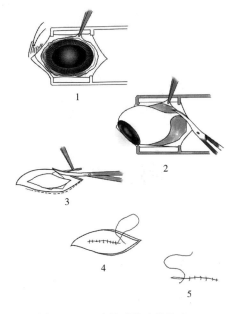

图 2-18　经球结膜眼球摘除术

5. 手术方法

（1）Y-V成形术　适用于轻度的眼睑内翻。术部常规剃毛消毒，用一根外科无菌压片插入到结膜囊内，使眼睑适度紧张地开张，如图2-19所示，Y字形切开眼睑内翻区域的皮肤，用细手术剪钝性分离切开部位周围的皮下组织。然后将远位创角和楔形的前端进行定位缝合，调整皮肤至合适位置，再用非可吸收缝线间断缝合创口。

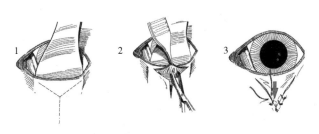

图 2-19　Y-V成形术

（2）改良霍尔茨-塞勒斯式成形术　术前术部常规剃毛消毒。用镊子提起眼睑皮肤，在距离眼睑约2～4mm的位置，根据内翻程度，切除合适宽度的小半月形皮片。在头侧创角处进行第一针定位缝合，再使用非可吸收缝线结节缝合创口，保持针距约2mm（图2-20）。

6. 术后护理

佩戴伊丽莎白项圈，防止抓挠伤口。常规使用抗生素防止感染，切口处涂抹抗生素软膏，7～10d后拆除缝线。

十、眼睑外翻术

1. 适应证

眼睑外翻是指下眼睑缘离开眼球向外翻转，以至于眼睑膜异常显露的一种状态。常见于圣

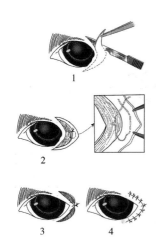

图 2-20 改良霍尔茨-塞勒斯式成形术

伯纳犬、美国可卡犬、纽芬兰犬、马士提夫犬等品种，长期外翻会导致结膜和角膜发炎，使角膜干燥引起疾病，需手术矫正。

2. 器械

常规眼科器械。

3. 保定

侧卧保定，患眼在上。

4. 麻醉

全身麻醉配合局部浸润麻醉。

5. 术式

（1）眼角成形术 术部常规剃毛消毒。用镊子提起外翻的眼睑皮肤，预估切除部位的大小，向头侧方向切开外眼角皮肤，切除适当大小的三角形皮片，用手术剪钝性分离皮下组织。在外眼角处，向头侧方向牵引下眼睑，部分切除下眼睑缘。在背侧创角处进行定位缝合，再将三角形的两边对齐口单纯间断缝合（图 2-21）。

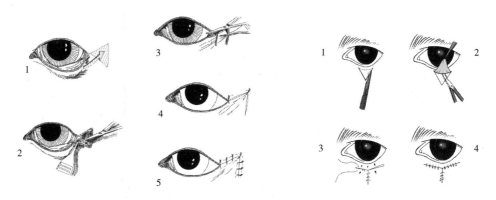

图 2-21 眼角成形术　　　　图 2-22 V-Y 成形术

（2）V-Y 成形术 即沃顿-琼斯式眼睑成形术。术前常规剃毛消毒。在外翻的下眼睑的下缘 2～3mm 处做一 V 形皮肤切口，再从尖端处向上分离三角皮瓣。用镊子提起皮瓣，用剪刀钝性分离皮瓣周围皮下组织，然后从尖端向上作 Y 形缝合。边缝合边向上移动皮瓣，直到下眼睑的外翻情况恢复正常（图 2-22）。

6. 术后护理

佩戴伊丽莎白项圈，防止抓挠伤口。常规使用抗生素防止感染，切口处涂抹抗生素软膏，7～10d 后拆除缝线。

十一、瞬膜腺复位术

1. 适应证

瞬膜腺（第三眼睑腺）脱出，又称樱桃眼，是指因腺体增生肥大、向外翻转，越过第三眼睑而脱出于眼球表面的一种疾病，需要手术治疗。常发于美国可卡犬、英国斗牛犬、北京犬、西施犬、比格犬等犬种。外科切除脱出的第三眼睑腺是最简便的治疗方法，但不适于泪腺功能不全的犬，瞬膜腺复位术是更好的选择。

2. 器械

常规眼科器械。

3. 保定

侧卧保定，患眼在上。

4. 麻醉

全身麻醉配合局部浸润麻醉。

5. 术式

常规剃毛消毒，并用稀释的碘伏冲洗结膜囊。用组织钳提起瞬膜并向外翻转暴露术部，在脱出的瞬膜腺最上部至基部腹侧穹窿切开，用剪刀在结膜与腺体间钝性分离，使结膜下的腺体充分暴露。用有齿镊夹持眼球下缘并向上提起，充分暴露眼球下方球结膜，用合适的可吸收缝线将腺体、球结膜和巩膜做连续水平褥式内翻缝合，使腺体埋藏于瞬膜下方（图2-23）。

6. 术后护理

佩戴伊丽莎白项圈，防止抓挠伤口。常规使用抗生素防止感染，止疼药。每天滴抗生素眼药水，如果肿胀严重使用抗炎药。7～10d后拆除缝线。

十二、耳血肿切开术

1. 适应证

耳血肿是犬猫常见的一种耳部疾病，常见原因是外耳炎引起的疼痛，患病动物剧烈

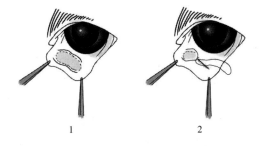

图2-23　瞬膜腺复位术

甩头和抓挠导致的，血液漏出在皮肤和耳郭软骨之间形成的肿胀，有些病例也可混合着淋巴液。

2. 器械

常规软组织器械。

3. 保定

侧卧保定，患耳在上。

4. 麻醉

全身麻醉，也可联合局部麻醉。

5. 术式

术前常规剃除整个耳部毛发消毒，清洗外耳道，用脱脂棉球堵塞外耳道。评估耳血肿范围大小，如图2-24所示切开血肿皮肤，然后移除血肿内的血凝块以及积液，用生理盐水彻底清洗创腔，如有明显出血可结扎止血。根据耳血肿的大小，使用不可吸收缝线做全层的水平褥式缝合，将皮肤和耳郭软骨对接贴合，同时缝线的方向应与血管和切口呈平行方向，避免结扎到耳部的血管，导致耳郭缺血性坏死。切口可不缝合，有利于创液排出。

6. 术后护理

常规使用止疼药，使用抗生素防止感染，每天清洁创口，涂抹抗生素软膏。佩戴伊丽莎白项圈，防止抓挠。7～10d后拆线。

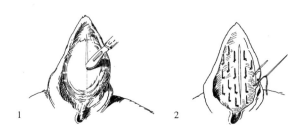

图 2-24　耳血肿切开术

十三、羊脑多头蚴包囊摘除术

1. 适应证

当多头蚴侵入羊脑内或颅腔内时，以诊断或治疗为目的施行本手术。

2. 部位诊断

羊患多头蚴病时，家畜精神低沉、嗜睡、昏睡，最后完全失去知觉。病羊总是向着患侧的大脑半球方向作圆周运动，位置浅、时间久的包囊，该部的骨质松软、变形、增温、压痛，叩诊时有如敲橡皮之感。临床上常见由于包囊直接压迫大脑导水管和第四脑室等部位，造成脑室积水。脑组织压迫骨组织，也可能造成骨质软化，应注意鉴别。

绵羊多头蚴包囊，由于寄存大脑半球的部位不同，症状表现也不一样。

① 当包囊在额叶时，羊抬头，呈直线前进，有的易惊，表现狂暴，有的呆立，若要确定虫体位于哪一侧额叶，据羊常出现明显的对侧视力障碍可确定。

② 当包囊在颞叶时，一般羊向患侧转圈，对侧失明，瞳孔反射消失，视神经乳头瘀血。

③ 当包囊在大脑枕叶时，出现运动失调。

④ 当包囊发生在脑底时，常伴有强直性痉挛，令羊加速运动易跌倒。

⑤ 当包囊发生在小脑时，无论静止或运动均出现失调，严重者不能立起，病羊常喜卧于患侧。

3. 术部

① 额叶：于外科界线之后，离中线 3～5mm 处做圆锯。

② 顶叶：在离中线 2～3mm 的顶骨做圆锯。

③ 颞叶：沿颞脊做圆锯。

④ 枕叶：圆锯在横静脉窦之后，距枕脊 1.8cm，距中线 3mm。

⑤ 小脑：项韧带附着点之前，要注意静脉窦（图 2-25）。

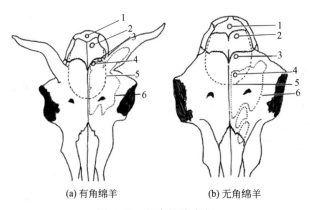

(a) 有角绵羊　　　　　(b) 无角绵羊

图 2-25　包囊摘除术部

1—小脑术部；2—枕叶术部；3—颞顶叶术部；4—额叶术部；

5—虚线表示脑腔范围；6—虚线表示额窦范围

4. 保定

侧卧保定，注意固定头部。

5. 麻醉

眶下神经麻醉配合局部浸润麻醉。

6. 术式

"U"形瓣状切开皮肤，剥离皮下组织，使皮瓣与骨膜分离，彻底止血。骨膜作"十"或"〔"或"卜"形切开，用骨膜剥离器将切开的骨膜推向四周，圆锯锯开颅腔（图 2-26），再用镊子将脑硬膜轻轻夹起，然后以尖头

图 2-26　额骨做圆锯孔暴露颅腔

外科刀十字形切开脑硬膜。如果包囊位于脑硬膜之下，包囊会因腔内压力有部分自行脱出，再把羊头转向侧方，因包囊液体流动，可迫使包囊自行脱出。若仍不能脱出时，可用无齿止血钳或镊子将囊壁夹住作捻转动作，同时可用注射器吸出部分液体，以利于包囊脱出。

当多头蚴包囊位置较深，则应破坏大脑皮质，将针头（连有 10cm 的硬胶管）避开脑膜血管推向包囊预计所在方向，并用注射器抽吸，当有液体流出时，可证明有包囊存在，尽力吸取囊液，直到把部分囊壁吸入针头内，轻拉针头向外，待看见包囊壁后马上用无齿止血钳夹住，边捻边拉直到全部拉出为止。在这过程中注射器的吸力一刻也不能放松。在取包囊过程中羊常常要挣扎，要切实保定。

若用针头和注射器不能将包囊壁吸住时，可用小解剖镊子，顺着探针的孔边，将包囊夹出（图 2-27）。

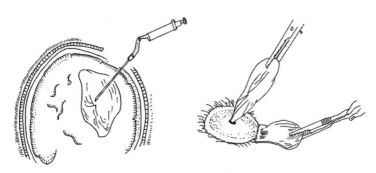

图 2-27　用针筒抽吸或止血钳夹住孢囊取出

包囊除去之后，用灭菌纱布将脑部创伤擦干。用骨膜瓣遮盖圆锯孔，皮肤用结节缝合闭合，撒布磺胺粉，装上绷带。

7. 术后护理

根据临床经验，在大脑部位的包囊，只要脑组织损伤不严重，一般都能康复。而小脑部位的术后一般不能站立，须躺卧 3～7d，故小脑手术的羊更要精心护理。

为了防止并发症，如脑炎、脑膜炎等，除在手术过程中注意无菌操作之外，术后还要应用抗生素。重症或有严重并发症的羊，建议宰杀。

第三节　胸、腹、后躯部位手术

一、大家畜开胸术

胸腔切开，空气进入胸膜腔形成气胸。单侧气胸时手术侧肺被压缩，纵隔被推向健侧，能使健侧肺膨胀不全、影响气体交换，进而影响心脏功能。如果纵隔相通，两侧肺同时萎缩，则

心脏和大血管受压造成呼吸和循环紊乱，最后会导致动物死亡。

开放性气胸能引起动物死亡，其原因可能是多方面的，如由于呼吸和循环功能被破坏，组织严重缺氧；冷空气进入胸腔，刺激胸膜；进入胸腔的空气使纵隔摆动，并刺激纵隔内的神经等，从而引起休克发生。

从解剖学上看，除特殊的老年牛外，牛两侧胸膜腔是不相通的，而大约有7％的马两侧胸膜腔是相通的。为了防止动物在开胸时死亡，手术过程中应注意减少空气进入胸腔，特别是马属动物，控制气胸的发生是有必要的。

1. 适应证

① 牛患创伤性心包炎需用手术方法进行治疗。

② 胸部食管梗塞，用其他保守疗法不能达到预期效果，需采用胸部食管切开手术。

③ 作为胃切开、心脏手术、各种动物膈修补、肺切除的手术通路。

2. 麻醉

牛、羊可局部麻醉，马全身注射麻醉，犬、猫呼吸麻醉。

3. 保定

牛可柱栏内站立保定，马侧卧保定。

4. 术式

当第六肋骨作为手术通路时，从肩胛软骨后角向肘头连线（在臂三头肌的后缘），先按垂直纤维方向依次切开皮肤、深层皮肌，其次按同一方向切开背阔肌，锯肌也按平行纤维切开。

显露肋骨后，用剥离器剥离骨膜，用线锯或骨钳切断肋骨（图2-28、图2-29），也可以在肋骨与肋软骨结合处分离。肋骨断端用蜂蜡止血（同时可防断端刺伤胸膜）。在开胸前开始正压通气，直到胸壁闭合。用剪刀剪开胸膜，显露胸内器官。手术过程中注意止血。

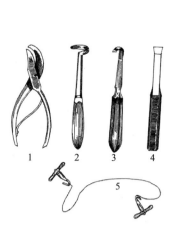

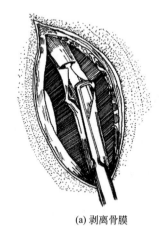

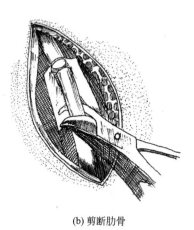

(a) 剥离骨膜　　　　　　　　　　(b) 剪断肋骨

图 2-28　肋骨切除常用器械　　　　　　　　　图 2-29　切除肋骨

1—肋骨剪；2～4—骨膜剥离器；5—线锯

为了减少空气流入胸腔，造成人为的气胸，可根据家畜种类、手术通路的部位和主手术目的不同，采取不同处理办法。

当进行牛创伤性心包炎手术时，应在切开胸膜的同时，沿胸膜切口周围，将胸膜和心包缝合一起，使胸腔和外界隔离。

当进行马属动物胃的手术时，应以切除肋骨作为手术通路，位置必定通过肋膈窦，以免影响肺活动。为了控制气体流入胸腔，要在切开胸膜之后，沿胸膜切口两侧缘作连续缝合，将胸膜和膈缝在一起，再切开膈进入腹腔。

当马属动物胸部食管梗塞时，在切开胸膜的同时，应用纱布严密盖合创口，当手伸入胸腔检查或按摩梗塞时，用无菌纱布围在手臂周围，减少空气流入。

胸膜的闭合，用肠线或丝线作严密的连续缝合，严禁气体出入。骨膜、肌肉、皮肤分层缝合，外装结系绷带。

5. 注意事项

胸腔切开时注意防止空气流入，胸腔内检查时要小心谨慎，严禁粗暴，胸膜闭合时要严密，既防止空气流入，也防止造成大面积皮下气肿。

胸腔内的气体，术后几日内自行吸收。如需加速肺功能的恢复，可将胸内气体抽出。其方法是在创口的上方或在 12～15 肋间（马），距背中线 20cm，以带有橡皮管的针头刺入胸腔，用 100mL 注射器抽出胸内空气。

有人认为在闭合胸壁的过程中，由闭合的创口不断将气体抽出，这样可减少危机，加快病畜恢复。另外，为了防止化脓性胸膜炎，在抽气之后，经针头向胸腔注入抗生素。

二、开腹术

1. 适应证

开腹术是所有腹腔手术的通路，常用于治疗瘤胃积食、牛真胃变位、肠阻塞、肠扭转、肠套叠、肠切除和用于人工培植牛黄、剖宫产、膀胱切开术等。

2. 保定

站立、侧卧、仰卧保定（据实际情况定）。

3. 麻醉

腰旁神经干传导麻醉、全身麻醉或局部麻醉（依手术目的而定）。必要时配合镇静剂。

4. 手术部位

① 侧腹壁切开：最常用的为肷部切开。

② 肋弓下斜切口。

③ 下腹壁切开。

a. 腹正中线切开法：腹正中白线上，脐孔前（雄）或脐孔后（雌）。

b. 腹正中线旁切开法：腹白线左或右侧 2～4cm 处，平行切开。

5. 手术方法

① 术部剃毛、消毒。

② 锐性切开皮肤，钝性分离皮下组织，及时用灭菌纱布压迫止血。

③ 按肌纤维方向钝性分离各层肌肉，并及时钳夹结扎止血。

④ 沿皱襞剪开腹膜，充分暴露病变器官，并进行相关手术。

⑤ 腹腔内注入青、链霉素溶液。

⑥ 进行腹膜连续缝合。

⑦ 分层连续缝合或结节缝合腹壁各肌层，每层缝合完毕后，撒布磺胺结晶粉。

⑧ 结节缝合皮肤，冲洗擦净后涂碘伏或抗生素软膏。

⑨ 安装结系保护绷带。

⑩ 创口皮肤彻底愈合后，及时拆除皮肤上的缝线。

6. 术后护理

手术后应按常规使用抗生素、输液等全身疗法及调整水及电解质平衡，根据病畜机体状况对症治疗。要单独饲喂，防止卧地、啃咬、摩擦伤口。

三、瘤胃切开术

1. 适应证

① 严重的瘤胃积食，经保守治疗无效者。

② 误食有毒饲料、饲草，且尚在瘤胃中停留，取出毒物并进行胃冲洗。

③ 创伤性网胃炎或创伤性心包炎，进行瘤胃切开取出异物。

④ 瓣胃梗塞、皱胃积食，可做瘤胃切开及胃冲洗进行治疗。

⑤ 胸部食管梗塞且梗塞物接近贲门者，进行瘤胃切开取出食管梗塞物。

2. 术前准备

伴有严重水、电解质平衡紊乱和代谢性酸中毒者，术前应给以纠正；对有严重瘤胃鼓气者可通过胃管放气或瘤胃穿刺放气以减轻瘤胃鼓气；对便秘者，先进行灌肠通便。

3. 保定

四柱栏或六柱栏内站立保定，但也可右侧卧保定。

4. 麻醉

柱栏内保定的可用局部浸润麻醉和腰旁神经干传导麻醉、电针麻醉。右侧卧保定的也可采用全身麻醉，同时配合腰旁神经干传导麻醉。

5. 术部

依据适应证，选择左肷部前、中、后三个切口部位中的任一切口部位进行手术，切口与畜体纵轴垂直，切口长度为25～30cm。

6. 手术方法

① 按开腹术操作规程分层切开分离腹壁（腹肌作钝性分离），充分暴露瘤胃。先进行腹腔探查，探查瘤胃壁与腹壁的状态，网胃与横膈膜间有无粘连或异物，同时注意观察右侧腹腔的状态。

② 充分将瘤胃拉出皮肤切口外，四周塞紧生理盐水大纱布。

③ 进行瘤胃固定，固定方法有四种：一是瘤胃浆膜肌层与腹壁切口皮肤连续缝合固定法，二是瘤胃六针固定和舌钳夹持外翻法，三是瘤胃四角吊线固定法，四是瘤胃缝合橡胶洞巾固定法（图2-30）。

④选择血管少处，先用手术刀在瘤胃壁上插一个洞，然后用手术剪向前向后一次性全层剪开瘤胃壁。出血处用结扎或纱布压迫止血。

⑤ 在瘤胃切口上装置洞巾（图2-31）。

⑥ 取出瘤胃内积聚的内容物。瘤胃积食时，拿出2/3；创伤性网胃炎、瓣胃阻塞冲洗时，要将瘤胃内内容物全部掏出。

⑦ 通过瘤网孔探查网胃内金属异物。

⑧ 通过网瓣孔，取出瓣胃内积聚的部分内容物，并伸入胃导管进行瓣胃冲洗。

⑨ 通过瓣皱孔，将胃导管伸入皱胃，将皱胃内积聚的内容物冲洗出来。

⑩ 将瘤胃、网胃内过多的液体，经胶管虹吸到体外。

⑪ 向瘤胃内填入1.5～2.5kg青干草，或健康牛羊反刍时取下的食团，以刺激胃壁恢复收缩能力，促进反刍。

⑫ 除去洞巾，用温青霉素生理盐水反复冲洗、清理瘤胃创口。

⑬ 自下而上进行瘤胃壁全层连续缝合。

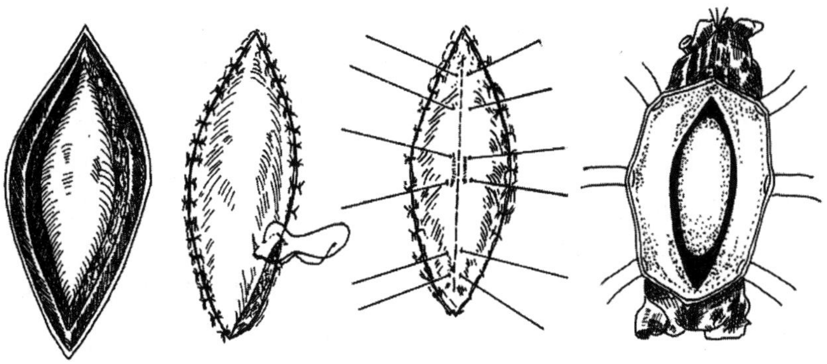

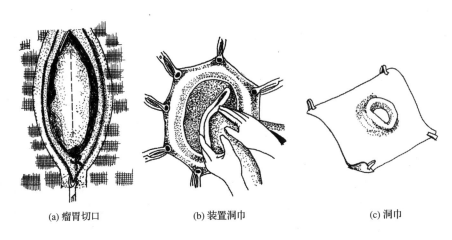

(a) 瘤胃壁与腹壁缝合　　　　　　　　(b) 六角固定法

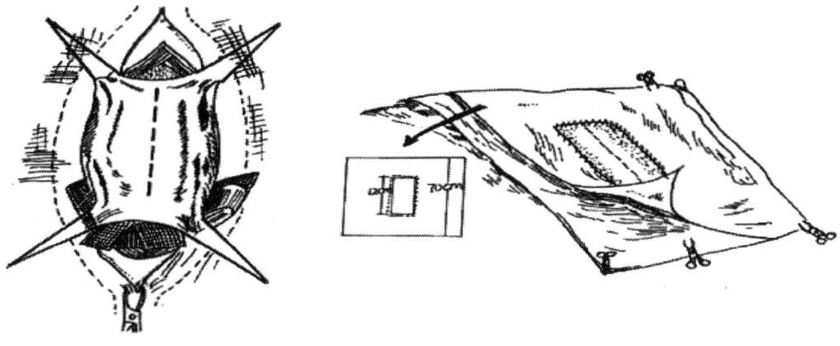

(c) 四角吊线固定法　　　　(d) 瘤胃缝合橡胶洞巾固定法

图 2-30　瘤胃固定法

(a) 瘤胃切口　　　　　(b) 装置洞巾　　　　　(c) 洞巾

图 2-31　装置洞巾的方法

⑭ 再次用温青霉素生理盐水反复冲洗、清理瘤胃创口。

⑮ 对瘤胃进行垂直或水平内翻连续缝合浆膜肌层。

⑯ 瘤胃创口涂以抗生素软膏，腹腔内注入青、链霉素溶液。

⑰ 进行腹膜连续缝合。

⑱ 分层连续缝合腹壁各肌层，每层缝合完毕后，用青霉素生理盐水冲洗干净或撒布磺胺结晶粉。

⑲ 结节缝合皮肤，涂擦抗生素软膏，安装结系保护绷带。

7. 术后护理

术后 36～48h 禁食，不限饮水，适当静脉补液。术后 12h 即可进行缓慢的牵遛运动，以促进胃肠机能的恢复。术后 4～5d 内定期使用抗生素。待瘤胃蠕动恢复、出现反刍后开始给予少量优质饲料。术后 12～14d 创口皮肤彻底愈合后，及时拆除皮肤上的缝线。

8. 注意事项

① 在很多情况下采用皮肤、皮下组织、腹外斜肌、腹内斜肌作垂直地面的手术切口，腹横肌钝性分离，这样可以得到宽大的手术通路。

② 牛的腹壁肌层较薄，在左肷部作切口分离时，要注意区别腹膜与瘤胃壁，以免过早地切开胃壁，造成术部污染。

四、犬胃切开术

1. 适应证

取出胸部食管异物、胃内异物，摘除胃内肿瘤，急性胃扩张减压整复，探查胃内的疾病等。

2. 器械

常规手术器械、胃导管、气管导管、呼吸机麻醉机、留置针、肝素帽。

3. 保定与麻醉

仰卧保定，全身麻醉。

4. 术部

腹正中线，剑状软骨与脐连线之间。

5. 术前准备

非紧急手术，术前应禁食 24h 以上。在急性胃扩张扭转病犬，术前应积极补充血容量和调整酸碱平衡。对已出现休克症状的犬应纠正休克，快速静脉内输液时，应在中心静脉压的监护下进行，静脉内注射林格氏液与 5% 葡萄糖或糖盐水，剂量为 80～100mL/kg 体重，同时静脉注射氢化可的松和氟美松各 4～10mg/kg 体重，氨苄西林钠 50mg/kg 体重。在静脉快速补液的同时，经口插入胃管以导出胃内蓄积的气体、液体或食物，以减轻胃内压力。

术前进行血常规、血生化检查，评估麻醉风险等级。

6. 手术方法

局部剃毛、消毒，沿腹白线切开腹壁和腹膜，把胃从腹腔轻轻拉出，将浸有青霉素生理盐水的灭菌纱布填充于腹壁切口和胃之间，以防切开胃时污染腹腔。在胃大弯部（避开血管）切一小口，创缘用舌钳牵拉固定，防止胃内容物流入腹腔。根据不同的适应证，必要时扩大切口，取出胃内异物。如果施术的目的是取出胸部食管异物，则根据 X 线片异物在胸部食管的位置，助手将胃管经过口腔插入食管，轻轻地将异物顶入胃内取出。用生理盐水纱布拭净胃壁切口，用 3～4 号可吸收线进行连续螺旋形全层缝合胃壁切口，第一道缝合结束后用温青霉素生理盐水冲洗胃壁，冲洗干净后，拆除衬垫于腹壁切口周围的纱布；更换无菌器械和创巾，术者及助手更换手套后，用 3～4 号可吸收线进行内翻缝合胃壁浆膜肌层（图 2-32）。用温青霉素生理盐水冲洗胃壁，清拭干净后将胃还纳于腹腔内正常位置，最后同瘤胃切开术闭合腹腔，装着腹绷带。

7. 术后护理

术后禁食 48h，静脉给药和补充营养物质，2d 后开始喂给易消化的流食，为防止过食后撑裂胃壁切口，以后 10d 内保持少量饮食。连续应用抗生素 5～7d，7～10d 后及时拆除皮肤上

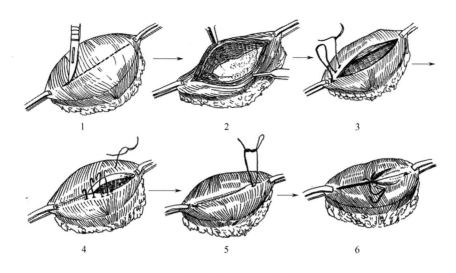

图 2-32　犬胃壁切开与缝合
1—切开胃壁；2—取出阻塞物；3～5—连续缝合；6—连续伦勃特缝合

的缝线。

五、真胃左方变位复位术

1. 适应证

真胃通过瘤胃下方移到左侧腹腔，置于瘤胃和左侧腹壁之间，经倒卧滚转晃动整复和药物治疗无效时，需进行手术复位并固定，手术成功率高。

2. 术前准备

检查病牛的全身情况，判定病牛脱水程度，在术前和术中进行补液、强心和纠正酸中毒。

3. 保定与麻醉

六柱栏内站立保定，术部剃毛、清洗与消毒，左侧用 3% 盐酸普鲁卡因进行腰旁神经传导麻醉，术部配合局部浸润麻醉。

4. 手术通路

整复采用左䏚部前下切口，距最后肋骨 5～8cm，以最后肋骨与肋软骨结合部为中点，垂直切开 15～20cm，固定线穿出部位为右下腹壁的小切口。

5. 手术方法

（1）打开腹腔　术部隔离，切开皮肤 15～20cm，切开皮下组织，对出血点钳夹止血、结扎止血。切开腹外斜肌、腹内斜肌，按肌纤维方向分离腹横肌。用镊子夹持腹膜，剪开腹膜，显露腹腔。真胃位于切口的前下方，呈囊状，介于左侧腹壁和瘤胃之间。

（2）皱胃（即真胃）的显露与减压　常规开腹后，术者右手入腹腔，在切口的前方，瘤胃与左腹壁之间即可触摸到变位的皱胃。用带长胶管的 18～20 号针头穿刺皱胃，排除皱胃内积气及部分积液。针头阻塞不通时可用注射器向内推气或回抽，最好是连接吸引器，加快放气、排液速度，以缩短不必要的手术时间。左方变位时，皱胃内多为气体，液体较少，穿刺放气、排液即可达到减压之目的，无需切开皱胃。放气、排液后检查皱胃与周围组织器官有否粘连，若有粘连即行分离。然后将皱胃的大弯部连同大网膜牵引至切口处（图 2-33，图 2-34）。

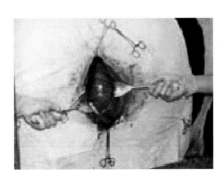

图 2-33　真胃极度扩张状态

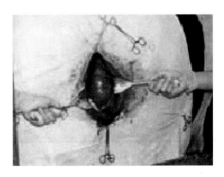

图 2-34　真胃减压

（3）皱胃的固定　术者手伸入腹腔内，用生理盐水纱布包在皱胃壁上并用手抓住皱胃壁轻轻向切口外牵引，以显露皱胃大弯及大网膜浅层。用弯圆针系 10♯ 双股 1m 长的缝合线，在靠近大弯的大网膜浅层上做第一个水平纽扣预置缝合线，并在网膜上打结，线尾暂时固定在创巾上。在第一个固定线后方 3～5cm 处的浅层网膜上，再做第二个水平纽扣预置缝合线，在第二个固定线后方 3～5cm 处的浅层网膜上，再做第三个水平纽扣预置缝合线。三个预置缝合线系好后，把三条线尾拎起，按前、中、后顺序排好，用止血钳夹持在创巾上。

术者手伸入腹腔内，用手掌压住皱胃，经瘤胃下方向右侧腹腔推挤皱胃。有时复位后的皱胃待手退回后再度返回到左侧腹腔，为此，术者要有耐心，再进行整复，直至皱胃复位后不再向左侧腹腔移位。

术者手退出腹腔，用手指掐持第一根预置固定线，经瘤胃下方进入右侧腹腔，探查确定该固定线在右侧腹壁的穿出部位，并指示助手在右侧腹底壁对应处剃毛、清洗、消毒和局部浸润麻醉，并作第一个 1cm 长小切口。然后用止血钳经皮肤小切口向内戳透进入腹腔，与此同时，术者手掌在腹腔内隔离，防止止血钳钳端误伤内脏并指示助手张开止血钳。术者把固定线尾送入止血钳嘴内，助手夹持线尾缓缓拉出皮肤创口外。按相同方法在右侧腹壁上第一根预置固定线的后方 5cm 处引出第二根和第三根固定线。

在皮肤小切口内放置 1cm 长的灭菌纱布压垫，将缝线打结在纱布压垫上。打结完毕，剪去线尾，对皮肤小切口消毒后进行缝合。

（4）闭合左肷部切口　腹膜、腹横肌连续缝合，连续缝合腹内、腹外斜肌，皮肤创围消毒后进行间断缝合，打结系绷带。

6. 术后护理

① 术后使用抗生素 5～6d。

② 出现反刍后饲喂少量易消化饲草，逐日增多，待牛吃草完全恢复正常后，再添加精料，并逐日增多，直至恢复正常的饲喂。

③ 术后可作自由活动或适当的牵遛运动。

④ 术后 12～14d 创口皮肤彻底愈合后，及时拆除皮肤上的缝线。

六、皱胃右方变位整复术

1. 适应证

皱胃以顺时针方向，向后上方移位，呈现亚急性扩张、积液、积气、膨胀、腹痛和代谢性碱中毒、脱水、幽门阻塞综合征。该病用药物治疗多数无效，手术整复是治疗本病的唯一方法，治愈率很高。

2. 术前准备

术前对病牛进行瘤胃减压，经口插入大口径胃导管进行导胃减压。术前补液纠正代谢性酸中毒。

3. 保定与麻醉

六柱栏内站立保定，右侧腰旁神经传导麻醉，术部配合局部浸润麻醉。

4. 手术通路

右肷部下方切口，切口靠近最后肋骨4～5cm处，距腰椎横突下方15～20cm，便于显露皱胃。

5. 手术方法

(1) 打开腹腔 常规剃毛、消毒、隔离术部，切开皮肤15～20cm，对出血点进行止血，切开皮下组织。切开腹外斜肌，腹内斜肌，按肌纤维方向分离腹横肌。用镊子夹持腹膜形成一皱襞，切开腹膜，以防误切扩张、积液的皱胃。

(2) 显露皱胃 一般在开腹后即可见膨满的皱胃显露于切口部，或手入腹腔向前探查，找到前方变位的皱胃，并将其轻轻引至切口处，牵引有困难时可穿刺放气、排液减压后再试行牵引。右方变位时皱胃可膨得很大，且其内多为液体，气体较少，而整复的关键是皱胃减压，单纯用穿刺的方法难以达到减压的目的，需切开皱胃减压。

(3) 皱胃减压 露皱胃后，如同瘤胃切开术一样，先将皱胃壁浆膜肌层与切口两侧腹膜连续缝合一周，隔离腹腔，以免污染。用弯圆针系4♯丝线，在皱胃壁上作一不穿透胃壁的荷包缝合线，在荷包缝合线圈内，用手术刀刺透胃壁，迅速插入排液管并抽紧荷包缝合线，排液管另一端放低，即可排空皱胃内积液。排液量从1～5L不等，皱胃内积液呈污黑色，排液完毕，拨下排液管迅速抽紧荷包缝合线，以闭合皱胃小切口，并用生理盐水冲洗后，再作第二个荷包缝合，将第一个荷包缝合线圈包埋，再次用生理盐水冲洗，准备作皱胃的固定。

(4) 皱胃的整复固定 排尽皱胃内容物后，缝合皱胃壁切口，拆除腹腔隔离线。重新清洗消毒后手入腹腔，探察排空缩小后的皱胃之大小、位置及大弯部的朝向，以判定是哪种类型的变位，从而确定具体的整复方案。

后方变位时，一般是皱胃单纯扩张而无扭转，减压后可自行归位，归位后如同左方变位一样缝合固定；前方变位时，需将皱胃从膈的后方沿顺时针方向拽回至瓣胃的后下方，使大弯部抵于右腹底壁正常位置。然后牵引大网膜，检查十二指肠及幽门是否有拧转，若有，将附着于大弯部的大网膜缝合固定在切口前下方腹壁的适当位置上，具体如下：

将皱胃轻轻向腹壁切口外牵引，显露胃大弯及大网膜附着缘，用弯圆针系长1m、10♯双股丝线，在靠近胃大弯的网膜上系皱胃固定线并打结，线尾用止血钳暂时固定在创巾上，按相同法再在网膜上系第二、三个固定线，并明确三个固定线的顺序，放松三根固定线，用生理盐水冲洗皱胃后将皱胃还纳回腹腔内。术者手掌下压皱胃，并按逆时针方向向前下方推压皱胃，使皱胃复位。有些病例皱胃下压复位后手一旦放松对皱胃的压迫，皱胃即迅即上浮，在这种情况下，应仔细检查瓣胃的位置，瓣胃往往已按顺时针方向移向腹下，为此，应将瓣胃按逆时针方向向背面上抬，然后再将皱胃按逆时针方向向前向腹下推压才能复位。有的病例，在皱胃变位后网胃也随之变位造成瘤网胃间口变成一裂隙，只有将皱胃完全复位和瓣胃的移位被纠正后，网胃的移位才能被纠正。

皱胃三个固定线的引出与打结，术者提起固定线，明确三根固定线的排列顺序后，术者左手抓住排列在最前面（即在腹下最前面）一根固定线线尾带入腹腔底部，探查确定固定经线的穿出部位，并指示助手在该处剃毛、清洗与消毒，局部浸润麻醉。作一个1cm长的皮肤小切口，术者右手持止血钳经小切口戳入腹腔内，钳夹左手指端抓捏的固定线并缓缓拉出体外，线尾由助手牵引，按同法再将第二、第三根固定线引出体外。

三根固定线暂不拉紧，等待术者再次检查皱胃复位的情况，在确定皱胃完全复位并明确固定线与腹内脏器无缠结的情况下，指示助手将三根固定线拉紧打结。助手将 1.5cm 长的纱布压垫塞入皮肤小切口内，固定线打结在小纱布压垫上，并依次完成第二、第三个固定线打结。剪断线尾，最后缝合皮肤小切口，打结系绷带。

（5）闭合右胁部腹壁切口的缝合 第一层连续缝合腹膜、腹横肌，第二层连续缝合腹内斜肌、腹外斜肌，皮肤间断缝合，打结系绷带。

6. 术后护理

① 术后 5～6d 使用抗生素、输液强心和纠正代谢性碱中毒。

② 术后可作自由活动或适当的牵遛运动。

③ 出现反刍后可给予少量优质饲草，逐日增多。

④ 术后 12～14d 创口皮肤彻底愈合后，及时拆除皮肤上的缝线。

七、胆囊切开术

1. 适应证

用于胆结石的治疗、胆汁引流及人工培植牛黄。

2. 保定

柱内站立保定或平地、草地上左侧卧保定。

3. 麻醉

二甲苯胺噻唑全身麻醉配合局部浸润麻醉。

4. 术部

自髋结节做一与脊柱平行的平行线，再自肩关节做一与脊柱平行的平行线，两平行线在倒数第 2 肋间隙的连线中点即为切口中心，切口 8～10cm。侧卧保定时，切口应稍向背侧。

5. 手术方法

① 术部常规处理后，沿肋后间隙切开皮肤和肌层至腹膜，彻底止血，以免剪开腹膜后血液流入腹腔。切开肋间肌、分离膈肌动作应迅速，并要注意用灭菌纱布暂时堵塞切口，防止空气过多进入胸腔。按腹膜切开的方法切开腹膜。在切口上角即可见到肝脏的边缘。

② 伸入手指摸到肝脏下缘，在倒数第 3 肋骨内侧找到胆囊，用食、中二指夹住胆囊底部拉出切口之外。用浸有生理盐水的纱布将胆囊与创口隔离。

③ 在胆囊底部无明显血管处全层切开胆囊壁，放出胆汁，根据施术目的，取出结石、置入塑料支架或放置引流管等。

④ 用细缝线、小圆针，全层螺旋缝合胆囊切口，再进行第 2 层连续伦勃特缝合。缝合要严密，防止胆汁渗漏。用生理盐水冲洗胆囊，除去隔离纱布，将胆囊还纳腹腔。

⑤ 清洁术部，螺旋缝合法缝合腹膜、各层肌肉，结节缝合皮肤。碘酊涂布切口，装置结系绷带。

6. 术后护理

手术后按一般常规要求进行护理。

八、小肠切除与吻合术

1. 适应证

肠梗阻、肠扭转、肠套叠、肠嵌闭、肠瘘、肠粘连等引起的肠管坏死以及肠肿瘤的根治手术。

2. 术前准备

为了提高动物对手术的耐受性和手术治愈率，术前应纠正水、电解质代谢紊乱和酸碱平衡失调及中毒性休克。进行导胃以减轻胃肠内压力。在非紧急情况下，术前 24h 禁食，术前 2h 禁水，并给以口服抗菌药物。

3. 保定与麻醉

犬、猫全身麻醉，仰卧保定；牛、羊左侧卧保定，腰旁神经干传导麻醉配合局部浸润麻醉。

4. 切口定位

犬、猫可选耻骨前缘至脐部的腹中线上；牛、羊可选右胺窝正中切口或与右肋弓平行切口。

5. 手术步骤

术部刮毛、消毒，切开皮肤、肌肉、腹膜，打开腹腔，进行探查，找出病变肠管，拉出腹壁切口，用消毒纱布填塞腹壁切口周围，用消毒纱布浸生理盐水温敷病变肠管，确定坏死肠段。在坏死肠段两端分别用两把肠钳夹住坏死肠管和健康肠管，两把肠钳相距 3cm 左右，双重结扎肠系膜通往坏死肠段的血管，在夹持坏死肠管和健康肠管的两把肠钳间剪除坏死肠段，在双重结扎线间呈"V"形剪掉肠系膜。健康肠管断端肠黏膜外翻时需进行修剪并用消毒棉球擦洗。

将两断端并拢，第一层的后壁进行连续全层缝合，前壁进行康乃尔缝合并打结；第二层前后壁进行间断伦勃特缝合。缝合完毕，松开肠钳，检查缝合是否严密（如有漏气、漏液时需追加缝合）和肠腔是否畅通。缝合肠系膜，用生理盐水冲洗肠管，还纳腹腔，闭合腹壁切口（图 2-35）。

6. 术后护理

手术后 3d 内禁食，不限制饮水。全身应用抗生素 5～7d，静脉输液。纠正水电解质平衡紊乱。当病畜出现排粪、肠蠕动音恢复正常后，可饲喂流质食物，禁止喂粗硬草料，待病畜出现大量排粪、身体状况恢复正常后再喂以优质草料。犬猫 7～8d、牛羊 12～14d 后拆线。

九、肠套叠整复术

1. 适应证

马、牛、犬等动物发生肠套叠后，在套叠肠管尚未发生坏死前，可进行肠套叠整复术。若套叠肠管已经发生了坏死，应进行坏死肠管切除吻合术。

2. 术前准备

马、牛、犬等动物肠套叠，多发生于空肠与回肠或回肠与结肠（或盲肠）。肠套叠发生后，动物因腹痛、出汗以及套叠部肠管的渗出和套叠前方肠管扩张积液和呕吐等，出现水、电解质代谢紊乱和酸碱平衡失调。为提高整复手术的治愈率，术前应给以纠正，静脉注射林格氏液、地塞米松和庆大霉素；用胃管导胃以减轻胃肠内压；使用镇痛剂、镇静剂以减轻动物的疼痛，同时准备好相应的药品、器械，进行紧急整复手术。

3. 麻醉与保定

马属动物应进行全身麻醉；反刍动物可采用局部麻醉并配合止痛、镇静药物；犬采用全身麻醉。马属动物进行右侧卧保定；反刍动物在六柱栏内站立保定或左侧侧卧保定；犬进行仰卧保定。

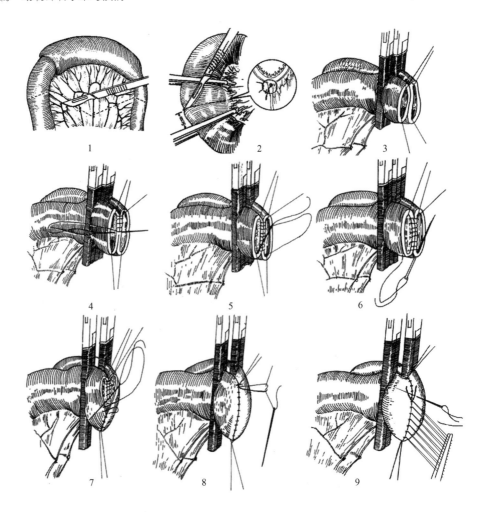

图 2-35 小肠切除与吻合术

1—肠系膜血管双重结扎后的切除线；2—在预定切除肠管端装置无损伤肠钳；3—两端装置牵引线；
4—后壁连续全层缝合；5,6—后壁缝至前壁的两种翻转运针方法；7,8—康乃尔缝合前壁和打结；
9—前后壁做间断伦勃特缝合法

4. 手术通路

采用左（马）右（牛）胁部中切口，犬采用脐前腹中线切口。

5. 手术方法

（1）探查套叠部位肠段 术者手经腹壁切口伸入腹腔内探查套叠部位肠段。探查牛的肠套叠时，术者手在网膜上隐窝内进行探查，将套叠部肠管经网膜上隐窝间口引出腹腔外。当无法引出时，可切开大网膜深浅两层，经网膜切口引出套叠肠段；探查马的肠套叠时应在左髂部和回盲部探查。大家畜肠套叠肠管如手臂粗，触之有肉样感，表面光滑，套叠前方肠管高度积液，套叠后方肠管空虚塌瘪，牵动该段肠管动物疼痛，骚动不安。犬的肠套叠亦多发生在空肠回肠交界处，有时套入到回盲口处，套叠肠管如火腿肠样硬度。

（2）将套叠部肠段引出腹腔外 肠套叠一般由三层肠壁组成，外层为鞘部，内层为套入部。套入部进入鞘部后可沿肠管向前行进，同时肠系膜也随之进入。肠管套叠越长，肠系膜进入越长，从而导致肠系膜血管受压，肠系膜紧张，小肠的游离性显著减小。从腹腔内向切口外牵引套叠部肠管应十分仔细，缓慢向外牵引，切忌向切口外猛拉、用手指用力掐压和抓持套叠部，以防撕裂紧张的肠系膜或导致肠破裂。因套叠部前方肠段臌气、积液，套叠部后方肠段空虚塌瘪，从腹腔内向外牵引套叠肠管时，应先显露肠套叠部远心端肠段，然后再缓慢向外牵引导出套叠部肠段和套叠的近心端肠段，并用温生理盐水纱布隔离，判定套叠肠管是否发生了坏死。对套叠肠管仍有生命力者，应进行套叠肠管的整复术。

（3）肠套叠的整复方法　用手指在套叠的顶端将套入部缓慢逆行推挤复位（自远心端向近心端推），也可用左手牵引套叠部近心端，用右手牵拉套叠部远心端使之复位。操作时需耐心细致，推挤或牵拉的力量应均匀，不得从远、近两端猛拉，以防肠管破裂。若经过较长时间不能推挤复位时，可用小手指插入套叠鞘内扩张紧缩环，一边扩张一边牵拉套入部，使之复位。若经过较长时间仍不能复位时，可以剪开套叠的鞘部和套入部的外层肠壁浆膜、肌层，必要时可以切透至肠腔，然后再进行复位（图 2-36）。肠壁切口进行间断伦勃特缝合。

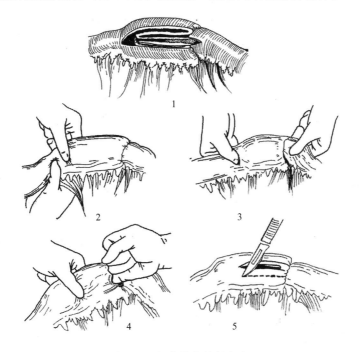

图 2-36　肠套叠的整复方法
1—小肠套叠模式图；2,3—用手自套叠的顶端将套入部自远而近地推挤复位；
4—用小指插入套叠鞘内扩张紧缩环；5—剪开鞘部与套入部外层

套叠肠管复位后，应仔细检查肠管和肠系膜是否存活，当肠系膜血管不搏动、肠系膜为暗紫色或黑红色、经温生理盐水纱布热敷后仍不改变者，可判定肠系膜发生了坏死，应将其套叠部肠段切除进行肠吻合术。

为了预防手术后犬肠套叠的复发，在套叠肠管手术复位后，从十二指肠结肠韧带到降结肠之间的肠管，用 0～4 丝线，以 8～12cm 的针距对相邻肠管浆膜肌层进行间断缝合，对与腹膜壁层相接触的部分肠管的浆膜肌层与腹膜进行间断缝合，以促进肠管之间的粘连，可有效地预防肠套叠的再度发生。

6. 术后护理

① 术后及时静脉补充水、电解质，并注意酸碱平衡。补液量和补液速度在中心静脉压监护下进行。

② 术后一周内使用足量的抗生素和糖皮质激素类药物，以预防腹膜炎的发生。

③ 手术后禁饲，只有当动物肠蠕动音恢复，排粪、排气正常，全身情况恢复后方可给予优质易于消化的饲料，开始量小，逐日增大饲喂量至正常饲养量。

④ 术后早期牵遛运动，对胃肠功能的恢复很有帮助。

十、直肠脱整复固定术

1. 适应证

顽固性直肠脱经其他固定方法无效时，可采用腹腔内固定。而脱出的肠管发生套叠而不能整复或伴有急性感染及坏死时，则必须采取直肠部分切除手术（图2-37）。

图2-37 直肠壁全层脱出

2. 器械

一般开腹手术器械，橡胶直肠导管。

3. 保定与麻醉

右侧卧或仰卧保定（臀部垫高），全身麻醉或配合局部麻醉。

4. 术部

① 左侧肷部，髋结节前下方1～2cm处，作为切口的起点向下垂直切开腹壁3～5cm。

② 自耻骨前缘至脐部的中点做白线切口（雌犬）或在白线旁3～5cm处做纵切口（雄犬）。

5. 手术方法

（1）整复 是治疗直肠脱的首要任务，其目的是使脱出的肠管恢复到原位，适用于发病初期或黏膜性脱垂的病例。整复应尽可能在直肠壁及肠周围蜂窝组织未发生水肿以前施行。方法是先用0.25%温热的高锰酸钾溶液或1%明矾溶液清洗患部，除去污物或坏死黏膜，然后用手指谨慎地将脱出的肠管还纳原位。为了保证顺利地整复，对猪和犬等可将两后肢提起，马、牛可使躯体后部稍高。为了减轻疼痛和挣扎，最好给病畜施行荐尾硬膜外腔麻醉或直肠后神经传导麻醉。

（2）剪黏膜法 是我国民间传统治疗家畜直肠脱的方法，适用于脱出时间较长，水肿严重，黏膜干裂或坏死的病例。其操作方法是按"洗、剪、擦、送、温敷"五个步骤进行。先用温水洗净患部，继以温防风汤（防风、荆芥、薄荷、苦参、黄柏各12.0g，花椒3.0g，加水适量煎沸两次，去渣，候温待用）冲洗患部。之后用剪刀剪除或用手指剥除干裂坏死的黏膜，再用消毒纱布兜住肠管，撒上适量明矾粉末揉擦，挤出水肿液，用温生理盐水冲洗后，涂1%～2%的碘石蜡油润滑，然后从肠腔口开始，谨慎地将脱出的肠管向内翻入肛门内。在送入肠管时，术者应将手臂（猪、犬用手指）随之伸入肛门内，使直肠完全复位。最后在肛门外进行温敷。

（3）固定法

① 肛门连续袋口缝合法：在整复后仍继续脱出的病例，则需考虑将肛门周围予以缝合，缩小肛门孔，防止再脱出。方法是距肛门孔1～3cm处，做一肛门周围的连续袋口缝合，收紧缝线，保留1～2指大小的排粪口（牛2～3指），打成活结，以便根据具体情况调整肛门口的松紧度，经7～10d病畜不再努责时，则将缝线拆除（图2-38）。

② 腹腔内直肠固定法：首先将脱出的直肠黏膜用生理盐水洗净后，整复还纳，并插入直肠导管。开腹后用生理盐水纱布将小肠推向前方，则可显露直肠，将直肠左或右侧壁与骨盆腔侧壁结节缝合2～3针。此时应注意不要穿透肠黏膜，以免引起腹腔感染。缝合牢固后，拔出导管，闭合腹腔。

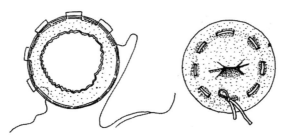

图 2-38　肛门口做连续袋口缝合

6. 术后护理

① 术后禁食 1～2d，静脉注射葡萄糖盐水，以后逐渐给予流食和易消化的食物。

② 应用抗生素防止感染。

十一、直肠部分截除术

1. 适应证

手术切除用于脱出过多、整复有困难、脱出的直肠发生坏死、穿孔或有套叠而不能复位的病例。

2. 麻醉

采用荐尾间隙硬膜外腔麻醉或局部浸润麻醉。

3. 手术方法

常用的有以下两种方法。

(1) 直肠部分切除术　在充分清洗、消毒脱出肠管的基础上，取两根灭菌的兽用麻醉针头或细编织针，紧贴肛门外交叉刺穿脱出的肠管将其固定。若是马、牛等大动物，直肠管腔较粗大，最好先用一根橡胶管或塑料管插入直肠，然后用针交叉固定，进行手术。对于仔猪和幼犬，可用带胶套的肠钳夹住脱出的肠管进行固定，且兼有止血作用。在固定针后方约 2cm 处，将直肠环形横切，充分止血后（应特别注意位于肠管背侧痔动脉的止血），用细丝线和圆针，把肠管两层断端的浆膜和肌层做连续缝合，然后用连续缝合法缝合内外两层黏膜层。缝合结束后用 0.25% 高锰酸钾溶液充分冲洗、蘸干、涂以碘甘油或抗生素药物（图 2-39）。

(2) 黏膜下层切除术　适用于单纯性直肠脱。在距肛门周缘约 1cm 处，环形切开达黏膜下层，向下剥离，并翻转黏膜层，将其剪除，最后顶端黏膜边缘与肛门周缘黏膜边缘用肠线做结节缝合。

整复直肠脱出部后，肛门口做连续袋口缝合。

当并发套叠性直肠脱时，采用温水灌肠，力求用手将套叠肠管挤回盆腔，若不成功，则切开脱出直肠外壁，用手指将套叠的肠管推回肛门内，或开腹进行手术整复。为防止复发，应将肛门固定。

4. 术后护理

手术后喂以麸皮、米粥和柔软饲料，多饮温水，防止卧地。根据病情给予镇痛、消炎等对症治疗。

十二、肾脏切开术

1. 适应证

麻醉下的肾脏活检、肾结石、肾盂结石或肿瘤。

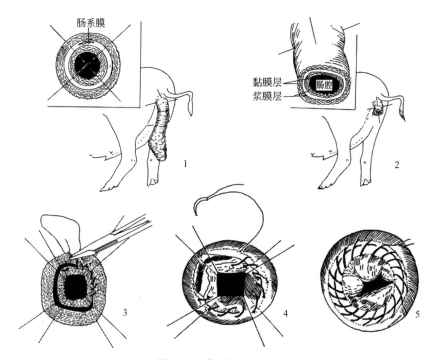

图 2-39 直肠部分截除术

1—脱出直肠作两条牵引线并确定切除部位；2—肠管切除；
3—两条牵引线变为四条固定线，并连续缝合浆膜与肌膜；4,5—连续缝合黏膜

2. 器械

常规软组织手术器械。

3. 保定

仰卧保定或者侧卧保定。

4. 麻醉

全身麻醉。

5. 术式

腹中线脐带前、后方切开实施开腹手术。将浸泡生理盐水的纱布覆盖在创缘上，用扩创器扩张腹部切口。将肠管移向对侧，或者从腹腔中取出，并滴加温热生理盐水保持湿润，显露肾脏。用镊子提起腹膜和后肾筋膜并剪开，用手指钝性分离肾脏，使肾脏游离出来，暴露肾脏血管和输尿管。

使用血管钳或者夹子夹住肾脏动静脉，或者用手指捏住血管，用手术刀从肾脏大弯切开肾皮质，注意只切开肾皮质。再钝性剥离肾髓质直到肾盂。移除结石并彻底冲洗干净，确保输尿管通畅。

缝合肾脏前，可打开血管钳，观察肾脏血液循环情况。缝合时，紧密对合肾脏两瓣，保持3min左右。将肾被膜两层对接，用可吸收缝线采用水平褥式缝合，再用连续缝合法缝合肾脏被膜（图 2-40）。松开血管钳，还纳腹腔，逐层缝合腹壁关闭腹腔。

6. 术后护理

常规全身使用抗生素消炎和止疼药，采用输液疗法，调节水盐代谢，术后控制尿量。创口注意消毒，7～10d 后拆除皮肤缝线。

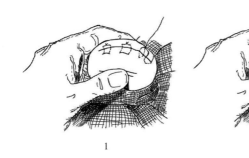

图 2-40　肾脏的缝合

十三、肾脏切除术

1. 适应证

肾脏肿瘤、严重肾结石、化脓性肾炎等。

2. 器械

常规手术器械。

3. 保定

仰卧保定或者侧卧保定。

4. 麻醉

全身麻醉。

5. 术式

腹中线脐带前、后方切开实施开腹手术。将浸泡生理盐水的纱布覆盖在创缘上，用扩创器扩张腹部切口。将肠管移向对侧，或者从腹腔取出，并滴加温热生理盐水保持湿润，显露肾脏。用镊子提起腹膜和后肾筋膜并剪开，用手指钝性分离肾脏，使肾脏游离出来，暴露肾脏血管和输尿管。

充分分离肾脏血管和输尿管，根据适用证的不同决定动静脉的结扎顺序，结扎时采用贯穿结扎，防止线节滑脱，结扎确实后，切断动静脉；结扎输尿管时，要防止形成尿盲管，在远心端结扎两次，近心端结扎一次（图 2-41）结扎确实后，切断输尿管，移除肾脏。

清理肾周脂肪组织里的血凝块，确定充分止血后，常规关闭腹腔。

6. 术后护理

术后佩戴伊丽莎白项圈，常规使用抗生素和止疼药，给予支持疗法，纠正水盐平衡。7～10d 后拆除皮肤缝线。

图 2-41　肾脏摘除术

十四、膀胱切开术

1. 适应证

膀胱结石或者尿道结石、膀胱壁息肉、膀胱肿瘤等。

2. 器械

常规软组织手术器械。

3. 保定

仰卧保定。

4. 麻醉

全身麻醉，可结合硬膜外麻醉和局部浸润麻醉。

5. 术式

手术区域常规剃毛消毒，尿道插入导尿管。

在脐孔后方和耻骨前，沿腹中线切开实施开腹术（公狗在腹中线旁，做切口时将阴茎牵引至一旁）。

腹壁打开后，将膀胱移向腹侧，用浸泡有温热生理盐水的纱布覆盖在膀胱周围，以防止尿液流入腹腔。采用膀胱穿刺技术，排空膀胱内的尿液。确定好膀胱切口在膀胱背侧选择无血管处后，在切口两端放置穿透浆膜和肌层的牵引线，以保定好膀胱，然后切开膀胱，用药勺或者止血钳取出结石，清除膀胱颈、尿道的结石，如有必要，可通过尿道管从尿道反复灌洗，确保彻底清除干净。

缝合膀胱时使用可吸收缝合线，第一层对膀胱壁浆肌层采用库兴式缝合法缝合，第二层对膀胱壁浆肌层采用伦勃特式缝合法缝合，可以避免缝线暴露在膀胱内而增大膀胱内结石复发的风险（图 2-42）。

最后，冲洗膀胱，还纳回腹腔，常规关闭腹腔。

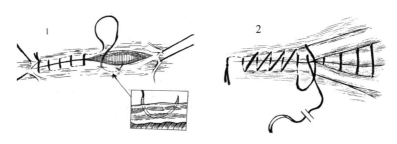

图 2-42 膀胱的缝合

6. 术后护理

术后常规使用抗生素防止术后感染，使用止痛药。每天观察小便情况，进行尿量的测定和尿检。及时输液纠正水盐平衡，术后 7～10d 拆除皮肤缝线。

十五、前列腺摘除术

1. 适应证

前列腺肿瘤、前列腺肥大等。

2. 器械

常规软组织器械。

3. 保定

仰卧保定。

4. 麻醉

全身麻醉，可结合硬膜外麻醉。

5. 术式

犬前列腺位于耻骨前缘，在膀胱颈和尿道起始部分。在手术前，应该进行灌肠，并进行尿道插管。常规剃毛消毒，在阴茎侧位，耻骨前缘处切开皮肤，分离皮下组织，沿着腹中线切开腹腔。打开腹腔后，把肠管推向前方，暴露膀胱和前列腺。如果不能很好暴露术区，在正中线上切开内转肌，将其在骨盆的腹侧面进行钝性分离，暴露出耻骨后切开并翻转，即可暴露前列腺。

将膀胱和前列腺牵拉至腹腔外，去除前列腺周围的脂肪组织，并结扎前列腺的血管和输精管。将导尿管向后牵引至前列腺后端，先用缝线固定尿道和膀胱，再在前列腺前端和后端进行尿道环形切开即可移除前列腺。继而插入导尿管，将膀胱颈和尿道对接，使用可吸收缝线采用结节缝合，进行环状缝合。确认吻合部位密闭后，抽出导尿管，复位膀胱与尿道。将耻骨片复位并固定，缝合内转肌。常规关闭腹腔。

6. 术后护理

术后常规使用抗生素 2 周以上，观察小便和尿腹情况。留置导尿管 1 周，防止尿道闭合和粘连。

十六、动物断尾术

1. 适应证

① 尾椎向下生长或呈螺旋尾，影响排粪，引起局部瘙痒、感染。
② 尾部肿瘤、尾部严重损伤（骨折、皮肤撕脱及麻痹）。
③ 某些品种犬的断尾是为了"美容"或防止狩猎损伤。
犬的断尾术根据断尾的年龄分为幼小犬断尾术和成年犬断尾术。
幼小犬断尾的适宜日龄是生后 7～10d，这时断尾出血和应激反应很小。断尾长度取决于不同品种及断尾方法。

2. 器械

除一般手术器械外，还需骨剪、止血带。

3. 麻醉与保定

幼犬断尾不需麻醉，犬握于手掌内保定。成年犬断尾需全身麻醉或硬膜外麻醉，采取胸卧位保定。

4. 手术方法

(1) 幼小犬断尾术 尾部清洗、消毒。用一止血带或纱布条扎紧尾根部。根据品种确定断尾的部位。术者一手握住尾部（预断尾的前方）向前推移皮肤，另一手持骨剪剪断尾部。手松开，皮肤恢复原位。上下皮肤创缘对合，包住尾椎断端，然后进行结节缝合。解除止血带，如断端还出血，可再系上止血带维持一段时间即可。应用吸收性缝线间断缝合皮肤，这样缝合能控制出血和防止治愈后出现无毛瘢痕，特别对于短毛犬，更要注意使用吸收性缝线缝合。缝线一般术后被吸收，有时可被犬舔掉。

(2) 老龄犬和猫的断尾术 犬、猫全身麻醉或硬膜外麻醉。术部剪毛、消毒，尾根部扎紧止血带。预计截断的部位，用手指触及椎间隙。在截断处作背腹侧皮肤瓣切开，皮肤瓣的基部在预定截断的椎间隙处。结扎截断处的尾椎侧方和腹侧的血管。应用外科刀或骨剪横切断尾椎肌肉，从椎间隙截断尾椎。缝合截断断端上皮肤瓣，覆盖尾的断端。为了防止断端形成血肿，在缝合时，首先应用吸收性缝线作 2～3 个皮下缝合，使之紧贴尾椎断端，防止死腔形成。然后应用单丝非吸收性缝线（如金属缝线）作结节缝合皮肤。最后包扎尾根和解除止血带。

5. 术后护理

幼犬断尾后，应立即放回母犬处，术后 5d 拆除缝线；成年犬术后应用抗生素 4～5d，常更换尾绷带和敷料，保持尾部清洁，术后 10d 拆除皮肤瓣缝线。

实训六　阉割术

【实训目的】

掌握公畜去势术和母畜卵巢摘除术的操作方法和注意事项。

【设备与材料】

（1）动物以小公猪、小母猪、公犬、公猫、母犬、母猫为实验动物。

（2）器材有手术刀、剪毛钳、持针钳、止血钳、缝针、缝线、棉球、注射器、针头。

（3）试剂有速眠新（846 麻醉剂）、2％碘酊、75％酒精。

【方法与步骤】

1. 保定与麻醉

将犬、猫仰卧保定，全身麻醉。仔猪不用麻醉。小母猪右侧半仰卧保定，术者右脚后跟着地，右脚前部踩压小猪左侧颈部，同时术者左脚踩压小猪左后脚。小公猪可行倒立或右侧卧位保定。

2. 确定术部

（1）公猪、公犬、公猫：取与阴囊中线平行线作为切口位置。

（2）母猪：左侧倒数第二个乳头的外侧 2～3cm 处，在骨盆腔入口顶部两侧，脊中线与髋关节连线内角处。

（3）母犬、母猫：猫在脐后 1.5cm 处向后（犬由脐孔起）沿腹白线切 4～8cm。

3. 公猪、公犬、公猫去势术式

（1）常规剪毛、消毒：先用消毒液冲洗术部，再用 2％碘酊消毒，75％酒精脱碘。

（2）左手捏紧阴囊基部使一侧睾丸向前下方突起，右手持刀在阴囊一侧平行中线切开皮肤（犬则可在前下方沿中线切开），然后，左手稍用力将睾丸及其总鞘膜从切口挤出。

（3）摘除睾丸

① 开放式：纵向切开总鞘膜，拉出睾丸，分离睾丸系膜，暴露、贯穿结扎精索，切断精索，摘除睾丸。

② 闭合式：不切开总鞘膜，精索连同精索外的总鞘膜一起贯穿结扎，在结扎线远端段切断精索及总鞘膜，摘除睾丸。切开阴囊纵隔，把另一侧睾丸挤到切口一侧，用同样方法摘除另一睾丸。

（4）分层缝合阴囊切口，切口涂 2％碘酊。

15d 左右的小公猪，切开阴囊后，可直接用消毒手术镊子扭转精索，将睾丸及精索一起扯断取出，小创口涂上 2％碘酊即可。

4. 母猪阉割术

（1）局部常规消毒后（同公畜），术者右手将术部皮肤向腹侧牵拉，以便术后皮肤切口与肌肉切口错位。左手拇指用力按压在术部稍外侧，压得越紧离卵巢越近，手术也易成功。

（2）右手持刀（小挑刀或手术刀），用拇指、中指和食指控制刀刃深度，用刀尖垂直切开皮肤，切口长 0.5～1.0cm，然后用刀柄以 45°角斜向前方伸入切口，借猪号叫时，随腹压升高而适当用力"点"破腹壁肌肉和腹膜，此时，有少量腹水流出，有时子宫角也随着涌出。

（3）如子宫角不出来，左手拇指继续紧压，右手将刀柄在腹腔内作弧形滑动，并稍扩大切口，在猪号叫时腹压加大，子宫角和卵巢便从腹腔涌出切口之外，或以刀柄轻轻引出。

（4）右手捏住脱出的子宫角及卵巢，轻轻向外拉，然后用左右手的拇、食指轻轻地轮换往外导，两手其他三指交换压迫腹壁切口，将两侧卵巢和子宫角拉出后，用手指捻断或用手术刀切断子宫体，将两侧卵巢和子宫角一同摘除。收回左手，切口涂 2％碘酊后，提起后肢稍稍摆动一下，即可放开。

5. 母犬、母猫卵巢摘除术式

（1）常规剪毛、消毒。

（2）腹白线纵向切开皮肤。

（3）分离皮下组织，剪开腹膜，充分暴露腹腔。

（4）顺着腹壁进入腹腔探寻卵巢，将卵巢牵引出创口外，剪断卵巢肾脏韧带。

（5）摘除卵巢，有两种方法。

① 只摘除卵巢：首先展开子宫阔韧带，在其无血管区用小止血钳捅开一小口，贯穿两根结扎线，分别将卵巢的子宫角侧和卵巢肾脏韧带进行结扎。将结扎结小心向上轻提，先于子宫角侧结扎处与卵巢之间剪断，再于另一结扎处与卵巢之间剪断。切断两结扎线，摘除卵巢及卵巢囊。同法摘除另侧卵巢。

② 卵巢子宫一并切除：牵拉双侧子宫角，显露子宫体，分别在两侧的子宫体阔韧带上穿一根线结扎子宫角至子宫体之间的阔韧带。将子宫与子宫阔韧带分离。双重钳夹子宫体，分别结扎钳夹后方的子宫体，于双钳之间切除子宫体和卵巢。

（6）闭合腹壁切口，整理创缘，安装结扎绷带。

【术后护理】

（1）术后应保持创口干燥，防止舔咬。注意观察阴囊变化，以防出血或感染。一周后拆线。

（2）严密观察其全身反应。

【实训报告】

写出公猪和母猪阉割术的操作步骤及其注意事项。

实训七　豁鼻修补术

【实训目的】

掌握豁鼻修补术的适应证及手术操作技能。

【设备与材料】

（1）器械药品：常规软组织手术器械、外科手术常用药品等。

（2）实验动物：牛临床病例。

【方法与步骤】

1. 保定

采用柱栏内站立保定，注意固定好牛角，骚动不安的牛可倒卧保定。

2. 麻醉

用 2％盐酸普鲁卡因溶液 20mL 分别做两侧眶下神经传导麻醉（眶下孔位于上颌第 1 前臼齿前缘向上 3～5cm 处），每侧 10mL；再用 0.5％～1％盐酸普鲁卡因青霉素溶液 40mL 对两侧颊背神经的颊唇支（上唇两侧）做浸润麻醉，每侧 20mL。

3. 制作公母榫

将鼻镜和上唇洗净，用压迫法分别按压上、下鼻端根部以防手术中出血过多。术部常规消毒。切去上鼻游离端黑色表皮，造成一淡红色蘑菇状的新鲜创面（公榫），在下部断面作一与公榫相当、向下凹陷的椭圆形创腔（母榫）。以鼻中线为界，在上、下鼻端左右各做一针埋藏缝合，将公榫对合入母榫内，在鼻顶将两根埋藏缝合的线拉紧打结。在创口结合部的左、中、右各做一针结节缝合。

【术后护理】

保持术部清洁，在 7d 内除吃草、饮水外，平时均要求戴口笼。每天肌内注射青霉素 2 次，连续 3~5d。术后 7d 可先将结节缝线拆除，术后 12~14d 再拆除埋藏缝合线。3~5 个月后可再上鼻环。

【实训报告】

制订出一个牛豁鼻修补术的手术方案。

实训八 食管切开术

【实训目的】

掌握食管切开术的适应证和手术操作技能。

【设备与材料】

(1) 器械药品：手术常规器械、肠钳及外科手术常规药品等。

(2) 实验动物：牛临床病例。

【方法与步骤】

1. 保定与麻醉

右侧卧保定或站立保定。大动物局部浸润麻醉，小动物全身麻醉。

2. 麻醉

肌内注射盐酸氯丙嗪镇静，局部用 2%~3% 盐酸普鲁卡因溶液做菱形浸润麻醉。

3. 手术方法

术部常规处理，在颈静脉之上缘或下缘作与颈静脉平行的 10~15cm 切口，切透皮肤、浅筋膜及皮肌。扩创，钝性分离肌肉，锐性分离腱膜，找到食管，钝性分离食管周围的结缔组织，将食管拉出切口之外，在其下面垫上湿纱布，食管切口的两端分别用肠钳夹住。在食管上作纵向切口，要求一次切透食管壁各层。取出阻塞物后用灭菌生理盐水冲洗。用 1~2 号肠线或丝线螺旋形缝合黏膜层，用 1~2 号缝线以伦勃特法螺旋形缝合肌肉层及外膜上的切口。缝合后涂上油剂青霉素，颈部肌肉及皮肤作分层结节缝合，伤口涂碘酊，覆盖纱布，用结系绷带固定。

【注意事项】

(1) 术后 3~4d 内禁止饮食（最好带口笼），每天视需要补液，以后给予适量流质饲料并任其饮水。术后用抗生素 3~5d 以防感染。

(2) 分离食管周围组织时，注意不要伤及颈静脉。

(3) 手术过程中易发生瘤胃鼓气，可穿刺放气。

【实训报告】

制订牛食管切开的手术方案。

实训九 气管切开术

【实训目的】

掌握气管切开术的适应证和手术操作技能。

【设备与材料】

(1) 器械药品：常规软组织切开、止血及缝合器械，气管切开刀、气管导管环及常用的外科手术药品等。

(2) 实验动物：健康羊、犬或临床病例。

【方法与步骤】

1. 麻醉与保定

站立或侧卧保定。大动物采取局部浸润麻醉（紧急情况下可不麻醉），小动物采取全身麻醉。

2. 手术方法

在引起呼吸道障碍的下方，沿气管的腹正中线作长 5～8cm 的皮肤切口。依次切开浅筋膜、颈长肌，充分暴露气管。止血后，对预定切口位置的上、下两个相邻的气管环各作一个半圆形切口，使两个切口正好对成一个圆形。装上气导管环，并用纱布条将其固定于颈部，外用纱布覆盖。

【术后护理】

保持安静，经常检查，防止术部摩擦。去掉气导管环后，清理创部，缝合皮肤切口。

【注意事项】

（1）切软骨时要用止血钳牢牢夹住软骨片，以免其落入气管内。

（2）去掉气导管前，先人为地阻塞气导管环，观察呼吸困难是否已解除，已解除者才能去掉气导管环。

（3）术后动物要安置在温暖、通风、湿润环境中。

【实训报告】

制订气管切开术的手术方案。

实训十　声带切除术

【实训目的】

掌握犬声带切除术的适应证和手术基本操作技能。

【设备与材料】

（1）器械药品：常规软组织切开、止血及缝合器械，气管切开刀及常规外科手术药品等。

（2）实验动物：犬。

【方法与步骤】

1. 保定与麻醉

全身麻醉，仰卧保定，头颈伸直。

2. 手术方法

在舌骨肌、喉及气管处正中切开皮肤及皮下组织，分离两侧胸骨舌骨肌，充分暴露气管、环甲软骨韧带和喉甲状软骨，在环甲软骨韧带中线纵向切开 3～5cm，并向前延伸至 1/2 甲状软骨，用小拉钩或在甲状软骨创缘各缝一牵引线将创缘拉开，暴露喉室和声带。用有齿镊子夹住声带基部向外牵拉，用手术剪剪除声带，以同样方法剪除另一侧声带。止血、清理气管内部、解除牵引线，用金属丝或 4 号丝线或可吸收线结节缝合甲状软骨，所有缝线不要穿过喉黏膜。常规方法缝合胸骨舌骨肌、皮下组织及皮肤。

【术后护理】

（1）绷带包扎颈部，将其单独放置在安静的环境中，以免诱发鸣叫。

（2）为减少声带切除后瘢痕组织增生，术后每日用强的松龙 2mg/kg，连用 2 周。以后每日减少剂量为 1mg/kg，连用 2～3 周。术后用抗生素 3～5d 以防感染。

【注意事项】

剪除声带后，要用电灼或钳压方法止血并清除气管内的血液。

【实训报告】

总结手术中存在的问题。

实训十一 开腹术

【实训目的】

掌握开腹术的适应证、操作方法和注意事项。

【设备与材料】

一般软组织切开、止血、缝合器械及创钩。

【方法与步骤】

1. 保定与麻醉

根据手术的目的及部位不同，可采取侧卧、仰卧或站立保定。应用全身麻醉或腰旁神经干传导麻醉，可配合局部浸润麻醉。

2. 手术方法

（1）腹中线切开法 切开皮肤，分离皮下结缔组织，充分止血，切开腹中线，暴露腹膜。用镊子夹起腹膜，先切一小切口，再由小切口伸入食指、中指作为引导，用手术剪剪开腹膜。然后用大块浸有灭菌生理盐水纱布隔离腹壁切口。腹腔打开后，按手术目的进行下一步手术。

（2）腹中线旁切开法 切开皮肤、皮下结缔组织，顺肌纤维的方向用钝性分离法分离腹直肌，最后剪开腹膜，打开腹腔。

（3）侧腹壁切开法 切开皮肤、皮下结缔组织及肌膜，彻底止血，顺肌纤维方向钝性分离腹外斜肌、腹内斜肌、腹横肌，用创钩拉开腹壁肌肉，充分暴露腹膜，按照腹膜切开法切开腹膜，打开腹腔。

当其他手术操作完成后，闭合腹腔。先用 1～2 号丝线在压肠板引导下连续缝合腹膜。用 2～4 号丝线结节缝合肌肉及筋膜，最后用 7 号丝线结节缝合皮肤，术部涂碘酊，装着腹绷带。

【术后护理】

（1）为防止感染，术后数日内应使用抗生素、磺胺类药物。

（2）注意观察，防止舔咬伤口。

（3）根据伤口愈合情况，应尽早给以适当运动。

【实训报告】

写出开腹术的适应证及其操作步骤。

实训十二 瘤胃切开术

【实训目的】

通过实训掌握瘤胃切开术的适应证、操作步骤和通过瘤胃腔探查网胃、瓣胃、皱胃的操作方法及其注意事项。

【设备与材料】

一般软组织切开、止血、缝合器械及创钩，羊 4～6 只。

【方法与步骤】

（1）全班分为 4～6 个小组，每组一只羊，并拟订详细的手术方案。每组指派术者 1 人，手术助手 2 人，器械助手 1 人，保定助手 3 人。

（2）保定与麻醉：羊右侧卧保定，采用速眠新（简称 846 合剂）全身麻醉，配合用 2% 盐酸普鲁卡因腰旁神经干传导麻醉或 0.5% 盐酸普鲁卡因局部浸润麻醉。

（3）由保定助手对左㑊部进行术部准备和消毒。手术过程严格进行无菌术操作。

（4）由手术助手进行羊的全身麻醉、腰旁神经传导麻醉和术部局部浸润麻醉。

（5）由术者和助手对术部隔离并进行瘤胃切开术。

（6）本组同学戴长臂一次性手套对羊瘤胃腔进行探查，触诊瓣胃、皱胃，感觉心脏跳动，探查网胃。

（7）闭合瘤胃切口，打结系绷带。

（8）清理器械，刷洗纱布和其他敷料，打扫卫生。

【术后护理】

（1）手术后观察一段时间，及时止血、补液。冬天要保温。

（2）对病情严重的，每天最少检查体温 1~2 次，如果体温上升 0.5℃甚至 0.5℃以上，或持续高温，则表明创口有感染现象。

（3）术后感染的预防和控制——随时注意体温的变化，特别是术后前 4d。适当应用抗生素和磺胺药，最好在术后注射破伤风抗毒素。

（4）全身麻醉后半天内不准饮水和饲喂，以防异物性肺炎的发生。

（5）夏季要防苍蝇叮咬伤口，防止蝇蛆的生长，可将碘仿石蜡油糊剂涂在伤口四周。

（6）合理饲养、适当运动、及时拆线。愈合期 10~14d 拆线。

（7）重病畜每天至少翻身 4 次。

【实训报告】

总结羊瘤胃切开术的适应证与操作步骤。

实训十三 犬胃切开术

【实训目的】

掌握犬胃切开术的操作技能。

【设备与材料】

（1）手术动物：6~10 月龄本地杂交犬 4 只，体重 5~8kg。

（2）手术药品：舒泰 50（麻醉药）、硫酸阿托品注射液、苏醒灵、酚磺乙胺注射液、盐酸肾上腺素注射液、破伤风类毒素或破伤风抗毒素、6％右旋糖酐注射液、普鲁卡因青霉素、青霉素、新洁尔灭消毒液等。

（3）手术器械：大无菌器械包 1 个（里面有尖头手术剪 1 把、钝头手术剪 1 把、创巾钳 4 把、弯止血钳 3 把、直止血钳 3 把、持针钳 1 把、组织镊 1 个）、小无菌器械包 1 个（里面有尖头手术剪 1 把、弯止血钳 2 把、直止血钳 2 把、持针钳 1 把、组织镊 1 个）、吸引器、缝针、缝线、手术刀片等常规手术器械。每组一套。

【方法与步骤】

1. 麻醉与保定

手术前，进行犬的扎口及侧卧保定。术前皮下注射硫酸阿托品注射液，肌内注射酚磺乙胺注射液。静脉滴注舒泰 50 全身麻醉。犬麻醉后，仰卧保定。解除扎口、保定，用舌钳将犬舌拉出口角外，确保犬呼吸道畅通。

2. 手术方法

（1）打开腹腔 在剑状软骨突末端到腹脐之间的腹中线做 8~12cm 皮肤切口，用组织镊提起腹白线，用手术刀刺一小口后，用钝头手术剪将腹膜剪开，显露腹腔。

（2）切除镰状韧带 用组织镊沿腹腔切口拉出镰状韧带，用手术剪将镰状韧带剪除，并及时止血。

（3）切开胃壁 用手抓住胃大弯将胃引出，用数块温生理盐水纱布块填塞在胃和腹壁切口之间，在胃大弯和胃小弯之间的血管稀少处的胃壁上做 5～7cm 切口。

（4）胃内处理 对胃腔进行检查，清除胃内异物及坏死胃组织。

（5）关闭胃腔 用温生理盐水冲洗胃壁切口。用 4 号可吸收线连续螺旋全层缝合胃壁切口，第一层缝合结束后用温青霉素生理盐水冲洗胃壁，冲洗干净后，拆除衬垫于腹壁切口周围的纱布；换用无菌器械，用 4 号可吸收线进行库兴缝合或连续伦勃特缝合缝合胃壁切口。

（6）关闭腹腔 胃壁切口的第二层缝合结束后，冲洗胃壁切口，将犬胃还纳于腹腔。用 4 号丝线连续螺旋缝合腹膜与腹直肌，结节缝合皮肤。

【术后护理】

（1）将手术后的犬放在干燥、安静、卫生的环境中休养，并定时进行创口护理。

（2）按常规剂量连续应用青霉素 G、氨苄青霉素等抗生素 5～7d。

（3）术后 2d 内禁饲，不限饮水，每日静脉补给葡萄糖溶液、生理盐水各 150mL，同时补充维生素；术后 3d 后少量多次喂给稀粥、牛奶、肉汤等易消化食物，术后 7～10d 拆线。

【实训报告】

写出犬胃切开术的适应证和手术操作步骤。

实训十四　肠切除吻合术

【实训目的】

掌握肠切除吻合术的适应证和手术基本操作技能。

【设备与材料】

（1）器械药品：常规消毒药品、麻醉药、抗感染药及手术常用器材等。

（2）实验动物：健康羊、犬或临床病例。

【方法与步骤】

1. 保定与麻醉

侧卧或仰卧保定，浅度全身麻醉配合局部浸润麻醉。

2. 手术方法

（1）腹壁切开同开腹术。

（2）肠切除 腹膜探查，将准备切除的小肠拉出腹壁切口，用消毒纱布填塞腹壁切口周围。将预定切除肠管的两端各用两把肠钳夹住肠管，每端两把肠钳相距 3cm 左右，结扎肠系膜通往预定切除肠管的血管，在两把肠钳间，剪除肠管及按 V 形剪掉肠系膜，用消毒棉球擦洗肠管断端。

（3）肠吻合 切长约 5cm 的黄瓜段，参照肠腔大小修去黄瓜皮，将修皮后的黄瓜段塞入肠腔并将肠管两断端靠拢，调整肠管使肠系膜对齐，用直圆针、可吸收线连续全层缝合肠管断端。清洗消毒肠管后，更换无菌手术器械，进行肠管断端第二层连续伦勃特缝合，结节缝合肠系膜。缝合完毕，松开肠钳，将黄瓜段推挤到切口下端肠管，用生理盐水冲洗肠管，还纳腹腔。

（4）闭合腹壁切口同开腹术。

3. 术后护理

术后禁食 1～2d，以后给予流质或半流质饲料并给予抗生素 5～7d，静脉输液，纠正水电解质平衡紊乱，7d 后拆线。

【注意事项】

（1）操作要保持无菌，防止污染，肠管缝合要细致认真。

（2）缝合时注意针间距、边距及打结的松紧度要恰当。

【实训报告】

总结手术中存在的问题。

实训十五　直肠脱整复固定术

【实训目的】

掌握直肠脱的整复固定方法以及坏死直肠的切除与缝合技术。

【设备与材料】

1. 器械药品

一般开腹手术器械，橡胶直肠导管，长钢针 2 根，0.1％高锰酸钾溶液、碘甘油（或抗生素软膏）。

2. 实验动物

【方法与步骤】

1. 保定与麻醉

右侧卧或仰卧保定，犬全身麻醉，猪、羊等可采用荐尾硬膜外腔麻醉或交巢穴麻醉，腹部切口皮下浸润麻醉。

2. 确定术部

（1）左侧肷部，髋结节前下方 1～2cm 处，作为切口的起点向下垂直切开腹壁 3～5cm。

（2）自耻骨前缘至脐部的中点做腹中线切口（雌犬）或在腹中线旁 3～5cm 处做纵切口（雄犬）。

3. 手术方法

（1）直肠固定术

① 肛门固定法：首先将脱出的直肠黏膜用生理盐水洗净后，整复还纳，肛门做连续袋口缝合。

② 腹腔内直肠固定法：首先将脱出的直肠黏膜用生理盐水洗净后，整复还纳，并插入直肠导管。开腹后用生理盐水纱布将小肠推向前方，则可显露直肠，将直肠左或右侧壁与骨盆腔侧壁结节缝合 2～3 针。此时应注意不要穿透肠黏膜，以免引起腹腔感染。缝合牢固后，拔出导管，闭合腹腔。

（2）直肠部分切除术

① 术前 24～36h 禁食，用温生理盐水灌肠，使直肠内空虚。

② 在充分清洗消毒脱出肠黏膜的基础上，用两根灭菌的长钢针，紧贴肛门穿过脱出的肠管，使两根针相互垂直成十字形，在距固定针 1～2cm 处，切除坏死的肠管，充分止血后，用丝线和圆针把肠管两层断端的浆膜和肌层分别做结节缝合，然后连续缝合黏膜层。缝合结束后用 0.1％高锰酸钾溶液充分冲洗。用无菌纱布吸干，涂以碘甘油或抗生素软膏。除去固定针，将直肠还纳于肛门内。

【术后护理】

（1）术后禁食 1～2d，静脉注射葡萄糖盐水，以后逐渐给予流食和易消化的食物。

（2）应用抗生素防止感染。

【实训报告】

当脱出的直肠发生瘀血坏死时，应如何用手术切除？

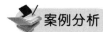 案例分析

［病例 1］　小母猪阉割导致的肠管与切口粘连

［疗法］　在原阉割切口前下方切开腹壁，手指伸入腹腔寻找粘连部位，小心钝性分离粘连

部位，腹腔内注入油剂青霉素，关闭腹腔。术后，连续 2d 应用抗生素。

　　［效果］　术后母猪恢复食欲，生长状况良好。

　　［分析］　因多种原因，小母猪阉割易发生肠管与切口粘连，要及时诊断，手术治疗非常必要。如因缝合错误造成粘连则需拆线分离，如是粘连肠管坏死则需进行肠管切除吻合术。腹腔内注入油剂可防止再度发生粘连，术后应用抗生素可预防感染。

　　［病例 2］　水牛鼻镜断裂

　　［疗法］　按照牛接鼻术的手术方法进行治疗。术后每天 2～3 次用 3％碘酊消毒创缘及针孔部位，术后 8d 拆除缝线，术后 10d 内舍饲，以后再行放牧。

　　［效果］　水牛鼻镜断端愈合良好，术后 4 个月可重新安装牛鼻环。

　　［分析］　接鼻术是解决牛鼻镜断裂的唯一方法。术后用 5％碘酊进行创缘、针孔消毒，虽然对组织有刺激，但消毒效果可靠，对创面愈合影响不大，待创面愈合牢固再安装鼻环，才能防止鼻镜再次断裂。

　　［病例 3］　犬异物肠梗阻（早期）

　　［疗法］　按照肠管切除吻合术的方法进行腹腔切开，找出梗阻肠段，在阻塞物段纵行切开肠壁，取出异物后，缝合肠腔，常规关闭腹腔。术后补液并应用抗生素 3d，之后给予流食。

　　［效果］　术后 5d 犬基本恢复正常，10d 完全康复。

　　［分析］　早期诊断及手术对犬异物肠梗阻治疗非常重要。如阻塞肠段坏死则进行肠管切除吻合术。术后应用抗生素以预防术后感染，术后补液能补充营养。

目标检测题

一、名词解释

1. 阉割术　2. 犬消声术　3. 直肠脱

二、填空题

1. 小母猪阉割（小挑花）的时间一般为_____日龄，肥育公牛去势的时间一般为_____月龄，公鸡去势的时间一般为_____月龄。

2. 小母猪阉割（小挑花）的手术部位是_____，大母猪阉割（大挑花）的手术部位是_____，公鸡去势的手术部位是_____。

3. 公牛及公羊去势方法可分为_____、_____两种。

4. 常见的阉割并发症有_____、_____、_____等。

5. 气管切开术的适应证有_____，食管切开术的适应证有_____、_____、_____。

6. 犬竖耳术常用于_____、_____、_____、_____等特定的品种。

7. 犬声带切除的目的是_____。犬断尾的目的是_____、_____、_____。

8. 牛瘤胃切开术的手术部位是_____，犬胃切开术的手术部位是_____，犬肠道手术的手术部位是_____。

9. 瘤胃切开术常用的瘤胃固定方法有_____、_____、_____、_____四种。

三、问答题

1. 犬、猫为何要空腹麻醉？

2. 为何有些动物在术中容易出血且凝血不良？如何处置？

3. 写出以下手术的操作步骤。

羊脑圆锯术；犬竖耳术；眼球摘除术；犬消声术；犬食管或胃切开术；气管切开术；牛、羊瘤胃切开术；奶牛真胃变位整复手术；牛胆囊切开术；肠切除与吻合术；直肠脱出整复固定术；犬、猫卵巢及子宫切除术；剖宫产手术；肾脏切除术；膀胱切开术；前列腺摘除术；犬断尾术。

4. 写出母猪阉割术（小挑花和大挑花）的手术方法及注意预防的并发症。

5. 手术后要嘱咐宠物主人哪些注意事项？作为宠物医师，要采取哪些护理措施？

第三章 损 伤

知识目标

1. 认识创伤的种类和基本特征，了解创伤的愈合过程。
2. 认识挫伤、血肿和淋巴外渗的基本特征。
3. 了解休克、溃疡、瘘管的病因与症状特征。

技能目标

1. 能进行创伤的治疗操作。
2. 能进行挫伤、血肿和淋巴外渗的治疗操作。
3. 能进行休克、溃疡和瘘管的诊断、防治操作。

由各种外界因素作用于机体所引起的组织或器官形态及功能的破坏，伴有不同程度的局部或全身反应，称为损伤。根据皮肤及黏膜的完整性是否受到破坏，又分开放性损伤和非开放性损伤。

造成损伤的原因有：机械性、物理性、化学性及生物性等因素。机体受到锐性外力或强大的钝性外力作用，常引起开放性损伤；机体受到一般的钝性外力作用多数引起非开放性损伤。非开放性损伤包括挫伤、血肿、淋巴外渗。

第一节 创 伤

一、创伤的概念

机体受到锐性外力或强大的钝性外力作用而导致的开放性损伤称创伤。

创伤一般由六个部分组成，分别称为创围、创缘、创口、创壁、创底、创腔（图 3-1）。创围是指围绕创口周围的皮肤或黏膜；创缘是指被损伤的皮肤、黏膜及其下的结缔组织；创口是指创缘之间的空隙；创壁是指损伤的肌肉、筋膜及位于其间的疏松结缔组织；创底是指创伤的最深部；创腔是指两创壁之间空隙，管状创腔又称为创道。

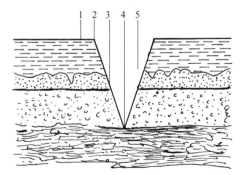

图 3-1 创伤各部名称
1—创围；2—创缘；3—创壁；
4—创底；5—创腔

二、创伤的症状

1. 新鲜创的症状

手术创和 8～24h 以内的污染创都称为新鲜创，

其主要症状有出血、创口裂开、疼痛及功能障碍。

(1) 出血 出血是新鲜创的主要特征，故在创伤急救时要特别注意止血。出血量的多少取决于受伤的部位、组织损伤的程度、血管损伤的状况和血液的凝固性等。动脉、大静脉及内脏损伤时，多数呈持续性出血，应该及时止血。急性大出血往往导致失血性休克或死亡。

(2) 创口裂开 因受损组织的断离和收缩而致。活动大的部位，深而长的创伤裂开显著。如关节部、鬐甲部、肌腱部及肌肉横断的创伤，伤口显著裂开。

(3) 疼痛及功能障碍 因感觉神经纤维受到损伤所致。其程度取决于损伤的程度、神经的分布以及动物种属和个体差异。富有感觉神经纤维分布的器官、组织受伤时疼痛剧烈，如蹄冠、外生殖器、肛门、腹膜、骨膜等。由于疼痛和受伤部的解剖学结构被破坏，常出现肢体的功能障碍。

(4) 各种新鲜创的特征

① 刺伤：是由尖锐细长物体刺入组织而致。常见的致伤物有钉子、铁丝、耙齿、叉子、竹签等。由于创口小、创道长而狭，创口易被血污封闭，创道内留有血凝块及异物，使刺伤极易感染化脓，且使动物易患破伤风。因此，应该及时彻底清创，必要时扩创，并注射破伤风类毒素或抗毒素。发生于体腔的刺创，易成为透创，应该特别注意。

② 切割创：由各种锐利物体所致，如刀具、薄金属片、玻璃片等。其创缘、创壁较平整，疼痛较轻、出血较多，创口明显，常常造成神经、血管等组织断裂。一般经适当的外科处理，可以较快愈合。

③ 砍创：由刀、斧、锛等砍击而致。由于致伤物体重，砍击力强，所以伤口较大，疼痛剧烈，出血多，常伴有骨膜损伤。

④ 挫伤：钝性外力（打击、冲撞、压挤、蹴踢、跌倒等）作用而致。其创形不整，创面大，出血少，疼痛剧烈，创伤内存有较多的挫灭组织及血凝块，且创伤多被尘土、粪块、被毛等污染，故极易感染化脓。

⑤ 裂伤：由钉子、钩子等尖锐物体导致皮肤等撕裂而造成的损伤。其出血多、疼痛剧烈、创形不规则，创壁、创底凹凸不平，创口明显，撕裂组织易发生坏死或感染。

⑥ 压创：由车轮碾压或重物挤压而致。其出血较少，疼痛轻，创内存有大量的挫灭组织，有的皮肤缺损或形成粉碎性骨折。一般污染严重，易感染化脓。

⑦ 咬创：由动物撕咬而致。其接近于刺创、裂创或缺损创。出血较少，创伤内常有挫灭组织。易感染、并继发蜂窝织炎。

⑧ 缚创：由粗糙的新绳捆绑而致。其易感染，常发于系、跗部。

⑨ 毒创：由毒蛇、毒蜂等咬蜇而致。创部呈点状损伤，疼痛剧烈，肿胀迅速，随后出现坏死。毒素进入机体能引起迅速而严重的全身反应，严重者可因呼吸中枢和心血管系统的麻痹而致死。

⑩ 复合创：同时具备上述几种创伤的特征。常见的有挫刺创、挫裂创等，其创缘不整齐，组织被撕裂、剥离较严重。常见于腕关节、膝关节、球关节、肩端部、前臀部等。

2. 感染创的特征

微生物进入创内并大量繁殖，对机体产生致病作用，使损伤组织出现明显的化脓性炎症，甚至引起机体的全身性反应。

三、创伤的愈合

创伤的愈合过程分为第一期愈合，第二期愈合和痂皮下愈合。

1. 第一期愈合

其为一种比较理想的愈合形式，是在没有感染以及炎症反应较轻的条件下出现的愈合方式。创内无异物、坏死灶和血肿，组织仍有活力，失活组织少，具有这些条件的创伤可完成第一期愈合。绝大多数无菌手术创可形成第一期愈合。新鲜的污染创如果及时做清创处理，一般也能形成第一期愈合。

创伤出血停止后，第一期愈合就开始了。伤口内的少量血液、血浆、纤维蛋白等共同形成纤维蛋白网将两创壁黏合。牛、猪及羊的创伤纤维性渗出物较多，其创伤的黏合比马的牢固。随后，这些黏合物质刺激创壁组织，毛细血管充血，渗出浆液、白细胞等逐渐渗入已黏合的空隙，进行吞噬、溶解和搬运，以清除创腔内的死灭细胞、纤维素、血凝块及微生物等，使创腔得以净化。创伤发生24~48h后，创壁的毛细血管内皮细胞和结缔组织细胞增生，以新生的肉芽组织将创壁连接起来，同时创缘的上皮由病灶的四周向中央生长，覆盖创面而使创口愈合。新生的肉芽组织逐渐转变为纤维性结缔组织，这时的愈合，不太牢固。这个过程需要6~7d时间，所以无菌手术创在手术后7d左右可以开始拆线。

2. 第二期愈合

化脓创为第二期愈合。伤口大量增生肉芽组织，逐渐填满创腔，随后创伤以上皮组织覆盖瘢痕组织而愈合。临床上大多数创伤病例取第二期愈合。

根据本期愈合过程中生物形态、物理学及胶体化学变化的特点，一般把此愈合过程分为两个阶段，即炎性净化阶段和组织修复阶段。

炎性净化是通过炎性反应促使创伤的自家净化。临床上主要表现为受伤组织的发炎、肿胀、增温、疼痛（简称红、肿、热、疼），然后创伤内坏死组织液化，形成脓汁流出伤口。

各种动物的创伤净化所需时间有差别，马、狗的创伤净化快，但易引起吸收性中毒；牛、羊、猪的创伤净化慢，但不易引起吸收性中毒。

组织修复的核心为肉芽组织的新生。其构成是新生的毛细血管和成纤维细胞。新生的肉芽组织由伤口边缘及底部向中心生长，使伤口收缩，创面缩小，有利于伤口的愈合。

肉芽组织本身无神经纤维分布，所以触之不痛。健康的肉芽组织呈现红色，比较坚实，表面湿润，呈颗粒状，其上有一层很薄的黏稠的、灰白色脓性物，对新生肉芽组织有保护作用。

肉芽组织的增生和创缘的上皮组织增殖是同时进行的，当肉芽组织增生高达皮肤面时，新生的上皮组织刚好覆盖创面而完成理想的愈合。若创面较大，由创缘增殖的上皮组织不能覆盖整个创面时，则形成瘢痕。瘢痕组织无毛囊、汗腺和皮脂腺。

3. 痂皮下愈合

表皮损伤，如擦伤、轻度烧伤等，受伤局部表面有血液和淋巴液渗出，在渗出物凝固干燥后，形成暗褐色的痂皮。烧伤后形成的痂皮，是由组织蛋白形成。在痂皮脱落后，露出被覆的新生上皮，其称为痂皮下愈合。若痂皮下感染化脓时，此创伤取第二期愈合。

四、创伤的检查

检查的目的是为了观察创伤的性质，决定治疗措施和了解愈合情况。

1. 一般检查

首先通过问诊，了解受伤的时间，什么物体致伤，发生创伤当时的情况及病畜的表现等。其次测量病畜的体温、呼吸、脉搏，观察可视黏膜（眼结膜等）的颜色和病畜的精神状态。再检查受伤部位和急救情况及四肢的功能障碍等。

2. 创伤检查

按由外到内的顺序，仔细检查创伤部位。首先观察创伤的部位、大小、形状、方向、性质，创口裂开的程度，出血情况，创围组织和被毛状态，有无感染现象。其次观察创缘是否平整、创壁是否肿胀、创腔内是否有挫灭组织及异物。再对创围进行仔细而轻柔的触诊，以感受局部温度的高低、疼痛情况等。

3. 实验室检查

可进行酸碱度测定、血液和脓汁检查。创面可作触片检查。

五、创伤的治疗

根据创伤的部位、程度、愈合过程、创伤的症状，制订创伤的治疗方案。

1. 一般原则

（1）抗休克　首先采取抗休克措施，待休克症状减轻后再做清创处理，但对于大出血、胸壁穿透创等严重的创伤和症状，就应该在抗休克的同时，进行针对性治疗。

（2）防治感染　动物受伤后，为预防化脓性感染，应立即应用抗生素，同时彻底处理创伤，使污染的创伤变为清洁的创伤，并进行缝合。

（3）促进水、电解质平衡　通过输液可以纠正水、电解质失衡状况。

（4）消除影响创伤愈合的因素　在治疗创伤时，应消除影响创伤愈合的因素，促使创伤尽快愈合。

（5）加强饲养管理　应提供营养丰富的饲料，增强抵抗力，促进创伤愈合。

2. 治疗方法

（1）新鲜创的急救

① 止血：应根据出血情况采用适当的止血方法，如用止血药、手术止血等。

② 处理创围、创面：创围剪毛、消毒，消毒创面，撒布磺胺粉，并包扎。

③ 制动绷带：当四肢骨折或腱断裂时，患部应包扎制动绷带。

④ 预防破伤风：可给动物注射破伤风类毒素或破伤风抗毒素。

⑤ 对症用药：根据病情，可应用强心剂、止痛剂或输液等。

（2）创伤的治疗程序　对于一般的创伤，应按下列程序进行治疗。

① 清洁创围：其目的为防止创伤感染，促进创伤愈合。用灭菌纱布覆盖创面，由外向创缘依次剪毛，剪毛范围以距创缘 10cm 左右为宜。若被毛被血液或分泌物黏着时，可用 3% 过氧化氢溶液浸湿、洗净后再剪毛，随后用 0.1% 新洁尔灭溶液洗净创围，这时要严防药液流入创腔。最后用 5% 碘酊消毒创围，再用 75% 酒精脱碘。

② 清洁创腔

a. 新鲜创：首先除去覆盖在创伤上的纱布，然后用生理盐水冲洗创面，并用镊子除去异物等，再用生理盐水或防腐液彻底冲洗创伤，直到清洁为止。用灭菌纱布吸净创腔内液体。向创面撒布氨苯磺胺粉等。包扎绷带。对于创口较大的创伤，除上述处理外还应缝合后再包扎。

有些创伤，创缘、创壁不平整，应施行扩创或切除术。在严格无菌操作的条件下，修整创缘、扩大创口、切除创内挫灭组织（暗红色、切时不出血）直到新鲜组织（切时流鲜血）、消除创囊、除去异物等，彻底暴露创底。用消毒液（如 0.1%～0.2% 高锰酸钾溶液、3% 过氧化氢溶液等）冲洗创腔、用灭菌纱布吸净创腔内残留的药液。撒布抗菌药物后再对创伤进行缝合及包扎。

b. 化脓创：化脓初期创面呈现高酸性反应，其影响吞噬作用和肉芽生长，应选用生理盐水、2% 碳酸氢钠溶液等碱性药液冲洗创腔。

若创伤污染严重，有厌氧菌、铜绿假单胞菌、大肠杆菌感染的可能时，应选用 0.1%～0.2% 高锰酸钾溶液等酸性药液冲洗创腔。

c. 肉芽创：肉芽创的冲洗，不可选用刺激性强的药液。若分泌物较多时，可用生理盐水、0.1%～0.2% 高锰酸钾溶液等冲洗。

③ 清创手术：对于新鲜创、重度污染创、化脓创可进行清创处理。用灭菌手术器械清除创内的异物、血凝块，切除挫灭组织，消除凹壁及创囊，合理扩创有利于创液排出。化脓创的创囊过深时，可在低位作反对孔，便于排脓。

④ 创伤用药：其目的为防止创伤感染，促进炎性净化，加快上皮组织和肉芽组织的新生。若创伤严重感染，为了灭菌，应及早用广谱抗生素，如头孢类等；对严重的化脓创，为了灭菌和加快炎性净化，应使用抗生素和加快炎性净化的药物，如 8%～10%氯化钠溶液等；对肉芽创应选用保护和促进肉芽生长及加快上皮新生的药物，如 10%磺胺鱼肝油、金霉素软膏、龙胆紫溶液等。

⑤ 创伤的缝合：其目的为防感染，促进愈合。分为初期缝合、延期缝合和肉芽创缝合。初期缝合是对受伤后数小时的清洁创或经彻底外科处理的新鲜污染创施行的缝合。适合初期缝合的条件是：创内无挫灭组织、异物及血凝块，创缘、创壁完整，缝合后不至于影响局部血液循环。满足以上条件的创伤可做初期密封缝合或部分缝合。经此缝合的创伤，若出现剧痛、显著肿胀且体温有升高现象时，应及时全部或部分拆线，进行开放疗法。

延期缝合是对创伤治疗 3～5d 后，若无感染，而进行的缝合。

肉芽创缝合又称二次缝合，是对于生长良好的肉芽创进行的缝合，能加速愈合，减少瘢痕形成。此缝合必须具备的条件为创内应无坏死组织，肉芽组织呈红色平整颗粒状，脓汁较少。经彻底的外科处理后，可对肉芽创施行接近缝合或密闭缝合。

⑥ 创伤的引流：当创道长、创腔内存有坏死组织或创底潴留渗出物等时，为使创内炎性渗出物流出创外而采取的措施。常用纱布条等作为引流物，其放置方法为用长镊子将引流纱布条的两端分别夹住，先将一端疏松地导入创底，另一端游离于创口下角。引流作用为借助引流物（纱布条、胶管、塑料管等）将药物（青霉素溶液、中性盐类高渗溶液等）导入创腔内直至创底，使药物和创壁、创底均匀接触，作用时间长。同时引出创内炎性产物及脓汁。初期，每日更换引流物。若创伤肿胀、渗出物增多，且体温升高时，应及时更换引流物。若创内脓汁较少，肉芽组织生长良好时，应停止引流。

⑦ 创伤的包扎：应根据创伤的不同性质、部位，地区及季节来决定。一般经过外科处理的新鲜创都要进行包扎。夏季为防蝇、冬季为保暖，也应包扎。包扎对创伤有固定和防感染作用，且能保持创伤安静，有利于创伤愈合。包扎绷带由三层组成，由内到外依次为吸收层（灭菌纱布块）、接受层（灭菌脱脂棉块）、固定层（绷带）。当绷带已浸湿，脓汁排出障碍，创伤需处理时，都要更换绷带。

⑧ 全身性治疗：对局部化脓性炎症严重的病畜，不论有无全身症状，可静脉滴注 10%氯化钙注射液 100～150mL，5%碳酸氢钠注射液 500～1000mL（大动物用），能减少炎性渗出和防止酸中毒，必要时连续使用抗生素或磺胺类药物，同时进行强心、输液等措施；若新鲜创严重污染，应使用抗生素或磺胺类药物，注射破伤风抗毒素或类毒素；为补充体液，可以静脉滴注 6%中分子右旋糖酐等。

六、影响创伤愈合的因素

1. 创伤感染

创伤感染化脓是创伤愈合缓慢的主要因素，其一因病原菌的作用，使伤部组织损坏更大，愈合慢；其二机体吸收了细菌毒素及有害的炎性产物，导致机体抵抗力下降，影响创伤的修复过程。

2. 创内有异物或坏死组织

若创腔内有异物或坏死组织时，创伤的炎性净化过程不会停止，化脓不会结束，创伤也不会愈合。

3. 局部血循环障碍

若受伤部炎性反应较强，就会造成其血液循环不良，创伤组织既得不到充足的营养物，又不能将局部代谢产物排出，影响了创伤的净化和肉芽、上皮组织的生长，使愈合迟缓。

4. 创伤不安静

若创伤部位活动过强，易造成新的损伤，且损伤了新生肉芽组织，从而影响创伤愈合。

5. 创伤处理不合理

若止血不充分、清创不彻底、缝合不合理、外科处理频繁及不遵守无菌原则、用药不合理等，都会影响创伤愈合。

6. 机体缺乏维生素

机体缺乏维生素 A 时，上皮生长迟缓；缺乏 B 族维生素时，神经纤维再生障碍；缺乏维生素 C 时，新生肉芽组织水肿、易出血；缺乏维生素 K 时，血凝变慢；缺乏维生素 D 时，骨组织修复缓慢，延迟创伤的愈合。

第二节　软组织的非开放性损伤

临床上常见的有挫伤、血肿和淋巴外渗。

一、挫伤

挫伤是较强的钝性外力直接作用于机体，引起软组织的非开放性损伤。

1. 病因

家畜被踢、抵、车辆冲撞、跌倒、棍棒打击、鞍挽具过度摩擦等。

2. 症状

受伤部被毛脱落、皮肤擦伤。伤部出现溢血、肿胀、疼痛和器官功能障碍。

（1）**溢血**　溢血多少和受损血管数量、大小及周围组织的性状有关。致密组织内溢血少，疏松组织内溢血多。较轻的溢血呈斑点状，严重的溢血可以形成血肿。

（2）**肿胀**　受伤的组织由于炎性渗出、溢血和淋巴外渗等原因造成肿胀。轻度的挫伤，肿胀较轻，呈红色或紫色，质地坚实，局部稍增温。严重挫伤，肿胀迅速，局部质地坚实。

（3）**疼痛**　轻微挫伤引起的疼痛短暂，重度挫伤可出现暂时性的知觉丧失。

（4）**功能障碍**　四肢挫伤可引起跛行，胸部挫伤可引起呼吸障碍。

3. 治疗

治疗原则是制止溢血和渗出，防止感染、休克和酸中毒，镇痛消炎，促进吸收和功能的恢复。

（1）**轻度挫伤**　清洁创面后，涂擦龙胆紫溶液或 2% 碘酊。若创面渗出物较多，可撒布消炎粉。

（2）**重度挫伤**　可进行全身治疗。静脉滴注 5% 碳酸氢钠注射液、5% 葡萄糖氯化钠注射液、肌内注射 30% 安乃近注射液等。

为预防感染，可应用抗生素或磺胺类药物。一般挫伤可先进行冷却疗法（制止渗出、疼痛），2~3d 后改用温热疗法（促进吸收、恢复功能）。

二、血肿

血肿是机体在外力作用下，血管破裂，流出的血液分离周围组织，形成充满血液的腔洞。多发生在胸部、腹部、臀部、腕部和鬐甲部。

1. 病因

血肿主要发生在骨折、刺伤、挫伤及火器伤的病程中。

2. 症状

受伤部迅速肿胀，肿胀有明显的波动感，局部皮肤较紧张。4～5d后肿胀的中央部有波动感，周围坚实，触压有捻发音，局部增温。穿刺时可排出血液。有时出现体温升高等全身症状。

3. 治疗

治疗原则为止血、排出积血和防止感染。可以先在受伤部涂擦碘酊，并装压迫绷带。4～5d后，可以切开血肿，清除积血或血凝块和挫灭组织，清创后缝合切口或实行开放疗法。

三、淋巴外渗

淋巴外渗是机体在钝性外力作用下，因淋巴管破裂，导致淋巴液滞留于组织间隙的一种非开放性损伤。

1. 病因

它是钝性物体在畜体上强行滑擦，导致皮肤、筋膜和其下部的组织分离，淋巴管破裂。淋巴外渗多发于淋巴管丰富的皮下结缔组织。多发于颈基部、胸部、鬐甲部、肩胛部及腹侧部等。

2. 症状

受伤部肿胀缓慢，3～4d后出现肿胀，并逐渐明显，质地较软，有明显的波动感。浅表的淋巴外渗呈囊状隆起，界限明显；较深的淋巴外渗肿胀较均匀，界限不清。穿刺液呈稀薄、透明、橙黄色或微红黄色。久之肿胀、质地变硬。

3. 治疗

让动物保持安静，以减少淋巴渗出。禁止使用按摩、温热及冷却疗法，以免促进淋巴外渗或皮肤坏死。

对于较小的淋巴外渗，可进行穿刺疗法。先用灭菌注射器抽出淋巴液，然后再注入95%酒精或1%～2%碘酊等，半小时后将其抽出，并装压迫绷带。

对于较大的淋巴外渗，应早期无菌切开。切开后，先清除渗出物等，然后用酒精福尔马林液（95%酒精100mL、福尔马林1mL、碘酊数滴）冲洗，并用浸有上述药液的纱布填塞创腔，皮肤切口作假缝合。每两天换药一次。当渗出明显减少时，可按创伤治疗。

第三节　损伤并发症

一、休克

休克是机体受到强烈的刺激引起微循环血量锐减，微循环障碍，导致全身性细胞缺氧，代谢和功能紊乱。

1. 病因

多见于严重的外伤、大出血、大神经干损伤、骨折、过度地牵张肠系膜等。

2. 症状

根据休克的发展过程，一般可分为三个时期。

（1）初期（微循环缺血期）　动物呈兴奋状态。皮温下降，黏膜苍白，排尿、排粪失禁。呼吸加快，脉搏快而充实。该期持续时间短（短则几秒，最长不超过1h），常被忽略。

（2）**中期（微循环瘀血期）** 动物呈抑制状态。精神沉郁、不思饮食，视觉、听觉、痛觉反应消失。全身或局部颤抖，行走不稳。黏膜发绀、瞳孔散大、血压下降、体温降低，如不及时抢救，可导致死亡。

（3）**晚期（微循环衰竭期）** 动物昏迷，体温继续下降，血压急剧下降，呼吸快而浅表，脉搏快而微弱，无尿。

3. 治疗

治疗原则为消除病因、改善微循环、提高血压、除去毒血症、缺氧症和恢复代谢。

（1）**消除病因** 对出血性休克，关键是及时止血，并迅速补充血容量。对伴有剧痛的要及时应用止痛剂，如吗啡、杜冷丁等。对中毒性休克，要尽快除去感染源，对化脓性灶、脓肿、蜂窝织炎要尽早切开引流，并合理使用抗生素。对急腹症引起的休克，首先要缓解症状，再及时采取手术治疗。

（2）**补充血容量** 先给动物静脉滴注乳酸钠林格液，大动物 20～40mL/kg，犬 90mL/kg，猫 50mL/kg。然后，再静脉滴注 6％右旋糖酐。必要时，可输入全血或血浆。

（3）**纠正酸中毒** 轻度的酸中毒可用生理盐水，中度以上的酸中毒需用 5％碳酸氢钠注射液，配合注射过氧化氢，能提高疗效。

（4）**激素疗法** 糖皮质激素可治疗休克，早期应大剂量使用。如地塞米松 15mg/kg 等，常用于出血性休克、败血性休克和过敏性休克的治疗。

（5）**抗生素疗法** 为预防或控制感染，休克早期一般可应用广谱抗生素。若配合糖皮质激素时，抗生素要加大用量。

（6）**血管活性药物的应用** 心源性休克的病畜，可静脉滴注毒毛花苷 K 等。在休克初期为升血压可使用肾上腺素。在扩充血容量后，可使用异丙肾上腺素。为治疗过敏性休克，可使用 0.2％多巴胺注射液 2mL（大动物）。

二、溃疡

皮肤或黏膜上经久不愈合的病理性肉芽创称为溃疡。其表面为细胞分解产物、细菌及脓性分泌物或腐败分解产物；其深部为生长缓慢的肉芽。溃疡病灶周围常伴有慢性炎症。

1. 病因

局部血液、淋巴循环和物质代谢紊乱，机体缺乏维生素和内分泌紊乱；异物、分泌物及排泄物的刺激；慢性消耗性疾病的局部表现，如肿瘤、糖尿病等。某些外科感染、传染病和炎症的刺激等。

2. 分类、症状及治疗

（1）**单纯性溃疡** 有少量浓稠黄白色的脓性分泌物覆盖在肉芽表面，干涸后可形成痂皮，其脱落后，露出蔷薇红色肉芽，表面平整，颗粒均匀。上皮生长慢，呈淡红色或紫色。溃疡病灶周围肿胀。

治疗可应用含 2％～4％水杨酸的锌软膏、鱼肝油软膏等，促进肉芽的正常发育和上皮形成。

（2）**炎症性溃疡** 多数因机械性、理化性、分泌物和排泄物的长期作用而形成。肉芽呈鲜红色，表面脓汁较多。局部增温，周围肿胀，触诊有痛感。

治疗时，局部禁用有刺激性的药物。若有脓汁潴留，应及时扩创排净脓汁。病灶周围可使用青霉素普鲁卡因溶液封闭。为了防止从溃疡表面吸收毒素，可用浸有 20％硫酸钠或硫酸镁溶液的纱布盖在创面上。

（3）**蕈状溃疡** 多发于四肢末端。肉芽表面有少量脓性分泌物。肉芽呈紫红色，易出血，往往高于体表，呈大小不同、凹凸不平的蕈状突起。上皮生长缓慢，病灶周围有肿胀。

治疗时，可剪、切、烧烙除去。也可用烧碱、20％硝酸银溶液等腐蚀除去。也可用 CO_2 激光除去等。

（4）褥疮性溃疡　局部长期受压，导致血液循环不良而发生皮肤坏疽。多发生在机体突出部位。坏死的皮肤脱毛、干涸，呈灰褐色或黑色。坏死部与周围界限明显。坏死的皮肤等组织脱落后，露出不易愈合的肉芽创，其表面有少量黄白色的黏稠脓汁。

治疗时为预防褥疮的发生，对长期不能站立的动物，应提供较厚的垫草，经常让动物变换卧姿。选用3％～5％龙胆紫酒精溶液或3％煌绿溶液涂患部，每日2～3次。多晒太阳或应用紫外线和红外线照射可促进褥疮的愈合。

三、瘘管

瘘管是深部组织、器官的脓窦或解剖腔与体表相通的狭窄不易愈合的病理性管道。由管口、管壁、管腔及管底组成。确切地讲，深部组织、器官的脓窦与体表相通的盲管应称窦道；解剖腔与体表相通的管道才称瘘管。因为两者的病理性质相同，所以统一在瘘管中叙述。

1. 病因

① 创内存留的异物（沙石、被毛、谷芒、金属丝、被污染的缝合线、纱布及棉球等），长期刺激并化脓形成瘘管。

② 对脓肿、蜂窝织炎、开放性骨折等疾病处理不合理、不及时，也能形成瘘管。

2. 症状

初期化脓严重，从管口不断地排出大量稀脓汁。病久，管腔内有少量浓稠脓汁存留，有恶臭味。若瘘管与腺体相通时，从管口排出腺体分泌物，如唾液、乳汁。若瘘管与消化道相通时，从管口排出胃肠内容物。

管口向内凹陷呈漏斗状。管腔内可能存在异物或坏死组织。

3. 治疗

治疗原则是彻底除去管腔内异物、坏死组织，顺畅引流。

（1）简单的瘘管　清洁创围，先应用3％过氧化氢溶液、0.2％高锰酸钾溶液等冲洗管腔，接着用锐匙彻底刮净管壁，并取出异物。用消毒剂再次冲洗管腔，随后向管腔内注入10％碘仿醚。

（2）手术疗法　手术前一天向管腔内注入2％～5％龙胆紫溶液或5％美蓝溶液，让管壁着色，便于手术时辨认。在探针的指引下，切开管壁，并切除或刮净管壁。用消毒剂冲洗管腔后，向创腔内注入碘仿醚或魏氏流膏。

瘘管通向解剖腔时，先用纱布堵塞管口（瘘管体表的口），作梭形切口切开管口周围的组织，分离瘘管，找到内口（瘘管解剖腔端的口）并在此处切断管壁。缝合解剖腔壁的切口。用消毒剂彻底冲洗创腔，再用灭菌纱布拭净创腔内残留的药液，然后，于创腔内撒布抗菌药粉。用外科手术法闭合创腔。

实训十六　创伤的治疗

【实训目的】
通过观察、进行创伤的治疗，掌握创伤治疗的基本技能和各种外科防腐剂的使用方法。

【实训内容】
1. 观察新鲜创、化脓创和肉芽创的临床特征。
2. 新鲜创、化脓创和肉芽创的治疗。

3. 熟悉外科处理常用防腐剂及其使用方法。

【设备与材料】

1. 患新鲜创、化脓创和肉芽创的病畜各一例，也可给实习动物人造各种创伤。

2. 剪毛剪2把，外科剪2把，外科刀1把，探针1个，大、小镊子2把，量尺1个，器械盘1个，贮槽1个，洗手盆1个，毛巾，毛刷等。

3. 外伤用药：水溶性防腐剂、油膏防腐剂和粉末防腐剂各备三种以上，酒精棉球，碘酊棉球，生理盐水等。

【方法与步骤】

1. 将患新鲜创、化脓创和肉芽创的病畜各一例保定在四柱栏或六柱栏内。

2. 教师按新鲜创、化脓创和肉芽创的顺序进行观察其临床特征与治疗方法、步骤示教。

（1）新鲜创发生于8～12h，尚未有明显感染的创伤，或污染创而未发生感染的创伤。临床上表现为出血、疼痛和创口裂开等症状。

（2）化脓创为有明显化脓、炎症的创伤。可见脓汁从创口流出。根据化脓创的发展过程，分为两个阶段。

① 化脓期创内有较多的脓性产物，不断流出。脓汁有不同颜色、气味和黏稠度，据此能初步鉴别导致化脓的细菌种类，以便于决定用药种类。

② 肉芽期化脓性炎症渐轻后，创伤出现新生肉芽组织。

3. 治疗方法与步骤主要由教师示教，一部分同学可参加助手工作。教师在操作过程中，提问、操作和讲解相结合。

（1）新鲜创的治疗

① 止血：只要有出血现象的创伤，首先要及时合理止血。

② 清洁创围：将灭菌纱布块放在创腔内，最好高于创口。剪去创缘外5～10cm的被毛，剪毛时，要防止异物落入创内。先用温肥皂水洗净创围，然后用酒精棉球彻底擦净创围皮肤，最终用5%碘酊消毒。

③ 清理创腔：用镊子除去被毛、异物、血凝块等。必要时，修整创缘、创壁，扩大创口，消除创囊等。用生理盐水、0.1%高锰酸钾溶液等，彻底冲洗创腔。然后用灭菌纱布轻轻蘸干创内残留药液。

④ 创伤用药：撒布青霉素或氨苯磺胺粉等。

⑤ 缝合：对创缘、创壁整齐的创伤可进行缝合，争取第一期愈合。对创缘、创壁不平整，污染较重的，不可缝合，进行开放疗法。

⑥ 包扎：根据创伤的具体情况，合理包扎。

（2）化脓创的治疗

① 清洁创围：同新鲜创。

② 冲洗创腔：用外科防腐剂反复冲洗创腔，直至洗净脓汁。防腐剂的选择要依据创伤的炎性净化阶段、脓汁性质，来选用药物。

③ 创内酸性反应时，应选用中性或碱性药物，如生理盐水、2%碳酸氢钠溶液、0.1%雷佛奴尔溶液等。

④ 当创伤污染严重，并有可能感染厌气菌、铜绿假单胞菌、大肠杆菌时，应选用酸性药物，如0.1%～0.2%高锰酸钾溶液、2%～4%硼酸溶液等。

⑤ 要注意脓汁的色泽或涂片检查，判定感染细菌的种类，以便于针对性地选择药物。此外，使用高渗盐水冲洗创腔能加快炎性净化。

⑥ 处理创腔：冲洗、排脓汁，除去创内异物、坏死组织及创囊。如排脓不畅，可在低位

作辅助切口排脓。

⑦ 引流：创腔冲洗干净后，根据具体情况，用大小、长短合适的纱布条浸药液（如 20％硫酸镁溶液、10％氯化钠溶液、0.1％雷佛奴尔溶液等），将纱布条一端送入创腔，直至创底，另一端留在创口外。为防止纱布条掉落，可将创口临时缝合，固定纱布条，但不能影响引流。一般不包扎。

（3）肉芽创治疗

① 清洁创围：同新鲜创。

② 清洁创面：由于化脓性炎症逐渐停止，创内有新生的肉芽组织，清洁创面时要注意保护肉芽组织，因此应使用无刺激性的或弱防腐液浸透的棉球轻拭，除去肉芽上的脓汁。常用生理盐水、0.1％高锰酸钾溶液和 0.1％雷佛奴尔溶液等药物。

③ 应用药物应使用刺激性弱、促进肉芽组织生长的药物。如 10％磺胺鱼肝油、青霉素鱼肝油等。

④ 当肉芽组织将要充满创腔时，为了促进上皮组织生长，可选用氧化锌水杨酸软膏或自家血液灌注等疗法。此外也可于创面上涂龙胆紫液。

⑤ 赘生肉芽组织，对较小的可用硝酸银或硫酸铜腐蚀，对较大的可用高锰酸钾粉研磨，使其形成痂皮。

【注意事项】

（1）创伤治疗中所能应用的防腐剂应该备齐，以便学生了解。

（2）用作引流的纱布条，应适合具体的创腔。一般其愈长，则愈宽。若长而窄，达不到引流的目的。

（3）合理用药，有利于创伤的愈合。有化脓性炎症时，每日用药一次，若化脓停止，生长肉芽时，隔 2～3d 用药一次。

【实训报告】

总结新鲜创、化脓创和肉芽创治疗的异同点。

实训十七　脓肿的诊断和治疗

【实训目的】

了解脓肿的症状，掌握脓肿治疗的操作技能。

【设备与材料】

（1）器械、药品：常规手术器械、常规防腐消毒药品等。

（2）实验动物：实验犬、兔或临床病例。可在实训前 1 周给实验动物颈部、胸壁皮下注射松节油 5～10mL，人工制造脓肿。

【方法与步骤】

1. 脓肿的诊断

（1）临床诊断　临床表现为局部温度升高，肿胀，疼痛，触诊有波动感，皮肤与皮下组织水肿。

（2）鉴别诊断　注意与水肿、血肿、肿瘤等进行鉴别诊断。

（3）穿刺诊断　局部剪毛消毒后，用大号的注射针头，选择波动明显的低部位，垂直刺入脓肿腔，内容物可自动流出，或安上注射器吸出内容物，如流出脓汁，即可确定为脓肿。

2. 脓肿的治疗

（1）切开　术部常规处理。切开前用针头穿刺排出一部分脓汁，选择柔软的部位，用刀尖刺入皮肤慢慢切开，下刀不宜过深，以防破坏对侧脓肿膜，而使脓汁扩散。

（2）排脓 切开脓肿后，用生理盐水或消毒液冲洗脓腔，彻底排出脓汁。

（3）脓腔的处置 浅在性脓肿，用防腐消毒液反复清洗后小心除去脓腔内异物或坏死组织。深在性脓肿，可用挥发性防腐消毒剂，排除脓汁后，将浸有松碘油膏或磺胺碘甘油或0.1％雷佛奴尔液的纱布块放入脓肿腔内引流，以保证脓汁通畅排出。

（4）全身疗法 除局部处理外，要根据脓肿的大小、感染程度配合全身治疗。

【注意事项】

（1）选择成熟的脓肿病例，使学生按压体会波动感。

（2）穿刺诊断时，要防止针头刺透对侧的脓肿膜而引起深层组织感染。

（3）脓肿切开时，不要伤及对侧脓肿膜，同时要彻底清除脓腔内的坏死组织，否则易引起脓汁扩散及影响愈合。

（4）有明显包囊时（病程久者），可考虑将其完整摘除。

【实训报告】

写出脓肿诊断与治疗体会。

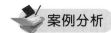 **案例分析**

［病例1］ 犬下颌部外伤且昏睡

［疗法］ 检查发现外伤是一个直径3cm的小洞。给犬皮下注射止血敏0.5g、安钠咖0.5mL。按照创伤治疗程序进行剪毛去污、冲洗创腔、缝合创口。术后静脉滴注5％葡萄糖溶液200mL＋维生素C 500mg，同时连续应用抗生素3d。

［效果］ 术后第5天体温正常，能直立，第7天创口愈合良好，第10天基本恢复正常。

［分析］ 清创前给予止血药，能预防更多的出血；给强心药能尽快促进犬苏醒。创腔冲洗要彻底，避免异物残留，影响愈合。术后静脉注射葡萄糖、维生素能补充能量、营养，应用抗生素能有效预防感染。

［病例2］ 牛左侧面部外伤

［疗法］ 用雷佛奴尔水清洗创围、创面，清除异物、坏死组织。用3％碘酊涂布创面，待创面稍干后将高锰酸钾细粉末涂擦在创面上。

［效果］ 一次用药能治愈。

［分析］ 皮肤小损伤后，因牛蹭、磨而引起更大范围的皮肤感染。创面清洗要彻底，要求洗到创面微出血为止。涂布碘酊能消毒创面，高锰酸钾粉末有杀菌解毒、收敛结痂作用。

 **目标检测题**

一、名词解释

1. 损伤 2. 创伤 3. 挫伤 4. 血肿 5. 淋巴外渗 6. 休克 7. 溃疡 8. 瘘管

二、填空题

1. 造成损伤的原因有＿＿＿＿＿＿、＿＿＿＿＿＿、＿＿＿＿＿＿、＿＿＿＿＿＿。

2. 创伤由＿＿＿＿＿＿、＿＿＿＿＿＿、＿＿＿＿＿＿、＿＿＿＿＿＿、＿＿＿＿＿＿组成。

3. 创伤的症状有＿＿＿＿＿＿、＿＿＿＿＿＿、＿＿＿＿＿＿、＿＿＿＿＿＿。

4. 创伤的检查包括＿＿＿＿＿＿、＿＿＿＿＿＿、＿＿＿＿＿＿等。

5. 创伤的治疗原则是＿＿＿＿＿＿、＿＿＿＿＿＿、＿＿＿＿＿＿、＿＿＿＿＿＿。

6. 创腔冲洗液的选择，新鲜创常用＿＿＿＿＿＿、＿＿＿＿＿＿，化脓创常用＿＿＿＿＿＿、＿＿＿＿＿＿，肉芽创常用＿＿＿＿＿＿、＿＿＿＿＿＿。

7. 创伤的缝合可分为_____、_____、_____等。

8. 影响创伤愈合的因素有___、___、_____、_____、_____、___等。

9. 临床上常见的非开放性损伤有_____、_____、_____等。

10. 挫伤的症状包括_____、_____、_____、_____等。

11. 休克多见于严重的_____、_____、_____、_____、_____等。

12. 溃疡可分为_____、_____、_____、_____四种。

三、问答题

1. 写出创伤的愈合过程和治疗程序。

2. 感染创具有哪些特征？

3. 遇到新鲜创伤如何实施急救？

4. 给创伤安装引流有哪些具体要求？

5. 血肿和淋巴外渗有何异同点？如何进行临床处理？

6. 休克有哪些症状？如何抢救休克病畜？

7. 溃疡有哪些症状？如何进行治疗？

8. 瘘管有哪些症状？如何进行治疗？

第四章　外科感染

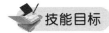
第一节　外科感染概述

一、外科感染的概念

外科感染是在一定条件下致病微生物侵入机体后，在生长、繁殖及分泌毒素的过程中所产生的机体局部和全身反应。

1. 感染途径

外源性感染为致病微生物通过皮肤或黏膜的伤口侵入机体内部，随循环达到其他器官或组织内的感染过程；隐性感染为致病微生物侵入有机体后未被消灭而存留在某部（腹膜粘连处，组织坏死部位，缝合线上及形成包囊的异物等），当机体局部和全身的抵抗力降低时引发感染。由一种致病微生物导致的感染称单一感染；多种致病微生物引起的感染称混合感染；在原发性致病微生物感染后，又有其他致病微生物感染，则称为继发感染；被原发性致病微生物反复感染称为再感染。

外科感染和其他感染不同，绝大多数由手术和损伤导致。多为混合感染，并有明显的局部症状。被感染的器官、组织常发生局限性或广泛性的化脓和坏死，治愈后局部多留下瘢痕。

2. 致病微生物

外科感染常见的化脓性致病微生物为葡萄球菌、链球菌、大肠杆菌及铜绿假单胞菌等，是引起疖、脓肿和蜂窝织炎的主要致病菌。厌气性感染的致病菌为魏氏杆菌、腐败梭菌等。腐败感染的致病菌为变形杆菌、大肠杆菌、产芽孢杆菌等。化脓性致病菌引起感染又称为非特异性感染。厌气性感染又称为特异性感染，此感染虽少见，但危害极大，严重的可导致动物死亡。

3. 病理反应

外科感染是动物有机体与致病微生物相互作用导致的局部防御性反应和全身反应。局部反应为组织变性、渗出及增生。此炎性反应对控制外科感染的发生和发展起重要作用。

二、外科感染发生发展的基本因素

基本因素包括有机体的防卫功能和促使外科感染发展的因素两类。

进入有机体的致病微生物在条件适宜的情况下，经过一定的时间即可大量生长、繁殖及产生毒素增强其毒害作用，并破坏机体的防卫功能，即表现出感染症状。外科感染发展的速度与外伤的部位、外伤组织和器官特性，创伤区安静是否遭到破坏、肉芽组织是否良好、致病菌的毒力和数量、有机体的营养状态和神经内分泌的功能状态有关。这些因素在外科感染的发生和发展上起着一定作用。致病微生物侵入有机体，且有机体抵抗力下降，有可能导致全身感染；如有机体局部防卫功能降低，有可能造成局部感染。

三、外科感染的病程演变

外科感染的演变过程是动态的，致病微生物致病力、机体的防卫功能和治疗效果的好坏决定了在感染的不同时期能够向不同的方向发展。一般有以下 3 种结局。

1. 局限化、吸收或者形成脓肿

当动物有机体的防御功能占优势时，外科感染局限化或自行吸收或形成脓肿。较小的脓肿能自行吸收，较大的脓肿在溃烂或手术引流后，转为恢复阶段，随着肉芽的生长、瘢痕形成而愈合。

2. 转为慢性感染

当有机体的防御功能和致病微生物致病力呈相持状态时，病灶局限化，形成溃疡、瘘管等，且不易愈合。此感染病灶中存有致病微生物，当有机体防御功能下降时，可出现再感染。

3. 感染扩散

当有机体的防御功能低于致病微生物的致病力时，感染迅速扩散，或经血液、淋巴循环导致严重的全身感染。

四、外科感染的诊断与防治

1. 外科感染的诊断

依据临床症状一般能够做出正确诊断，有必要时可以进行实验室检查。

（1）局部症状 化脓性感染的初期，局部出现增温、肿胀、充血、疼痛和功能障碍。有些化脓性感染不一定具备以上五个典型症状。

（2）全身症状 局部感染较重的呈现体温升高、心跳和呼吸加快、精神沉郁、食欲减退等全身症状。较重的、病程持续时间长的局部感染能继发感染性休克、器官衰竭等。严重的感染可继发败血症。

（3）实验室检查 一般呈现白细胞增多和核左移（杆状核粒细胞增多、多形核粒细胞减少）。若白细胞增多不明显或减少，可能为革兰阴性杆菌感染或机体免疫功能低下。脓汁应进行细菌培养和药敏试验，有利于针对性地选用抗生素。若怀疑有全身感染时，应做血液细菌培养（需氧、厌氧培养）检查。B超、X线检查和CT检查等有助于深部组织脓肿和腔内脓肿诊断，如脑脓肿、脓胸等。

2. 防治原则

外科感染的治疗，要有整体观念，即要消除外源性因素，切断感染源，不能只依赖于抗生素疗法和外科手术疗法；应及早预防和加强营养，充分提高有机体的防卫功能等。

3. 治疗措施

（1）局部治疗 外科感染的局部治疗能使感染局限化，减少组织坏死及毒素的吸收，使排液通畅，促进再生及愈合。

① 休息与患部制动：使患畜处于安静状态，并限制其活动，以避免刺激患部，减弱疼痛刺激。

② 局部用药：其目的为改善循环、消除肿胀、加快病灶局限化，以及促进肉芽生长。疖等可应用鱼石脂软膏，蜂窝织炎可应用 50% 硫酸镁溶液湿敷。

③ 物理疗法：其目的为改善患部循环，增强局部防御功能，促进吸收及病灶局限化。对急性外科感染的早期，可采用热敷、湿热敷、微波、超短波、红外线及紫外线治疗等疗法。

④ 手术疗法：对于已形成的脓肿应及早切开。对于没有形成的脓肿，但是局部症状剧烈，或全身症状严重，为了排出渗出物，减少吸收，阻止感染扩散，应及早切开。对于已破溃的脓肿，但脓液排出不畅，为减少吸收，促进愈合，应及早人工引流。

（2）全身治疗

① 抗菌药物：合理使用抗菌药物是治疗外科感染的重要措施。可选用对致病菌敏感的抗生素和磺胺类药物。

a. 葡萄球菌感染：轻度可以应用青霉素、复方磺胺甲基异噁唑或红霉素等。严重的感染可以选用苯唑青霉素或头孢类（如头孢唑啉钠等）和氨基糖苷类（如庆大霉素等）抗生素联合使用。如果一般的抗生素对葡萄球菌感染不起作用，可使用万古霉素。

b. 溶血性链球菌：首选青霉素，其他抗生素可使用红霉素、头孢类等。

c. 大肠杆菌及其他肠道革兰阴性菌：选用氨基糖苷类、喹诺酮类或头孢类等抗生素。

d. 铜绿假单胞菌：首选哌拉西林，也可应用环丙沙星、头孢哌酮和头孢他啶。上述药物和阿米卡星合用，效果更好。

e. 类杆菌及其他梭状芽孢杆菌：首选甲硝唑，也可使用大剂量青霉素或哌拉西林等。

f. 对轻度和较局限的感染，可以进行肌内注射。对感染严重的，应通过静脉给药。一般的抗生素，分次静脉给药疗效较好。

一般的外科感染，在局部病灶和全身状态好转 3～4d 后，可以不再用药。对于严重全身感染停药不可太早，待好转后 1 周以上，为避免再感染的发生，才可以停止用药。

② 对症治疗：对于严重的外科感染，应该及早给机体输液、利尿、清热、解毒、镇痛。为纠正酸碱失衡，可输入碳酸氢钠注射液。给机体补充葡萄糖、钙制剂及维生素，恢复神经系统的功能。

③ 加强饲养管理：给患畜提供营养丰富的草料和合理补充维生素（维生素 A、B 族维生素、维生素 C 等），有利于增强机体防卫能力和促进损伤组织的修复。

第二节　外科局部感染

外科局部感染，主要包括疖、痈、脓肿和蜂窝织炎。一般较局限化，通过合理、及时的治疗，可以较快治愈。较严重的伴有全身症状，且治愈较慢。

一、疖

单个毛囊、皮脂腺及其周围的皮肤和皮下蜂窝组织内发生的急性化脓性炎症过程称为疖。只限于毛囊的感染称为毛囊炎；同时或连续发生、且经久不愈者称为疖病。

1. 病因

致病菌多为金黄色葡萄球菌或白色葡萄球菌。在畜体皮肤受到摩擦，粪尿、汗液浸渍，维生素缺乏，毛囊及皮脂腺排泄障碍时，易导致疖的形成。

2. 病理

因局部感染、炎性浸润，随后在炎性浸润的中央部形成疖心，并逐渐形成小脓肿。疖心的构成包括坏死的毛囊、皮脂腺及其相连组织与分解的白细胞和大量的葡萄球菌。

3. 临床症状

因为动物的种类和皮肤厚薄不同，所以表现的临床症状也各异。在皮肤薄的动物体表或皮肤薄的部位发生的疖，开始呈现温热而又剧痛的圆形小结节，界限明显，较坚实，随后结节顶部形成明显的小脓疱，中心部有被毛竖立。不久在结节中央形成有明显波动且突出皮肤的小脓肿。在皮肤厚的部位发生的疖，初期肿胀不明显，较小，触诊有剧烈疼痛，随后逐渐增大；不突出于皮肤而是向周围和深部蔓延，并很快形成小脓肿。

数天后，脓肿能自行破溃流出少量乳脂样浅黄白色的脓汁，局部形成一个小的溃疡灶。随后其表面覆盖肉芽组织和脓性痂皮，最终局部形成较小瘢痕而痊愈。

疖一般只有局部症状，不呈现全身症状，但患疖病的动物有时出现全身症状，如体温升高、精神沉郁、食欲减退，奶牛产奶量下降等。动物的疖或疖病，常发生在四肢，在背、腰和臀部等处也可发生。

4. 治疗

疖和疖病的治疗原则为局部疗法和全身疗法相结合；消除能引起新疖的各种因素；防止致病菌的扩散，使疖局限化。

(1) 局部疗法 疖的初期，可将青霉素盐酸普鲁卡因溶液注射于病灶周围。如局部有剧烈疼痛者，可使用酒精热敷或紫外线照射。

① 对浸润期的疖，可涂擦新配制的5％高锰酸钾溶液，每天2～3次，也可涂擦鱼石脂软膏、5％碘软膏等。

② 当疖性脓肿形成时，应立即消毒切开。切开后，局部涂擦2％煌绿酒精、2％鱼肝油红汞、5％高锰酸钾溶液及魏氏流膏等。

③ 疖的顶部刚形成小脓疱时，做如下处理，一般能收到较好的效果。首先用5％碘酊消毒局部，然后用消毒过的缝衣针，挑破小脓疱并轻轻挤出脓液，最后再用5％碘酊涂擦局部即可。

(2) 全身疗法 当疖病大面积发生时，对患畜应进行抗菌疗法，如应用抗生素、磺胺类药物。维生素疗法是非常重要的，可给动物提供富含维生素（特别是维生素A、B族维生素、维生素C）的饲料或补充维生素。

对慢性疖病，可以进行自家血疗法，从患畜的颈静脉中采血40～50mL，并立即注入颈部皮下，可每隔3～5d用一次或连用7d为一个疗程。

5. 预防

经常保持畜舍清洁，避免畜体污染。按时刷拭畜体，除去被毛和皮肤上的灰尘和粪、尿。有条件的，可让动物多晒太阳，以减少体表的致病菌和提高防卫功能。给动物提供富含维生素的饲料等。

二、痈

痈是多个相邻毛囊、皮脂腺及其周围结缔组织的急性化脓性感染。是由致病菌同时侵入多个相邻毛囊、皮脂腺所致的。有的痈是由一个疖发展而来；有的痈是从许多个疖或疖病发展而来。它是疖和疖病的扩大化，其发病范围可达到深筋膜。

1. 病因及病理

痈的致病菌主要是葡萄球菌，其次是链球菌，有时则是两者的混合感染。它们同时侵入若干并列的皮脂腺，或者开始只侵入一个皮脂腺而导致疖的发生，此时感染先向下蔓延到深筋膜，再上升而形成多个疖，由于感染的继续扩大可能形成很大的痈。

2. 症状

痈是一个迅速增大并有剧痛的化脓性炎性浸润，此时局部组织紧张，触诊坚硬，没有明显的界线。随后，在炎性浸润的中央部分出现许多化脓点，破溃后呈蜂窝状。同时有些区域的皮肤、皮下组织发生坏死。以后痈的整个中央部分都发生坏死脱落，在其自行破溃或切开后就出现很大的脓腔。除局部症状外，患畜还呈现明显的全身症状，如寒战、体温显著升高等。患畜的白细胞明显增多，严重者可导致败血症。

3. 治疗

痈的初期，宜全身应用抗生素类药物，如青霉素、红霉素类药物，并配合病灶周围普鲁卡因封闭疗法。局部也可使用50％硫酸镁或金黄膏等外敷。若局部水肿的范围大，并出现全身症状时可以进行十字切开（一定要切至健康组织）。术后应用开放疗法。

三、脓肿

任何组织或器官中形成的外有脓肿膜包裹，内有脓汁潴留的局限性脓腔称为脓肿。若解剖腔（鼻腔、喉囊、胸膜腔、关节腔）中有脓汁潴留时则称为蓄脓，如上颌窦蓄脓等。

1. 病因

导致脓肿的致病菌主要是葡萄球菌，其次为链球菌、大肠杆菌、铜绿假单胞菌和腐败菌。致病菌经损伤的皮肤、黏膜侵入有机体并在其局部生长、繁殖的过程中形成脓肿。猪、犬的脓肿绝大多数是金黄色葡萄球菌感染导致的。牛的脓肿有时是因为感染了结核杆菌、放线杆菌形成的冷性脓肿。

除感染致病菌导致的脓肿外，给动物注射强刺激性药物，如氯化钙、高渗盐水、水合氯醛、松节油及砷制剂等局部误注或静脉注射漏入周围组织也可发生无菌性脓肿。有的脓肿是因致病菌随着血液、淋巴循环，由原发病灶转移到其他组织或器官内所形成的转移性脓肿。

由于物种不同，同一致病菌感染后患畜的反应及结果差异甚大。如马被铜绿假单胞菌感染所导致的脓肿多取慢性经过，而猪则发生脓肿并呈现严重的全身症状。

2. 病理

脓肿是机体在致病菌及致病因素作用下出现的局部急性化脓性炎症。最初，血管痉挛，随之小动脉、毛细血管扩张，以后静脉瘀血。此时局部组织出现供血不足、营养障碍、有毒的分解产物增多，即炎性组织释放出组胺、5-羟色胺、白细胞诱导素及致病菌、毒素等。以上有毒物质导致毛细血管壁通透性增高，渗出物显著增多，先后游出的是嗜中性粒细胞、单核细胞、巨噬细胞。这些细胞的吞噬作用，能有力地控制感染的发展。在酸性产物和致病菌、毒素的作用下，导致组织细胞、嗜中性粒细胞坏死。在坏死细胞释放的蛋白分解酶和致病菌释出的杀白细胞素、溶纤维酶及组织分解酶等共同作用下，溶解坏死的细胞和致病菌而形成脓汁。病灶中央部位的坏死组织因溶解形成脓腔，并在病灶周围形成脓肿膜。随着脓肿膜的形成，在临床上脓肿即告成熟。

3. 转归

较小的脓肿，由于脓汁被吸收或钙化而痊愈。多数常因脓汁的潴留，导致感染范围扩大。持续向机体表层组织侵蚀的则破溃、流出脓汁；向深部组织扩散的则形成新的脓肿或蜂窝织炎；随血液、淋巴循环转移至其他组织器官的则形成转移性脓肿。

4. 分类

（1）依据脓肿发生的部位　分为浅在性脓肿和深在性脓肿。形成于皮下结缔组织、筋膜和表层肌肉内的为浅在性脓肿；形成于深层肌肉、肌间、骨膜下和内脏器官中的为深在性脓肿。

（2）**依据脓肿经过** 分为急性脓肿和慢性脓肿。形成迅速、局部表现急性炎症的为急性脓肿；形成缓慢，没有或仅有微弱炎症的为慢性脓肿。

5. 症状

浅在性急性脓肿，初期出现急性炎症，局部肿胀，质地坚实，界限不清，局部增温，剧痛。病灶中央部软化有波动感，并可自行破溃，排出脓汁。浅在性慢性脓肿，一般经过缓慢，局部肿胀和波动明显，但增温不高，无痛或仅有轻微的疼痛。

深在性急性脓肿，局部症状不明显。患部皮下组织有微弱的炎性水肿，触诊有疼痛反应并留下压痕，病灶中央部无波动感。

有的深在性急性脓肿治疗不及时，脓肿膜发生变性、坏死，在脓汁的压力下导致皮肤破溃，排出脓汁；有的向深部发展，引起邻近组织器官感染，而表现出明显的全身症状，严重的可继发败血症。

6. 诊断

浅在性脓肿比较容易确诊，深在性脓肿可以经过诊断性穿刺和超声波检查确诊。超声波检查，不仅可以确定脓肿是否存在，而且还能检查出脓肿的发生部位和大小。进行诊断性穿刺检查时，若脓肿没有成熟或脓汁过于黏稠时，多数不能排出脓汁，但在后一种情况下针孔内常存有干涸黏稠的脓汁或脓块。

进行脓肿诊断时，需要与外伤性血肿、淋巴外渗、挫伤和某些疝（如腹壁疝等）相区别。

依据脓汁的颜色等可以确定导致脓肿的致病菌。因葡萄球菌感染形成的脓汁一般呈现微黄色或黄白色、黏稠、臭味较小。链球菌（特别是溶血性链球菌）感染形成的脓汁呈现微红色、稀薄。大肠杆菌感染形成的脓汁稀薄且有恶臭，呈现暗褐色。铜绿假单胞菌感染形成黏稠、带有苍白绿色或灰绿色的脓汁，坏死组织为浅灰绿色。腐败菌感染形成的脓汁呈现污绿色或巧克力色，稀薄且有恶臭。牛结核杆菌感染形成的脓汁稀薄并有絮状物及乳脂样块。马流产菌感染形成乳脂样、恶臭的脓汁。家兔的脓汁呈白色软膏样。鸡的脓汁多数呈灰白色、黏稠且有干酪样块。

7. 治疗

脓肿治疗原则为除去病因，消炎、止痛，提高机体的防御功能。

（1）**消炎、止痛及促进炎症产物吸收** 对于局部肿胀正处于急性炎性细胞浸润阶段时，可以局部涂擦樟脑软膏，也可以用冷疗法（如复方醋酸铅溶液、鱼石脂酒精、栀子酒精冷敷），使疼痛减弱和炎性渗出减少。在炎性渗出停止后，应改用温热疗法、短波透热疗法和超短波疗法以促进炎症产物的吸收。在上述局部治疗的同时，应根据患畜的具体情况配合抗生素、磺胺类药物对症治疗。

（2）**促进脓肿的成熟** 在脓肿的形成过程中，患部涂鱼石脂软膏、鱼石脂樟脑软膏，或采用温热疗法、超短波疗法等，可以促进脓肿成熟。当患部出现明显波动时，应该及早进行手术治疗。

（3）**手术疗法** 脓肿成熟后应及时施行手术切开、摘除或穿刺抽出脓汁。

① 脓汁抽出法：适用于关节部脓肿膜形成良好的较小脓肿。用注射器将脓腔中的脓汁尽量抽净，并用生理盐水反复冲洗脓腔，直至回流液透明，抽净脓腔内的液体，最后向脓肿腔内注入青霉素溶液。

② 脓肿切开法：切开脓肿时，应该在波动最明显且易排出脓汁处切开。若脓肿腔内压力较高时，应该先用粗针头穿刺排出一部分脓汁，减压后再切开脓肿。切开前，应对患部进行手术的常规处理，如剪毛、消毒和麻醉（局部麻醉或全身麻醉）。切开脓肿时，应施行分层切开，切口有一定的长度，以利于脓汁排出顺畅。不能损伤大的血管、神经，若有出血现象，一定要

彻底止血，并排净脓汁，防止脓肿转移。切开时不能损伤对侧的脓肿膜。为了排净脓汁，必要时可作辅助切口。对浅在性脓肿用生理盐水或防腐液反复冲洗后，再用灭菌脱脂纱布轻轻吸出脓腔中的残液。对切开的脓肿应按化脓创进行外伤处理。

③ 脓肿摘除法：适用于脓肿膜完整的浅在性小脓肿。要彻底地剥离脓肿周围的组织，不能切破脓肿膜，取出完整的脓肿。创腔中撒布消炎粉后，对创伤进行密闭缝合，争取第一期愈合。

四、蜂窝织炎

发生于疏松结缔组织的急性弥漫性化脓性感染称为蜂窝织炎。其常发生在皮下、筋膜下及肌间的疏松结缔组织内。特征是局部呈现浆液性、化脓性和腐败性渗出，并伴有明显的全身症状。

1. 病因

导致蜂窝织炎的致病菌主要为溶血性链球菌，其次是金黄色葡萄球菌。比较少见的为腐败菌感染或化脓菌和腐败菌混合感染。一般多为经皮肤的微小创口而引起的原发性感染，也可继发于邻近组织的化脓性感染的扩散，或经血液循环和淋巴道转移。

刺激性强的药物（如松节油、水合氯醛溶液、高渗氯化钠溶液等）误注或漏入疏松结缔组织内，也可引起蜂窝织炎。

2. 病理

蜂窝织炎的发生发展主要取决于患畜的防御功能、局部解剖学特点和致病菌的种类、毒力和数量。当机体防御功能显著下降时，同时皮肤发生创伤导致化脓性感染，或者创腔内有大量血凝块、坏死组织、异物或治疗不当等，破坏了肉芽组织防卫面，造成感染的扩散而发生蜂窝织炎。

蜂窝织炎的初期，因疏松结缔组织内发生急性浆液性渗出，导致局部水肿。最初的渗出液透明，随着白细胞的不断渗出，呈现混浊现象。随后白细胞（主要为中性粒细胞）游走到发炎组织并不断死亡、崩解，释放出蛋白溶解酶；同时致病菌和患部的坏死组织细胞崩解时，也能释放出组织蛋白酶等溶解酶，在两者共同作用下，发生组织溶解坏死，最终形成化脓性浸润。若为化脓性浸润，大约经过 2d 就能形成化脓灶，随后化脓性浸润的疏松结缔组织呈现弥漫性化脓性溶解或形成蜂窝织炎性脓肿。此外，链球菌产生的透明质酸酶和链激酶能够加快结缔组织基质和纤维蛋白的溶解，促进致病菌和毒素沿着疏松结缔组织间隙向四周蔓延而引起化脓性感染。

3. 分类

(1) 根据蜂窝织炎发生部位的深浅 可分为浅在性蜂窝织炎和深在性蜂窝织炎。发生于皮下、黏膜下的称为浅在性蜂窝织炎；发生于筋膜、肌间、软骨周围及腹膜下的称为深在性蜂窝织炎。

(2) 根据渗出液的性状和组织的病理学变化 可分为浆液性蜂窝织炎、化脓性蜂窝织炎、厌气性蜂窝织炎和腐败性蜂窝织炎。若化脓性蜂窝织炎伴有皮肤、筋膜和腱的坏死时则称其为化脓性坏死性蜂窝织炎。化脓菌和腐败菌混合感染导致的化脓性腐败性蜂窝织炎临床上也多见。

(3) 根据蜂窝织炎蔓延的范围 可分为局限性蜂窝织炎和弥漫性蜂窝织炎。

(4) 根据蜂窝织炎发生的部位 可分为关节周围蜂窝织炎、淋巴结周围蜂窝织炎、食管周围蜂窝织炎、股部蜂窝织炎和直肠周围蜂窝织炎等。

4. 症状

蜂窝织炎病程发展很快，迅速呈现明显的局部症状和全身症状。

(1) 局部症状 因局部急性浆液性渗出、化脓性浸润，短时间内导致大面积肿胀。浅在性蜂窝织炎呈现弥漫性肿胀，最初按压时能形成压痕。随着组织坏死、溶解和化脓，患部有波动感。深在性蜂窝织炎肿胀坚实，界限不清，患部增温、剧痛。最后，因大量的筋膜下组织及肌肉坏死、溶解而形成大量的脓汁，随着脓汁沿着肌间、大动脉、神经干及筋膜间隙扩散，导致严重的功能障碍。浅在性蜂窝织炎发生时多处组织坏死、溶解、皮肤破溃而排出脓汁。深在性蜂窝织炎，因深部组织坏死、溶解形成脓汁，引起局部内压升高，使患部皮肤、筋膜及肌肉高度紧张，因化脓部位较深，局部皮肤不易破溃。

由腐败性致病菌、厌气性致病菌引起的腐败性坏疽性蜂窝织炎，最初局部组织呈现浸润性肿胀，患部增温并剧痛。随后出现组织坏死、溶解、腐败产气，此时局部触诊变凉、不敏感、有捻发音；脓汁呈红褐色、恶臭、稀的液体；坏死组织呈灰绿色或黑褐色。

(2) 全身症状 病畜精神沉郁，体温升高，食欲不振或废绝并出现各系统（循环系统、呼吸系统及消化系统等）的功能紊乱。深在性蜂窝织炎，可继发败血症。腐败性致病菌及厌气性致病菌感染时，机体从患部吸收了大量的有毒物质，体温升高显著，全身症状恶化。

有的蜂窝织炎，在动物抵抗力提高和经过合理的治疗后，局限化并形成脓肿；有的蜂窝织炎，在动物抵抗力下降或治疗不合理时，化脓灶迅速扩散，使患畜整个肢体或躯体呈现弥漫性肿胀，局部增温显著，剧痛，高度跛行；皮肤多处有破溃并流出脓液。

5. 治疗

治疗原则是局部疗法和全身疗法并重。一般情况下，对早期浅在性蜂窝织炎应以局部治疗为主，对于深在性、蔓延迅速、全身症状明显者应及早全身应用抗生素和磺胺类药物。

(1) 局部疗法 局部治疗主要是为了减少渗出、降低组织内压、减轻组织坏死、溶解，防止感染扩散。发病24～48h以内的，局部可用10%鱼石脂酒精、90%酒精等冷敷。病灶周围，可用0.5%盐酸普鲁卡因封闭。发病3～4d后可用上述溶液温敷。也可用中草药治疗，如外敷雄黄散，内服连翘败毒散。雄黄散方药组成是雄黄、大黄、白芷、天花粉皆为32g，川椒、天南星皆为16g。其用法是研成粉末，醋调涂之。连翘败毒散方药组成是连翘、金银花、天花粉、紫花地丁、蒲公英、黄药子、白药子、黄芪皆为32g，牛蒡子、菊花、黄芩皆为26g，薄荷、荆芥皆为16g，甘草10g。其用法是研成粉末，开水冲调，候温灌服。

(2) 手术疗法 若经过局部冷敷，症状仍不见好转时，为了排出渗出物，减小组织内压，应及早切开患部。为了保证渗出液的顺利排出，切口要有足够的长度和深度，做好纱布引流。必要时可做几个切口或反对孔。伤口彻底止血后可先用防腐消毒液冲洗创腔，用纱布吸净创腔中的残留药液，再用中性盐高渗溶液或奥立夫柯夫氏酸性液（3%过氧化氢、20%氯化钠溶液各100mL，松节油10mL）浸透纱布条引流。

若经过上述外科处理的患畜体温下降后又回升，局部肿胀加剧，全身症状恶化，则说明可能有新的病灶形成，或引流纱布干涸堵塞影响脓汁排出，或引流不当，或存有异物及脓窦所致。这时应该迅速扩创，消除脓窦，清除异物，更换引流纱布，保证渗出液或脓汁排出顺利。

(3) 全身疗法 应尽早使用抗生素、磺胺类药物治疗。为了增强机体的防御功能，预防和治疗败血症，还应配合使用5%碳酸氢钠注射液、40%乌洛托品注射液、葡萄糖注射液、樟酒糖注射液（精制樟脑4g、精制酒精200mL、葡萄糖60g、0.8%氯化钠注射液700mL，混合灭菌，马、牛每次可静脉注射250～300mL）。

若蜂窝织炎已转化为慢性炎症，并出现象皮病症状时，为了促进局部炎性产物的消散或吸收，最好应用物理疗法（如石蜡疗法、超短波疗法、红外线疗法等）治疗。

第三节 败血症

败血症患病动物主要表现为神经系统、实质脏器和组织发生功能性、退行性变化。它是开放性损伤、局部炎症过程及手术后的最严重的并发症，若不及时治疗，患畜多数因为发生感染性休克死亡。

一、病因

引起该病的致病菌主要有金黄色葡萄球菌、溶血性链球菌、大肠杆菌、铜绿假单胞菌和厌气菌等。由一种致病菌引起者称为单一感染，由 2～3 种致病菌引起者称为混合感染。革兰阴性杆菌引起的败血症多见。

对创伤处理粗暴及用药不当损伤了防卫性肉芽面，创内潴留大量脓汁，创内有异物、坏死灶和脓窦等都容易引起败血症的发生。

机体过劳、衰竭、维生素缺乏等有利于败血症的发生。也可继发于某些慢性传染病的急性发作期，如马传染性贫血、鼻疽、牛结核病、布鲁杆菌病等。

二、病理

有机体内的化脓性、厌气性、腐败性感染或混合感染，是败血症发生的基础。若机体的抵抗力强、致病菌的毒力弱时，不会发生全身化脓性感染，感染局限化，如疖、痈和脓肿等。

有机体的抵抗力在败血症的发生上具有极其重要的意义。当患畜的防御功能降低，而且致病菌的毒力强时，病灶中致病菌可以大量繁殖而造成组织和器官的防卫屏障破坏。若对感染灶处理不当或止血不良等，病灶中致病菌通过栓子或被感染的小血凝块进入血液循环而达到其他组织和器官，当致病菌在这些组织和器官中大量繁殖时，就可形成转移性脓肿。如患畜防御功能高度下降，病灶中致病菌的代谢产物、组织蛋白分解产物和致病菌本身，随血液、淋巴循环进入有机体生长繁殖，大量的致病菌及其产生的各种毒素毒害了循环系统、神经系统、实质器官，最后导致败血症的发生。

三、分类

（1）按症状和病理学的变化 分为败血症、脓血症和脓毒血症。败血症是指细菌从病灶侵入血流，在血液内大量繁殖，造成全身广泛性出血和实质器官变性。脓血症是化脓性致病菌从病灶侵入血液循环系统，随血流进入其他组织和器官并在其中形成转移性脓肿。败血症和脓血症同时存在者，称为脓毒血症。

（2）按致病菌的性质 分为葡萄球菌性败血症、链球菌性败血症、厌氧菌性败血症及腐败菌性败血症。

（3）按发病原因 分为创伤性败血症、炎症性败血症和术后败血症。此外还有致病原因不太明确的称为隐性败血症，分为骨源性败血症、尿源性败血症、腹膜性败血症、关节源性败血症和产后败血症。

（4）按转移性 分为转移性败血症和无转移性败血症。

四、症状

1. 败血症

病畜从败血症原发病灶中吸收大量的坏死组织、致病菌、毒素等，从而导致其中枢神经系统、网状内皮系统、有机体氧化过程抑制和代谢紊乱，局部病灶中潴留大量脓汁和坏死组织。多发于马和山羊。

病畜精神沉郁或意识丧失，卧地不起，食欲废绝，眼结膜黄染并有小出血点。肌肉剧烈颤抖。多为稽留热，可以达到 40℃ 以上。脉搏快而弱，呼吸困难，严重者血压下降。

2. 脓血症

致病菌从感染灶侵入有机体并在各组织、器官内形成转移性脓肿。其脓肿大小不一，从粟粒大到拳头大都能见到。

感染灶周围严重水肿，触诊有剧痛。病理性肉芽组织发绀、水肿、坏死、分解，其表面脓汁较多且稀而恶臭。

病畜全身症状明显，精神沉郁，饮欲增强，食欲废绝，体温增高可以达到40℃以上。体温下降时有出汗现象。热型呈稽留热、间歇热或弛张热。体温变化显著，血压下降，为本病的特征性症状。若长期高热不退，全身症状恶化，常常导致病畜死亡。

若为肝脓肿时，可视黏膜高度黄染；肠脓肿时表现为剧痛腹泻；肺脓肿时病畜呼出腐臭味气体，鼻液呈脓性；脑脓肿时病畜痉挛；肾脓肿时尿内有病理性产物，尿比重变小。

血液检查，可见白细胞增多，核左移，血沉加快。若淋巴细胞、单核细胞增加，说明该动物将要痊愈。

在败血病灶创面触片检查时，若脓汁内有静止游走细胞和巨噬细胞，说明有机体抵抗力较强。如果脓汁内无巨噬细胞及溶菌现象，且细菌数量多，说明病情严重。

五、治疗

败血症的治疗原则为彻底处理感染病灶，控制全身感染，增强有机体防卫功能，恢复畜体功能。

1. 局部疗法

对感染病灶要彻底处理以消除传染和中毒的来源。如扩大创口，消除创囊，清除创腔内的坏死组织、异物和脓汁，引流顺畅，用刺激性小的防腐液彻底冲洗创腔。然后局部按化脓创处理。病灶周围用混有青霉素的盐酸普鲁卡因溶液封闭。

2. 全身疗法

为了控制感染的发展，应尽早应用抗菌药物。可以大剂量使用青霉素、链霉素或四环素等。应用抗菌增效剂［如三甲氧苄氨嘧啶（TMP）、二甲氧苄氨嘧啶（DVD）］效果良好。严重的病例，应抗生素、磺胺类药物及抗菌增效剂联合应用。恩诺沙星也应用广泛。为防止致病菌产生抗药性，应该适时更换抗生素类药物。对危重患畜，应该使用肾上腺皮质激素配合治疗。

为提高有机体抵抗力，纠正电解质紊乱，防止酸中毒，维持循环血容量和中和毒素，应及时给病畜输血、补液。静脉滴注25％葡萄糖注射液，40％乌洛托品，生理盐水，樟酒糖注射液，5％碳酸氢钠注射液，并及时补充维生素。

3. 对症疗法

目的是改善和恢复败血症时受损害的系统和器官的功能。当心脏衰弱时可使用苯甲酸钠咖啡因等；肾功能紊乱时可静脉注射乌洛托品；腹泻时可静脉注射氯化钠；为防止出现转移性脓肿可使用樟酒糖溶液。

实训十八 眼病的治疗技术

【实训目的】

掌握常规眼部冲洗及给药治疗操作技能。

【设备与材料】

（1）实习动物：羊、犬或临床病例。

（2）药品、器材：人用洗眼壶、鼻泪管洗涤器、玻璃棒1根、大容量注射器1个、2％硼酸水500mL、生理盐水500mL、氯霉素眼药水、红霉素眼药膏、3％盐酸普鲁卡因溶液、2％可卡因溶液10mL、2％红汞溶液1瓶、甘汞20g、白糖粉末20g、眼绷带1个。

【方法与步骤】

1. 眼部冲洗

（1）洗眼壶洗眼法 将食指及拇指按在患眼上下眼睑处，另一手拿装有2％硼酸水的人用洗眼壶冲洗患眼，冲洗过程中要不断开闭眼睑，促进眼内异物随冲洗液流出。

（2）鼻泪管冲洗法 用连接长胶皮管的鼻泪管洗涤器，从鼻孔前端插入鼻泪管，然后由助手用大注射器抽取2％硼酸水从连接鼻泪管洗涤器的胶皮管注入，药液经鼻泪管从眼内流出，可将眼内异物冲洗干净。

2. 眼部给药

（1）点眼 冲洗患眼后，用点眼管或不带针头的注射器吸取眼药水滴于患眼结膜囊内，一次滴入3～4滴即可，滴眼时使动物保持头部向上的姿势并用手轻轻按摩眼睑。

（2）软膏涂布 冲洗或用硼酸棉球擦净眼内分泌物后，一手开张眼睑，一手持一根前端钝圆的细玻璃棒蘸上豆大的眼药软膏，与眼裂平行将软膏放入患眼结膜囊内，立即闭合眼睑，由外眼角抽出玻璃棒，轻轻按摩眼睑即可（如用牙膏式的眼药膏直接将眼药膏挤入眼内也可）。

（3）粉末吹入 应用吹粉器，在其一端放入适量的药粉后，另一端接上胶皮球，使放有粉剂一端垂直对着眼球，在患眼开张状态下，迅速按压胶皮球，使粉剂吹入眼内（如无吹粉器，可用硬纸卷成一个小纸卷，一端放入粉剂，一端接上胶皮球，也可将粉剂吹入眼内）。

（4）结膜下注射 保定动物的头部（如有必要可进行表面麻醉或全身麻醉）。注射针头的方向与眼球平行，由眼外眦睑结膜或球结膜处刺入结膜下后将药液注入结膜下，注药后应压迫注射点防药液倒流。

（5）球后注射 用于球后给药或球后麻醉。具体操作：用可卡因进行眼表面麻醉，将灭菌针头由眼外眦结膜囊处向对侧颞下颌关节的方向刺入，并直抵骨组织，将针头稍后退，回抽活塞，无血液进入注射器后注入药液。操作时应注意不要误伤眼球。若注射正确，会出现眼球突出的症状。

【注意事项】

（1）无人用洗眼壶可用胶皮球或注射器吸取药液进行冲洗。

（2）鼻泪管洗眼法，对于化学物质如石灰等进入眼内时，能起到良好的冲洗作用。无鼻泪管洗涤器时，可将注射器针头磨钝、磨光滑作为替代物。

【实训报告】

写出1例眼病诊断与治疗报告。

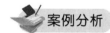

案例分析

［病例1］ 牛腹壁脓肿

［疗法］ 检查发现牛左侧腹壁底部有一直径15cm的脓肿。用手术刀在脓肿下方开5cm切口，由上向下挤压排出脓汁，以双氧水冲洗脓腔，用镊子取出脓肿膜，再用生理盐水反复冲洗脓腔，排尽脓腔积液后撒布青霉素、链霉素粉，缝合创口，7d后拆线。

［效果］ 术后创口愈合良好，没有再发生脓肿。

［分析］ 采用切开法处理大脓肿，能很好地排净脓汁。取净脓膜、排净脓汁并在脓腔内应用抗生素能预防再次感染，并促使创腔、创口第一期愈合。

［病例2］ 犊牛背部蜂窝织炎

［疗法］ 检查发现患部范围达10cm×15cm。在患部下1/3处切开长约2cm的切口，脓汁排出后，分别用双氧水、高锰酸钾溶液、生理盐水冲洗，排净后将青霉素、链霉素注入创腔，用碘酊涂擦创口周围，并配合全身疗法。

［效果］　7d后肿胀消失，15d后创口完全愈合，不再复发。

［分析］　切口过小则不利于脓汁排出及冲洗，切口过大易生蛆。除注意局部处理蜂窝织炎外，还需要采取抗生素、普鲁卡因封闭及碳酸氢钠等全身疗法，才能取得好的疗效。

目标检测题

一、名词解释

1.外科感染　2.疖　3.痈　4.脓肿　5.蜂窝织炎　6.败血症　7.脓血症

二、填空题

1.引起外科感染的致病菌有＿＿＿＿＿、＿＿＿＿＿、＿＿＿＿＿、＿＿＿＿＿。

2.外科感染的局部反应为＿＿＿＿＿、＿＿＿＿＿、＿＿＿＿＿。

3.外科感染的病程演变结果为＿＿＿＿＿、＿＿＿＿＿、＿＿＿＿＿。

4.常用的脓肿手术疗法有＿＿＿＿＿、＿＿＿＿＿、＿＿＿＿＿。

5.蜂窝织炎的特征是局部呈＿＿＿＿＿、＿＿＿＿＿和＿＿＿＿＿。

三、问答题

1.写出典型外科感染可能要经历的病程演变。

2.脓肿具有哪些主要症状？临床上如何实施治疗？

3.蜂窝织炎具有哪些主要症状？临床上如何实施治疗？

4.发现败血症病例，应如何进行处理？

第五章 头、腹部疾病

第一节　头部疾病

一、结膜炎

结膜炎是眼睑结膜和眼球结膜的表层或深层炎症，各种动物都能发生，马、牛更为常见。临床上呈急性或慢性经过。

1. 病因

（1）异物刺激　如花粉、被毛、灰尘、芒刺、谷壳、草屑、昆虫及刺激性化学药品等进入结膜囊而引起发炎。

（2）机械损伤　鞭打、笼头压迫、眼睑内翻和倒睫等造成结膜损伤而引起发炎。

（3）继发于某些疾病　如腺疫、流感、鼻炎、血斑病以及寄生虫病。

2. 症状

根据病程经过，临床上分为急性结膜炎和慢性结膜炎。

（1）急性结膜炎　初期结膜充血潮红，羞明流泪，随着病情的发展，眼睑肿胀明显，重者眼睑闭合，结膜表面有出血斑，眼角有多量黏液性或脓性分泌物。如不及时治疗可侵害角膜，使角膜变混浊，继发角膜炎。

（2）慢性结膜炎　结膜暗红、肥厚呈丝绒状，不呈现羞明，分泌物浓稠，由于分泌物的经常刺激，眼内角下方皮肤常发生湿疹、脱毛并发痒。

3. 诊断

根据病畜结膜潮红、羞明流泪，眼睑肿胀、疼痛，眼内有多量黏液性或脓性分泌物等症状可以确诊。

4. 治疗

消除病因，消炎镇痛，防止光线刺激。

(1) 清除异物及分泌物 使用无刺激性的药液，如 2％～3％硼酸溶液、0.01％新洁尔灭溶液、0.1％雷佛奴尔溶液或生理盐水冲洗患眼。若分泌物过多可用 0.3％硫酸锌溶液或 1％～2％明矾溶液、1％硫酸铜溶液冲洗患眼。如异物不能冲洗出，应小心用镊子夹出。

(2) 消炎镇痛 用纱布浸 2％～3％硼酸溶液、0.01％新洁尔灭溶液敷在患眼上，装上眼绷带，每日更换 3 次。也可用青霉素、四环素或可的松点眼。疼痛较重者可用 1％～2％盐酸普鲁卡因溶液点眼。

(3) 慢性结膜炎 可用 0.5％～1％硝酸银溶液点眼或用硫酸铜棒涂擦眼结膜表面，然后立即用生理盐水冲洗再进行热敷。对慢性顽固性病例，可用组织疗法或自家血液疗法。

二、角膜炎

角膜炎是眼角膜组织发生炎症的总称。临床上分为浅在性角膜炎、深层性角膜炎和化脓性角膜炎。发病后，如不及时治疗，常由急性转为慢性，形成角膜翳，使角膜失去透明，甚至失明。

1. 病因

① 由于鞭打、笼头压迫、摩擦、倒睫及异物进入等造成损伤而致病。

② 由于化学药品的刺激而致病。

③ 在腺疫、流感、传染性角膜炎、混睛虫病、结膜炎、周期性眼炎及维生素 A 缺乏症等某些疾病的过程中继发或并发。

2. 症状

初期呈现羞明流泪，疼痛，结膜潮红，眼睑闭合，随后出现角膜混浊、溃疡，有浆液或脓性眼分泌物，视物严重障碍。

(1) 浅在性角膜炎 表现为角膜上皮肿胀，在阳光斜照下可见患部的角膜面粗糙不平，透明度减退，混浊部呈灰白色。弥漫性混浊常从角膜周围开始，渐渐蔓延到中央。病程长时，由于结膜血管伸入角膜，使角膜出现血管新生，呈树枝状分布于角膜表面。

(2) 深层性角膜炎 与浅在性角膜炎主要区别是角膜表面不粗糙，仍有镜状光泽，其混浊的部位在角膜深部，呈点状、棒状及云雾状，其色彩有灰白色、乳白色、黄红色、绿色等。角膜周围及边缘血管充血，出现明显的血管增生，血管呈刷状自角膜缘伸入角膜内。

(3) 化脓性角膜炎 初期角膜周围充血，羞明流泪，疼痛剧烈，继而浸润形成脓肿，角膜上出现数目不定的、粟粒大至豌豆大的黄色局限性混浊，在混浊的周围生出灰白色的晕圈，轻者向外方破溃，流出脓液形成溃疡。重者向内穿孔，形成眼前房蓄脓。

当炎症由急性转为慢性时，在角膜面上留有呈点状或线状的白斑及色素斑或云雾状的角膜翳。

3. 诊断

根据病畜羞明流泪，疼痛，眼睑闭合、肿胀，角膜周围血管增生、充血，角膜出现不同程度混浊等症状可以确诊。

4. 治疗

本病的治疗原则是消除炎症，促进混浊的吸收和消散。

(1) 消除炎症 首先用洗眼液洗眼，除去异物和分泌物，用消毒棉球轻拭吸干。然后用青霉素、醋酸可的松眼药水点眼或眼膏治疗，每天 2～3 次。

(2) 促进混浊消散 施行温敷后，用塑料细管一端装甘汞与乳糖（白糖也可以）等量混合粉对准角膜用口吹管，使药洒于角膜上，再用手掌轻轻按摩眼睑 1min，每天 2 次，连用 2～3d。也可用 1％～2％黄氧化汞（黄降汞）或氧化氨基汞（白降汞）顺眼裂横挤眼膏入眼裂，提一下眼睑合上，轻轻按摩 1min，每天 3 次，连用 2～3d。

为加速吸收可于眼睑皮下注射自家血液，每次 2～3mL，隔 1～2d 注射 1 次，连用 2～3 次。也可用 0.5％盐酸普鲁卡因注射液 2mL，青霉素 10 万国际单位，氢化可的松 2mg，球结膜下注射，每日或隔日 1 次。

出现角膜翳，可采用中医疗法，采如圆珠笔心大小柳树枝一枝，切成 10～15cm 长，去除树皮后备用。牛站立保定，打开口腔，将柳树枝全部插入角膜混浊对侧鼻腭孔（即左眼角膜混浊，插入右侧鼻腭孔；右眼角膜混浊，插入左侧鼻腭孔），留置不用取出。

（3）急性角膜炎 可采取眼球后封闭疗法，用 0.5％～1％普鲁卡因 10～15mL 加入青霉素 20 万～40 万国际单位，在眼窝后缘向面嵴延长线作垂直线，其交点即注射部位。注射时，局部消毒后，用 10cm 长左右的针头，避开皮下的面横动脉，垂直刺入皮肤，直达眼窝底部，深 7～8cm（马、牛）缓慢注入药液，每周 2 次，有较好的消炎镇痛作用。

（4）继发虹膜炎 可用 0.5％～1％阿托品点眼，每日 2 次。若化脓感染时，用生理盐水冲洗后涂抗生素眼膏，同时全身应用抗生素或磺胺类药物治疗。

三、扁桃体炎

扁桃体是免疫器官。扁桃体炎是指扁桃体的急性或慢性炎症。多发生于犬，其他家畜较少发病。

1. 病因

① 由于动物舔食积雪、骤饮冷水等寒冷刺激或异物刺激及由溶血性链球菌或葡萄球菌等病原菌侵入所致。当有细菌感染时，则发生化脓性扁桃体炎。

② 由于口炎、咽炎、鼻炎、慢性呕吐等蔓延至扁桃体而发病。肾炎、关节炎等也可并发扁桃体炎。

2. 症状

（1）急性扁桃体炎 动物突然体温升高，流涎，精神沉郁，食欲减退或废绝。扁桃体表面潮红、肿胀。病情严重时，扁桃体肿大、突出，时而可见出血或有坏死斑点。颌下淋巴结肿胀，常伴有轻度咳嗽。

（2）慢性扁桃体炎 由急性炎症反复发作所致，多见于体质较差的动物。反复发作数次后，动物表现衰弱，四肢无力，体重下降，被毛粗乱，时有呕吐、咳嗽等。扁桃体表面失去弹性，上皮组织增生。

3. 诊断

根据病畜食欲缺乏、流涎、呕吐，吞咽困难，体温升高，颌下淋巴结肿胀，开口拉舌可看到扁桃体肿大，充血等症状可以确诊。

4. 治疗

（1）抗菌消炎 应用青霉素 G，马、牛 0.5 万～1 万国际单位/kg，猪、羊、犬 1 万～1.5 万国际单位/kg，每日 2 次，肌内注射，连用 5～7d。或用硫酸庆大霉素，马、牛、猪、羊 1.5～3mg/kg，犬、猫 3～6mg/kg，每日 2 次，肌内注射，连用 5～7d。

（2）局部处理 咽喉部热敷，同时用复方碘甘油涂抹扁桃体。

（3）支持疗法 对采食困难的动物，静脉滴注葡萄糖生理盐水，每日 1～2 次；肌内注射复合维生素 B、维生素 C 各 2mL，每日 1～2 次。尽可能避免经口腔投药，减少刺激。

（4）手术治疗 当扁桃体肿胀过大而影响吞咽，或患反复发作的慢性扁桃体炎时，应进行扁桃体摘除术。犬扁桃体摘除术：全身麻醉，侧卧或仰卧保定，充分开口，用长柄止血钳夹住扁桃体基部，于其表面向里注射1：5000肾上腺素溶液0.2mL，3min后，在不损伤黏膜的情况下，于扁桃体周围切开并剥离，达其根部时用肠线结扎，除去扁桃体，用浸有肾上腺素的棉球压迫止血。

第二节 疝

一、疝的概述

疝是腹腔脏器从自然孔道（如脐孔、腹股沟管）或病理性破裂孔脱到皮下或邻近的解剖腔内的一种常见外科病。各种家畜均可发生，但以猪、牛、羊、马更为多见。

1. 疝的构成

疝由疝轮（孔）、疝囊、疝内容物构成（图5-1）。疝轮为体壁上的天然孔或病理性孔道，腹腔脏器经此孔脱至皮下或解剖腔内。疝轮大小不一，陈旧疝的疝轮多为增生的结缔组织，疝轮光滑而增厚。疝内容物为腹腔内脏器官，如胃、肠管、肠系膜、网膜、膀胱、子宫等。疝囊为包围疝内容物的外囊，主要由腹膜、腹壁筋膜及皮肤等构成，疝囊的大小由疝内容物的多少所决定。

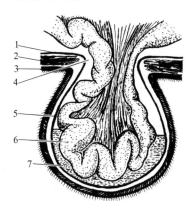

图5-1　疝模式图

1—腹膜；2—肌肉；3—皮肤；4—疝轮；
5—疝囊；6—疝内容物；7—疝液

2. 疝的分类

① 根据疝向体表突出与否，可分为外疝（如脐疝）和内疝（如膈疝）。

② 根据疝发生的部位不同，可分为腹股沟阴囊疝、脐疝、腹壁疝等。

③ 根据疝内容物能否还纳入腹腔内，可分为可复性疝、不可复性疝和嵌闭性疝。通过压迫或体位的改变，疝内容物可通过疝孔而还纳到腹腔称可复性疝，反之称为不可复性疝。疝内容物突然不能还纳，并伴有疼痛等一系列症状的称为嵌闭性疝。嵌闭性疝如不及时解除，会导致疝内容物发生血液循环障碍、炎症，甚至坏死。

二、外伤性腹壁疝

外伤性腹壁疝是腹壁肌肉或腱膜发生破裂，腹腔脏器脱至腹腔外的皮肤之下所致，是腹部外科中最常见的疾病之一。可发生于腹壁的任何部位，多发于膝褶前或季肋部或下腹部。

1. 病因

(1) 外界钝性暴力 腹壁受外界钝性暴力，如牛抵、冲撞、踢踏、摔倒等作用，导致皮下肌肉或腱膜破裂所致。

(2) 腹压过大 母畜妊娠后期或分娩时，因腹内压增加，导致腹肌断裂所致。

(3) 缝合不当 腹部手术缝合不当，造成皮下肌肉或腱膜愈合不良所致。

2. 症状

(1) 病初 腹壁受伤后突然出现局限性、柔软、富有弹性及热、痛的肿胀（图5-2），在肿胀部可发现小范围的脱毛部或皮肤擦伤。触诊时常可用手掌（指）将肿胀内容物回复至腹腔并摸到疝轮。疝轮的形状，多数为圆形、卵圆形，也有呈裂隙状的。

(2) 发病 2～3d由于患部出现炎性肿胀，此时，原发肿胀部位变得稍硬、增温，疼痛显著。由于局部肿胀逐渐增大，致使触摸疝轮比较困难（疝轮、疝内容物的特征不明显），如直肠检查，可摸到疝轮。

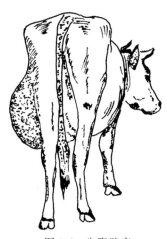

图 5-2　牛腹壁疝

（3）炎症经过　1 周开始减轻，2～3 周消失后，半圆形或卵圆形的肿胀界限清楚，触诊柔软，有压缩性，能触到疝轮，以后由于结缔组织增生，肿胀周围变硬。

（4）若疝轮发生嵌闭，则出现疝痛。　疝痛的程度随各病例而不同，有的比较轻微仅呈现稍稍不安或以前肢刨地，有的比较剧烈，致病畜卧地滚转，甚至有的因肠坏死而死亡。

3. 诊断

根据病畜腹壁受伤后突发肿胀，肿胀物柔软有弹性，局部触诊或直肠检查可摸到疝轮等可以确诊。

4. 治疗

对腹壁疝的治疗，可分保守疗法与手术疗法。前者是借助于压迫绷带将脱出的内容物压至腹腔内，以期待疝轮的修复、闭锁；后者则借助于外科的方法切开疝囊，还纳内容物后，缝合、闭锁疝轮。

（1）保守疗法　适用于新发生、疝轮小、疝轮位置高于腹侧壁 1/2 以上的可复性疝。先在患部涂擦碘酊，后将脱出的疝内容物压迫送还腹腔内，再将适当大小的棉垫置于疝轮部，并安装用竹帘、轮胎胶皮等制成的压迫绷带固定。绷带固定后，应严密观察，如有疝痛症状出现，应迅速解除绷带，重新整复，以免因整复不彻底而压迫肠管。同时应经常检查，发现绷带松弛或移位时应马上整理，以保证压迫绷带的作用。一般固定 15d 后疝轮可自行修复愈合，即可解除压迫绷带。

（2）手术疗法

① 术前准备及麻醉：同开腹术，严格进行无菌操作。

② 切开疝囊还纳内容物：局部按常规处理，在疝囊纵轴上将皮肤捏起形成皱襞，切开疝囊，用手指从小切口内伸入囊内，探查有无粘连，然后用手术剪扩大疝囊切口，显露疝内容物和疝轮。将正常的疝内容物还纳腹腔。如脱出物与疝囊发生粘连时要细心剥离，用温生理盐水冲洗，撒上青霉素粉或涂上油剂青霉素，再将脱出物送回腹腔。对嵌闭性疝，切开疝囊后，如肠管变为暗紫色，疝轮紧紧嵌住脱出的肠管，这时，可用手术剪扩大疝轮，用温生理盐水清洗肠管。如肠管颜色很快恢复正常，出现蠕动，可将肠管还纳腹腔。如已坏死，要在健康部位将坏死肠管切除，进行肠管吻合术，再将其还纳腹腔。

③ 闭锁疝轮：疝轮的缝合是疝修补术成败的关键。依据具体病例而异，先用肠线缝合腹膜，闭合腹膜前向腹腔注入油剂青霉素 300 万国际单位，然后缝合腹肌。新发生者，疝轮可用水平或垂直纽孔状缝合（图 5-3）。若疝轮较大，组织破损又较严重者，可用软性塑料网、尼龙聚合物网等修补，将尼龙网装入腹膜的内侧，用兽用肠线将尼龙网固定在腹膜上，但要注意将尼龙网拉紧展平。陈旧性病例，疝轮小的可用一般方法缝合，在缝合前须将瘢痕化的疝轮修整，造成新鲜创面，以利愈合。疝轮较大时，利用周围的结缔组织或筋膜做成瓣，作为修补材料。将一侧的结缔组织瓣纽孔缝合在对侧的疝轮组织上，再将另一侧的结缔组织瓣同样缝合在上面。最后切除多余的皮肤囊，进行间断缝合、减张缝合

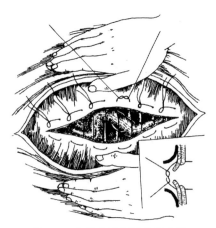

图 5-3　疝轮水平纽孔状缝合法

闭合皮肤创口，消毒后，包扎压迫绷带。

④ 术后治疗：加强护理，全身应用抗生素治疗。10d 后拆去皮肤结节缝合的线，第 12 天拆去减张缝合的线，但要注意不能两处的线同时拆。

三、脐疝

腹腔脏器经扩大的脐孔脱至皮下叫脐疝（图 5-4）。各种家畜均可发生，多见于幼畜。分为先天性脐疝及后天性脐疝。疝的内容物可能是小肠、结肠或网膜。

1. 病因

（1）先天性脐疝 多因脐孔发育不全，没有完全闭锁或脐孔异常扩大，内脏经脐孔脱出于皮下所致。

（2）后天性脐疝 多因脐孔闭锁瘢痕组织薄弱，抵抗力不够，断脐时过度牵引、腹内压增大或脐部化脓导致脐孔闭锁瘢痕组织撕裂，脐孔异常扩大，内脏经脐孔脱出于皮下所致。

图 5-4　猪的脐疝

2. 症状

脐孔部出现局限性、半圆形柔软的肿胀。

触诊无热、无痛。有时可摸到脐孔，能听到肠音。

若为嵌闭性疝时，触压疝囊，硬固、有热痛，内容物无法还纳腹腔，病畜呈现显著不安、腹痛等全身症状。猪有呕吐现象。如不及时进行手术治疗，常可引起死亡。

3. 诊断

脐孔部出现局限性半圆形柔软的肿胀，无热、无痛，可摸到脐孔。

4. 治疗

（1）保守疗法 较小的脐疝可系绷带压迫患部，使疝轮缩小，待组织增生后治愈。同时也可用 95％酒精或 10％～15％氯化钠溶液在疝轮四周分点注射，每点 3～5mL，对促进疝轮愈合有一定效果。

（2）手术疗法

① 可复性脐疝：术前停食 1～2 次，仰卧保定（小家畜），患部剪毛、洗净、消毒，术部局部浸润麻醉。在疝囊基部靠近脐孔处纵向切开皮肤（最好不切开腹膜），稍加分离，还纳内容物，在靠近脐孔处结扎腹膜，剪除多余的腹膜。对疝轮做纽孔状或袋口缝合，切除多余皮肤并结节缝合。涂碘酊，装保护绷带。哺乳仔猪可进行皮外疝轮缝合法，即将疝内容物还纳腹腔，皱襞提起疝轮两侧肌肉及皮肤，用纽孔状缝合法闭锁脐孔。对病程较长、疝轮肥厚、光滑而大的脐疝，在闭锁疝轮时，应先用手术刀轻轻划破脐轮边缘肌膜，造成新创面再缝合。

② 嵌闭性脐疝：先在患部皮肤上切一小口（勿伤内容物），手指探查内容物种类及粘连、坏死等病变。用手术剪按所需长度剪开疝轮，暴露疝内容物，若有粘连，要仔细剥离后，涂布石蜡油，送回腹腔。如肠管坏死做坏死肠管切除及吻合术，再将肠管送回腹腔并注入适量抗生素。用袋口或纽孔状缝合疝轮。结节缝合皮肤。

术后装压迫绷带，全身应用抗生素治疗，加强护理。7～14d 后拆去皮肤结节缝合的线。

四、腹股沟阴囊疝

当腹腔脏器通过腹股沟内口（内环）脱入鞘膜管内时，称为腹股沟疝（鞘膜管疝）；如脱出的脏器进入总鞘膜腔内，称为阴囊疝（鞘膜内疝，图 5-5）；如脱出的脏器经腹股沟总鞘膜破裂孔脱入阴囊的皮下时，称为鞘膜外阴囊疝（鞘膜外疝，图 5-6）。临床上以鞘膜内疝为多见，常发生于公马和公猪，其他公畜少见。

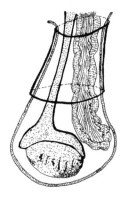
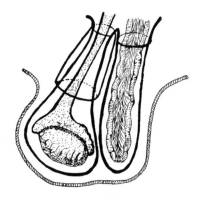

图 5-5　鞘膜内疝　　　　　　　　　　　　图 5-6　鞘膜外疝

1. 病因

（1）先天性疝　多因腹股沟管大于正常而引起，常呈一侧性阴囊疝。公猪有遗传性。

（2）后天性疝　多因爬跨、跳跃、后肢滑走或过度开张及努责等造成腹内压过高，致使腹股沟管扩大而引起。

2. 症状

（1）可复性疝　仔猪、幼驹多发。多为一侧性。患侧阴囊增大，皮肤紧张。触诊柔软有弹性，疼痛不明显。压迫时肿胀缩小，内容物能还纳于腹腔，可摸到腹股沟外环，腹压增大时阴囊部膨大。如肠管进入阴囊部，此处可听见肠蠕动音。

（2）嵌闭性疝　患侧阴囊增大，阴囊皮肤紧张、水肿、发凉，摸不到睾丸。患畜突然腹痛，运步时患侧后肢向外伸展，随着炎症的发展，全身出汗，呼吸困难，体温升高，临床上常因诊断、治疗不及时而造成死亡。

3. 诊断

可复性疝表现为阴囊肿胀，无热、无痛，柔软有弹性，有压缩性，可摸到腹股沟管外环。嵌闭性疝表现为阴囊肿大，病畜腹痛，有明显全身症状。

4. 治疗

手术疗法是本病的根治办法。

（1）可复性疝　术部处理，保定、消毒及麻醉同去势术。与阴囊缝相平行，将患侧的阴囊皮肤及肉膜切开，剥离总鞘膜至腹股沟外环处，并隔着总鞘膜将疝内容物还纳于腹腔内。内容物还纳后，沿精索纵轴捻转睾丸与总鞘膜数周，在靠近腹股沟外环处贯穿结扎总鞘膜及精索，在结扎线下方 1～2cm 处将总鞘膜、精索和睾丸一并切除，将断端塞入腹股沟管内。然后用结扎剩余的两个线头缝合外环，使其密闭。清理创部，撒消炎粉，缝合皮肤，涂碘酊。为防止创液潴留，可在阴囊底部切一小口。

（2）嵌闭性疝　应尽早施行手术。仰卧保定，消毒及麻醉同去势术。在腹股沟外环部位，与阴囊基部平行，将皮肤、肉膜切开约 10cm，露出总鞘膜，将其剥离至腹股沟内环处，再将总鞘膜做一小切口，放出鞘膜腔积液。经鞘膜切口沿着精索插入手指，检查肠管被挤压部位，然后将球头外科刀插入腹股沟内轮向前外角扩大，切开腹股沟内轮后，肠嵌闭部即被解除。用生理盐水清洗肠管后，即可将肠管还纳。若嵌闭的肠管已发生坏死时，则须将坏死部切除并进行肠管吻合术。若有粘连，要仔细剥离后，涂布石蜡油，送回腹腔。为了保留优良的种畜而要保留睾丸时，可对腹股沟内轮施行几针结节缝合，以不发生肠脱为度，以后分别缝合总鞘膜及皮肤创口，消毒后装结系绷带。

术后全身应用抗生素治疗，加强护理。7d 后拆去皮肤结节缝合的缝线。

第三节　风湿病

风湿病是胶原组织的一种容易反复发作的急性或慢性非化脓性炎症。风湿病常侵害对称性的骨骼肌、关节、蹄及心脏。本病在寒冷地区发病率高。多见于马、牛、猪、羊。

一、病因

风湿病的发病原因迄今尚未完全阐明。近年来的研究表明，风湿病是一种变态反应性疾病，与 A 型溶血性链球菌感染有关。畜舍阴冷潮湿，大汗后受冷雨浇淋，受贼风特别是穿堂风的侵袭，夜卧于寒湿之地或露宿于风雪之中，以及管理使役不当等容易诱发风湿病。

二、症状

风湿病的主要症状是发病的肌群、关节及蹄的疼痛和功能障碍。疼痛表现为时轻时重。

(1) 颈部风湿病　患部肌肉僵硬、疼痛。颈部两侧肌肉风湿，不能上下左右转动，患畜低头困难。一侧肌肉风湿，颈弯向疼痛一侧。

(2) 肩臂部风湿病　患肢减负体重，呈前踏姿势。行走时患肢抬举困难，运步缓慢，步幅缩短，跛行常随运动或晴天而好转或消失，而遇冷天又加重。两前肢同时发病，患畜头颈高举站立，两前肢前踏，以蹄踵着地。

(3) 背腰部风湿病　腰背部肌肉僵硬，转弯时腰干不能随之弯曲。站立时腰背部拱起，凹腰反射减弱或消失。行走时后肢常以蹄尖拖地前进，转弯不灵活。起立与卧下都比较困难。

(4) 臀股风湿病　两后肢运步缓慢而困难，关节常呈屈曲状态，不能充分伸展，有时出现明显的跛行症状。患病肌群僵硬而疼痛。

三、诊断

① 有受风、寒、湿因素影响的病史。

② 突然发病，且易复发。

③ 发病部位的肌肉疼痛、增温，疼痛随运动减轻。

④ 受害肌群疼痛呈游走性，并表现为功能障碍。

⑤ 急性风湿病体温升高，功能障碍明显。

⑥ 水杨酸制剂治疗有明显的疗效。

四、治疗

原则是消除病因，解热镇痛，同时要加强饲养管理。

(1) 水杨酸钠疗法

① 水杨酸钠注射液：马、牛 10～30g/次，猪、羊 1～5g/次，犬 0.1～0.5g/次，静脉注射。

② 复方水杨酸钠注射液：水杨酸钠 10%，氨基比林 1.43%，巴比妥 0.57%，酒精 10%，葡萄糖 10%，蒸馏水 68%，马、牛 100～200mL/次，猪、羊 20～50mL/次，静脉注射。

③ 阿司匹林（乙酰水杨酸）：内服，马、牛 10～30g/次，猪、羊 1～3g/次，犬 0.2～1g/次。

④ 静脉注射撒乌安注射液，牛、马用 10%水杨酸钠注射液 150.0mL、40%乌洛托品注射液 30.0mL、10%安钠咖注射液 20.0mL 静脉注射，每日 1 次，连用 5～7d。

(2) 肾上腺皮质激素疗法

① 醋酸可的松注射液：马、牛 0.25～1g/次，猪 0.05～0.1g/次，羊 0.01～0.025g/次，

犬 0.025～0.1g/次。2 次/d，肌内注射。

② 地塞米松注射液：马 2.5～5mg/次，牛 5～20mg/次，猪、羊 4～12mg/次，犬 0.25～1.0mg/次，猫 0.125～0.5mg/次。1 日 1 次，静脉注射或肌内注射。

③ 醋酸泼尼松（强的松）：马、牛 0.2～0.4g/次，猪、羊 0.02～0.04g/次，维持量 0.005～0.01g/次，犬 0.6～2.5mg/kg。口服，1 日 1 次。

④ 氢化泼尼松（强的松龙）注射液：马、牛 50～150mg/次，猪、羊 10～20mg/次。静脉注射或肌内注射。

(3) 自家血疗法 主要用于牛、马。从颈静脉抽取血液后分点返注入颈部皮下，第一次抽血量为 80.0mL，第二次为 100.0mL，第三次为 120.0mL，第四次为 140.0mL，皮下注射，隔天一次，7d 为一疗程。

(4) 物理疗法

① 热敷：将酒精加热后（40℃左右），或将麦皮与醋按 4：3 的比例混合炒热装于布袋内进行患部热敷，每日 1～2 次，连用 6～7d。亦可使用热石蜡及热泥疗法等。

② 激光照射：用功率为 6～8mW 的 He-Ne 激光进行局部或穴位照射，每次治疗时间为 20～30min，每日 1 次，连用 10～14 次。

③ 红外线照射：用红外线灯对患部照射，每日 1～2 次，每次 30min，连用 7d。

(5) 内服中药 防风散、独活寄生汤等方剂对治疗风湿病疗效较好。

实训十九 猪疝的诊断治疗

【实训目的】

通过猪疝病例的观察与手术治疗，掌握疝的诊断方法及手术治疗操作技能。

【实训内容】

猪脐疝、阴囊疝的临床诊断及手术疗法。

【设备与材料】

(1) 实习动物 患脐疝、阴囊疝小猪。

(2) 外科器械 常用外科手术器械 1 套，消毒。

(3) 实习药品 消毒药、酒精棉球、碘酊棉球、消炎粉、3％盐酸普鲁卡因溶液若干。

【方法与步骤】

1. 疝的诊断

保定疝患猪后，让学生轮流进行观察、触摸，使每个人有机会亲自体会。

(1) 可复性疝 疝囊与疝内容物之间没有粘连，于囊壁听诊，可听到肠蠕动音，触摸疝囊柔软，偶尔能听到声响，稍加推压或改变猪的体位疝内容物能还纳于腹腔，疝肿变小或消失，由外部可摸到疝轮或腹股沟管外环。

(2) 不可复性疝 囊内容物较多，疝囊与疝内容物之间发生粘连，推压或改变畜体体位疝内容物不回到腹腔，疝囊不见变小，易引起炎症反应与血液循环障碍。

(3) 嵌闭性疝 疝轮较紧，同时疝内容物较多，如腹内压突然增大时，则可脱出更多的肠管，或较多的食物进入疝内肠管，使疝内容物增多，而被疝轮嵌闭，不能还纳于腹腔，触摸有腹痛感。

2. 疝的治疗

手术前让学生观看疝手术治疗音像材料，并讲述操作过程及注意事项。

(1) 脐疝手术 仰卧保定猪体，术部常规处理，用 0.5％～1.0％普鲁卡因局部浸润麻醉后，捏起疝囊，切开皮肤，钝性剥离疝囊，切开疝囊，将疝内容物还纳入腹腔，采取纽孔状缝合法缝合闭锁疝轮。最后修整创缘，切除皮肤多余部分，再缝合皮肤，涂碘酊，装保护压迫绷带。

对于仔猪脐疝，可不切开皮肤，直接用纽孔状缝合法连同皮肤一起缝合闭锁疝轮。

对于病程长，疝轮肥厚、光滑，比较大的脐疝，必须剪除疝轮的增生结缔组织，修剪至出血，造成新创面，再用纽孔状缝合法缝合闭锁疝轮。

对于嵌闭性或粘连性脐疝，先做一个小的皮肤切口，用手指探查分离，再根据需要剪开皮肤切口，确保不损伤疝内容物。剪开疝囊后，切开嵌闭疝轮，用手指剥离粘连组织，然后检查疝内容物有无坏死，如有坏死则将坏死部分切除，再进行肠管断端吻合等修补术，用油剂青霉素涂擦疝内容物，还纳腹腔，最后用纽孔状缝合法缝合闭锁疝轮。

（2）阴囊疝手术

① 腹股沟管外环切开法　同脐疝手术保定，也可将两后肢分别系绳吊起。术部常规处理，用 0.5%～1.0%普鲁卡因局部浸润麻醉后，先将疝内容物送回腹腔，于患侧外环与体轴平行切开，露出总鞘膜，用手指钝性剥离至阴囊底，将睾丸连同总鞘膜拉出切口外。当确认疝内容物还纳腹腔后，捻转睾丸和总鞘膜数圈，在外环处做贯穿结扎，密闭外环，在结扎处下 1～2cm 处剪断，除去睾丸及总鞘膜，再将断端塞入腹股沟管内，然后用结节缝合密闭外环口，清理创部，涂消炎粉，缝合皮肤，涂碘酊。

如为鞘膜外疝时，可见到在总鞘膜外有一疝囊，其中只有肠管或网膜，而没有睾丸和精索，同时在腹股沟管外环附近可发现疝轮，治疗时如要保留睾丸，可将此疝囊捻转至疝轮处，然后贯穿结扎，在结扎下 1～2cm 处剪断，将游离端填入破裂孔，而后闭锁疝轮，但要注意不要伤害精索或闭锁外环。如同时摘除睾丸，则用前述方法即可。

② 阴囊底部切开法　先还纳疝内容物，按小公猪去势方法切开阴囊皮肤，不切开总鞘膜，用手指剥离总鞘膜至外环处，提起睾丸，送回疝内容物，而后捻转总鞘膜数圈，用以上方法，贯穿结扎闭锁外环，除去睾丸和闭锁腹股沟外环，缝合皮肤。

【实训报告】

写出猪脐疝和阴囊疝的诊断要点与治疗措施。

案例分析

［病例 1］　山羊结膜炎

［疗法］　用 2%硼酸溶液冲洗患眼，用四环素溶液点眼或红霉素眼膏涂抹眼结膜，眼睑皮下注射自家血 2mL＋青霉素。

［效果］　7d 后症状消失，不再复发。

［分析］　硼酸溶液冲洗能清除眼睛异物及分泌物，眼药水、眼药膏能消炎镇痛，抗生素能抗感染，皮下注射自家血能增强机体对疾病的抵抗力。

［病例 2］　小猪腹股沟阴囊疝

［疗法］　按照猪腹股沟阴囊疝手术治疗的操作方法进行术部处理，将阴囊皮肤及肉膜切开，剥离总鞘膜至腹股沟外环处，还纳疝内容物后，贯穿结扎总鞘膜及精索，在结扎线下方 2cm 处将总鞘膜、精索和睾丸一并切除，将断端塞入腹股沟管内，再缝合关闭外环。术部皮肤创口常规处理。

［效果］　效果确实，术后不再有腹腔内容物脱出。

［分析］　切开阴囊时不要切破总鞘膜，以避免造成疝内容物还纳困难。关闭腹股沟管外环要缝合紧密，避免腹腔内容物再次脱出。

目标检测题

一、名词解释

1. 结膜炎　2. 角膜炎　3. 扁桃体炎　4. 疝　5. 嵌闭性疝　6. 风湿病

二、填空题

1. 结膜炎的症状有 _____ 、 _____ 、 _____ 、 _____ 、 _____ 等。

2. 结膜炎常用的冲洗药液有 _____ 、 _____ 、 _____ 、 _____ 等。

3. 角膜炎的治疗原则是 _____ 、 _____ 。

4. 疝由 _____ 、 _____ 、 _____ 构成，疝可分为 _____ 、 _____ 、 _____ 等。

5. 疝的根治疗法是 _____ ，修补疝成败的关键是 _____ 。

6. 风湿病常侵害对称性的 _____ 、 _____ 、 _____ 、 _____ 。

三、问答题

1. 如何进行结膜炎、角膜炎、扁桃体炎的诊断与治疗？

2. 如何进行阴囊疝的手术治疗？

3. 如何进行风湿病的诊断与治疗？

第六章 四肢疾病

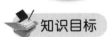知识目标

1. 认识跛行的病因、种类及其相关症状特征。
2. 了解关节扭伤、关节挫伤、关节创伤、关节脱位、髋部发育异常的病因与症状特征。
3. 了解肌炎、腱炎、黏液囊炎的病因与症状特征。
4. 了解骨膜炎、骨折的病因与症状特征。
5. 了解蹄叶炎、蹄底创伤、蹄叉腐烂、腐蹄病的病因与症状特征。

技能目标

1. 能进行跛行的诊断操作。
2. 能进行关节扭伤、关节挫伤、关节创伤、关节脱位、髋部发育异常的诊断、防治操作。
3. 能进行肌炎、腱炎、黏液囊炎的诊断、防治操作。
4. 能进行骨膜炎、骨折的诊断、治疗操作。
5. 能进行蹄叶炎、蹄底创伤、蹄叉腐烂、腐蹄病的诊断、防治操作。

第一节 跛行诊断

跛行是动物躯干或肢体发生结构性或功能性障碍而引起的姿势或步态异常的总称。跛行不是一种独立的疾病，而是动物肢蹄病及某些疾病的一种临床症状，不仅见于外科病，某些内科病、产科病、传染病和寄生虫病同样也能引起运动功能障碍而表现跛行。

一、跛行的原因、种类与程度

1. 跛行的原因

（1）**日粮因素** 跛行的发生与日粮成分密切关系，饲料中矿物质（如钙、磷、铜、锌、锰等）不足或比例失调、维生素（如维生素 A、维生素 D、维生素 B_1）缺乏，常可引起骨、关节代谢紊乱，是引起跛行的全身性因素。

（2）**外伤** 外伤引起的骨折、关节脱位、关节扭伤和肌肉挫伤等均可导致跛行；过度使役容易引起四肢各部位的机械性损伤，因疼痛出现运动功能障碍；削蹄和装蹄不当，可直接引起蹄病和跛行；蹄底刺入异物（如铁钉、铁丝、玻璃等），压迫蹄部真皮的神经末梢及真皮感染，引起跛行；冬季蹄部冻伤也可出现跛行。

（3）**炎症** 关节炎、骨髓炎、腐蹄病等均可引起跛行。当肢体某些部位的慢性炎症过程形成关节粘连、僵直、腱短缩等，可引起四肢异常运动，呈现四肢机械性障碍。另外，也见于一些自身免疫性疾病与变态反应性疾病，如系统性红斑狼疮、风湿性关节炎、类风湿关节炎等。

（4）**神经损伤** 四肢神经损伤常导致所支配肌肉运动迟缓或萎缩，而出现特定性的跛行，如肩胛上神经麻痹、桡神经麻痹及股四头肌萎缩等；椎间盘突出、椎体骨折等压迫脊髓神经，可引起肢体运动失调而出现跛行；在一些传染病过程中，因神经系统的病变也可发生跛行，如犬瘟热、狂犬病等。

(5) 遗传因素　某些动物因遗传因素可发生先天性四肢发育不全，也可通过诱发四肢疾病而引起跛行。常见于犬，如北京犬的弓形腿易引起肘关节变形性关节炎，犬的前肢 X 状姿势易造成桡腕关节损伤等。

(6) 其他　临床上许多疾病可继发或伴发跛行，如牛病毒性腹泻、口蹄疫、乳房炎、酮病、光过敏症、真菌性口炎、恶性卡他热等。

2. 跛行的种类

根据四肢运动生理，可将跛行分为支跛、悬跛、混合跛和特殊跛行 4 种。

(1) 支跛（踏跛）　患肢因疼痛而缩短负重时间，使对侧健肢提前落地。侧方望诊呈后方短步。患部多在腕、跗关节以下。即"敢抬不敢踏，病痛腕跗下"。

(2) 悬跛（运跛、扬跛）　患肢提举困难，伸扬不充分，抬不高迈不远，重者患肢拖拉前进。侧望呈前方短步（图 6-1）。患部多在腕、跗关节以上。即"敢踏不敢抬，病痛上段呆"。

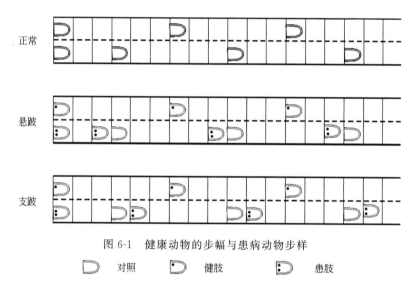

图 6-1　健康动物的步幅与患病动物步样

🔲 对照　　🔲 健肢　　🔲 患肢

(3) 混合跛（混跛）　患肢举扬、前伸、负重均发生功能障碍，支跛与悬跛的特征同时存在。

(4) 特殊跛行　临床上以某些独特状态命名的跛行，通常有以下 4 种。

① 紧张步样：为多肢发病，表现急性强拘短步；多为蹄病所致。

② 黏着步样：两前肢或两后肢或四肢同时发病时，表现缓慢强拘的短步；如破伤风、急性肌风湿等。

③ 间歇性跛行：表现为突然发生，突然消失，反复发作；这种跛行常发生于动脉栓塞、习惯性脱位和关节石。

④ 鸡跛：患肢举扬不自然，后蹄突然高举，强力屈曲跗关节，肢在空间停留片刻后，又突然着地；有如鸡走路的姿势（图 6-2），多见于胫神经麻痹和趾长伸肌或趾外侧伸肌挛缩时，两者可用针刺鉴别。

3. 跛行的程度

家畜的运动功能障碍，由于原因和经过不同，可以表现为不同的程度，所以当跛行诊断时，除了确定跛行的种类外，同时还要确定跛行的程度，以便测知病患的严重性。

跛行程度临床上分为三类。

(1) 轻度跛行　患肢伫立时可以蹄全负缘着地，有时比健肢着地时间短。运步时稍有异常，或病肢在不负重运动时跛行不明显，而在负重运动时出现跛行。

(2) 中度跛行　患肢不能以蹄全负缘负重，仅用蹄尖着地，或虽以蹄全负缘着地，但上部关节屈曲，减轻患肢对体重的负担。运步时可明显看出提伸有障碍。

(3) 重度跛行　患肢几乎或完全不能负重与举扬，运步时呈三肢跳跃或拖拉步样。

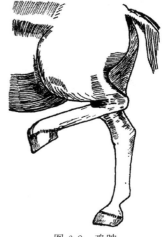

图 6-2　鸡跛

二、跛行的诊断方法

跛行诊断是比较复杂繁难的临床工作，一是由于产生跛行的原因很多，各科疾病都可引起跛行，二是动物不像人那样能诉说它的感觉和疼痛，因而在进行跛行诊断时，必须细致地按一定方法和顺序从各方面收集资料，然后根据解剖生理知识加以综合、分析、判断和推理，必要时还需进行治疗试验。

1. 问诊

向畜主耐心地询问饲养管理、使役、发病原因和时间、病程、治疗与否及经过等情况，以备诊断检查时参考。在问诊时必须有重点地提出问题，才能搜集到许多对诊断跛行有非常重要价值的宝贵材料。如询问：患畜的饲喂、管理和使役的情况如何；瘸多少天了？突然瘸的，还是慢慢瘸的？是否受过伤？是否什么部位肿过？是否出现滑倒、跌倒？是否被别的牲畜踢伤过；什么时候瘸得最厉害？在干活一开始，还是在干活当中，还是在休息以后？和它在一起的牲畜有没有这样的病？得病后治过没有？什么时候治的？在什么地方治的？谁治的？用的什么方法？治的效果怎么样；什么时候钉的掌？钉掌的时候牲口闹过没有？等。

在进行问诊时，不能死板地逐条询问，应根据当时情况提出不同问题，必要时除这些问题外还可提出与疾病有关的其他问题。

2. 确定患肢

在问诊基础上，以视诊为主，观察患畜在站立或运动中所表现出的异常状态，进而确定患肢。

(1) 站立检查　使病畜在平地上安静站立，从前、后、左、右对四肢的局部、负重状态、站立姿势，做全面的有比较的观察。

(2) 运动检查　轻度跛行必须通过运动检查才能发现异常，确定患肢，并有助于判定患部。运动检查主要观察内容如下。

① 举扬和负重状态：判定是前方短步还是后方短步，以确定跛行种类，找出患肢。

② 点头运动：一前肢发生支跛时，健肢着地负重时，头向健侧低下；患病前肢着地负重时，则头向患侧高举。此种随运步而上下摆动头部的现象，称点头运动。概括为"点头行，前肢痛""低在健，抬在患"。

③ 臀部升降运动：一后肢发生支跛时，为使后躯重心移向对侧健肢，在健肢负重时，臀部显著下降，而患肢负重时臀部显著高举，称此为臀部升降运动，概括为"臀升降，后肢痛""降在健，升在患"。

(3) 促使跛行加重检查　用上述方法尚不能确定患肢时，可用促使跛行加重的一些特殊方法，这些方法不但能够确定患肢，而且有时可确定患部和跛行种类。

① 圆周运动：圆周运动时圈子不能太小，过小不但妨碍肢的运动，而且不便于两肢比较。支持器官有疾患时，圆周运动病肢在内侧可显出跛行，因为这时身体重心落在靠内侧肢上较多。主动运动器官有疾患时，外侧肢可出现跛行，因为这时外侧肢比内侧肢要经过较大的路径，肌肉负担较大。

② 回转运动：使患畜快步直线运动，趁其不备的时候，使之突然回转，患畜在向后转的瞬时，可看出患肢的运动障碍。回转运动需连续进行几次，向左向右都要回转，以便比较。

③ 乘挽运动：伫立和运步都不能认出患肢时，可行乘骑或适当的拉挽运动，在乘挽运动过程中，有时可发现患肢。

④ 硬地、不平石子地运动：有些疾病患肢在硬地和不平石子地运动时，可显出运动障碍，因为这时地面的反冲力大，可使支持器官的患部遭受更大震动，或蹄底和腱、韧带器官疾患在不平石子上运步时，加重局部的负担，使疼痛更为明显。

⑤ 软地运动：在软地、沙地运步，主动运动器官有疾患时，可表现出功能障碍加重，因为这时主动运动器官比在普通路面上要付出更大力量。

⑥ 上坡和下坡运动：前肢和后肢的悬跛，上坡时跛行都加重，后肢的支跛在上坡时，跛行也加重；前肢的支持器官有疾患时，下坡时跛行明显。

3. 寻找患部

确定患肢后，还必须根据运动检查时所确定的跛行种类及程度，有步骤、有重点地进行肢蹄检查，以找出患病部位。

(1) 蹄部检查

① 外部检查：主要注意蹄形有无变化、钉节位置、蹄底各部有无刺伤物及刺伤孔等。检查牛蹄时，应特别注意趾间韧带有无异常。

② 蹄温检查：以手掌触摸蹄壁，以感知蹄温，并应作对比检查。若蹄内有急性炎症，则蹄温显著升高。

③ 痛觉检查：先用检蹄钳敲打蹄壁、钉节和钉头，再钳压蹄匣各部。如家畜拒绝敲打和钳压或肢体上部肌肉呈现收缩反应或抽动患肢，则说明蹄内有带痛性炎症存在。

(2) 肢体各部的检查 使患畜自然站立，由冠关节开始逐渐向上触摸压迫各关节、屈腱、骨骼等部位，注意有无肿胀、增温、疼痛、变形等变化。

(3) 被动运动检查 即人为地使动物关节、腱及肌肉等做屈曲、伸展、内收、外转及旋转运动，观察其活动范围及疼痛情况、有无异常音响，进而发现患病部位。

4. 特殊诊断方法

(1) X线检查 四肢疾病用X线进行透视或照相检查，可获得正确诊断。兽医临床广泛应用于四肢的骨和关节疾病如骨折、骨膜炎、骨炎、骨髓炎、骨质疏松等病及蹄内异物等的检查。

(2) 热浴检查 当蹄部的骨、关节、腱和韧带有疾患时，可用热浴作鉴别诊断。在水桶内放40℃的温水，将患肢热浴15～20min，如为腱和韧带或其他软组织的炎症所引起的跛行，热浴以后，跛行可暂时消失或大为减轻，相反，如为闭锁性骨折、籽骨和蹄骨坏死或骨关节疾病所引起的跛行，应用热浴以后，跛行一般都增重。

(3) 电刺激诊断 神经和肌肉麻痹时，其对电刺激应激性减弱，因而两侧肢同一部位比较，可确定患部和麻痹的程度。

(4) 斜板试验 斜板（楔木）试验主要用于确诊蹄骨、屈腱、舟状骨、远籽骨滑膜囊炎及蹄关节的疾病。斜板为长50cm、高15cm、宽30cm的木板一块。检查时，迫使患肢蹄前壁在上，蹄踵在下，站在斜板上，然后提举健肢，此时，患肢的深屈腱非常紧张，上述器官有病时，动物由于疼痛加剧不肯在斜板上站立（图6-3）。检查时应和对侧肢进行比较。

蹄骨和远籽骨有骨折可疑时，禁用斜板试验。

5. 做出诊断

将检查所获得的丰富材料进行认真的分析对比，反复研究加以归纳总结，对疾病做出初步诊断，定出病名，确定治疗措施。

三、牛跛行诊断的特殊性

牛运动器官发病最多的部位是蹄，其次的发病部位为球节和膝关节。能准确地对牛跛行进行诊断，必须掌握肢的解剖和功能、常发病特征和诊断方法。在诊断方法上有两个基本步骤，一是详尽地调查和掌握病史，二是进行细致周密的检查。

1. 病史

详尽地调查病史，往往可提供有价值的线索，在给牛调查病史时，特别要注意以下几点。

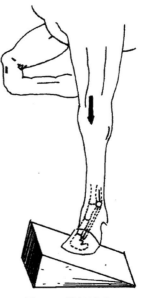

图6-3 斜板试验

（1）调查发病的场所　在牛场进行跛行诊断时，必须先巡查该牛场，注意和寻找可以引起跛行或蹄病的一些因素，如牛场的运动场如何？牛是否喜欢站立在某个地方？该地方的地面如何？牛棚的结构是否合理，特别是牛床大小、斜度、地面等。牛棚内和运动场的卫生如何？这些都与肢蹄病的发生有密切关系。

（2）咨询饲养管理，特别是护蹄情况　如饲料中酸性饲料占主体或饲料中含有大量易消化的糖类、粗饲料过少等，这就很容易引起蹄叶炎；护蹄不良常常引起蹄变形，后者与肢蹄病互为因果关系。日粮中钙磷比例不当，常引起骨质疏松。

（3）同群牛中是否发生很多相似的病例　若有许多相似的病例，说明该场存在引起此病的某个因素。如群发蹄底溃疡和蹄踵部挫伤，常由于护蹄不良和在牛棚内站立不适、机械压迫引起，也可能是由于用炉灰渣垫运动场或铺地引起。

2. 视诊

牛跛行诊断时的视诊，除站立视诊和运步视诊外，还有躺卧视诊，而且躺卧视诊非常重要，因为牛肢有病时，常常不站立而躺卧着。

（1）站立视诊　站立视诊在诊断牛运动障碍上非常重要，能站立的患畜，应该在无控制情况下让其自然站立，从前面和侧面分别进行观察。通常其体重心是从患肢向健肢转移的，所以在站立视诊时，首先应注意头颈的位置，头颈位置可表明体重心有无转移。低头和伸颈，体重心从后肢转移至前肢；抬头和屈颈，体重心则从前肢转向后肢。当后肢有病，体重心转移到前肢时，可注意肩关节的屈曲情况，肩关节可变得突出，另外也可注意肘头的变化，当体重心转移到前肢时，可见肘头移向胸的后上方，相反，当病在前肢，体重心转移到后肢时，后肢的跗关节出现不正常的屈曲，此时前肢的肘头可移向前下方。

跛行若为一侧性的，从前面或后面视诊时，可见健肢内收，以健肢更多地支持体重，减轻患肢的负担，病肢则向外展，但减负体重的现象不明显。

两后肢跛行时，常卧地不起。站立时，可见四肢都接近体重心，并且弓背。四个肢的跛行也表现为上述姿势。

蹄的外侧指（趾）有病时，可见患畜病肢外展，以内侧指（趾）负重。两前肢内侧指患病时，可见两前肢交叉负重，两后肢内侧趾患病时，则看不到这种姿势。

蹄部视诊要注意蹄形变化，蹄角质生长情况。蹄变形有两种，一种是延蹄，一种是卷蹄。卷蹄的特点是后肢发生在蹄的外侧趾，前蹄发生在蹄的内侧指。后肢卷蹄时，外侧趾向内卷，严重时以蹄外侧壁着地，蹄尖向上翘；前肢发生卷蹄时，内侧指向内卷。延蹄的特点是蹄壁延长，失去原来的蹄形和角度，有的变成高蹄，有的则向前伸延形成"爬蹄"。

其次注意腐蹄病和指（趾）间皮炎、指（趾）间增殖情况、蹄冠有无肿胀。腐蹄病时除蹄冠肿胀外，有时可波及关节。

（2）运步视诊 机体由于保护有疼痛的患肢和患部而转移体重心的情况，在运步视诊时更为明显。牛跛行的类型，以支跛或以支跛为主的混合跛行为最多。

在运步视诊牛时，肢除呈现像马跛行类型的支跛和悬跛外，常伴有肢的捻转和体躯摇摆。从牛的摆头运动可判断患肢，在运步时，头常摆向健侧。

运步视诊的重点在于寻找患部，所以在运步视诊时要注意每一关节的伸屈有无异常，特别应注意蹄的活动。还要注意听关节活动时有无异常的声响。在运步视诊时有无这些疾病的特殊表现。注意收集运步视诊时一些突出的症状，为进一步诊断提供新的线索。

在运步视诊时可经常看到球节的突然屈曲，不要错误地认为病在球节，这是一种减少患肢负担的保护性反应，有这种现象说明在球节上部或下部有疼痛性病理过程。

在肢痉挛和麻痹状态时，也可能出现不正常步态，此时，通常找不到敏感区，应从所表现的症状推断患病的神经和肌肉。

（3）躺卧视诊 牛正常时经常是卧着休息，卧的姿势如发生改变或卧下不愿起立，往往说明运动器官有疾患。牛卧的姿势是两前肢腕关节完全屈曲，并将肢压于胸下，后部的体躯稍偏于一侧，一侧的（下面的）后肢弯曲压于腹下，另一侧（上面的）后肢屈曲，放在腹部的旁边（图6-4）。偶尔也有一前肢向前伸出，或整个体躯平躺在地上。若动物正常卧的姿势发生改变，多伴有运动器官障碍，有的牛脊髓损伤时，不能站立，往往用髂骨支持躺卧，两后肢伸于一侧；或患牛整个体躯平躺在地上，四肢伸直（图6-5）。一侧或两侧闭孔神经麻痹时，一个或两个后肢伸直呈跨坐姿势（图6-6）。股神经麻痹时，两后肢常向后伸直，用腹部着地。

在躺卧视诊时，还应注意动物由卧的姿势改变为站立时的表现，有时在这时可看出有病变的肢和部位。为了证明牛起立时有障碍，可先使其处于正常卧的姿势，然后给以针刺，或用脚在地面上搓压患畜尾部，刺激动物站起来，在站立过程中观察哪个肢有障碍，或某个肢的哪个部位有障碍。若动物不能起立，或伸直前肢呈犬坐姿势，表明腰部有问题，可能是后躯麻痹，常常是脊髓的疾患。为了比较，可让牛卧在相反的位置，用同样方法再进行试验观察。

图 6-4 牛倒卧的正常姿势　　　图 6-5 牛脊髓损伤的姿势　　　图 6-6 牛闭孔神经麻痹姿势

躺卧视诊时，应注意蹄的情况，因为这时可看到蹄底。为伫立视诊对蹄的观察打下一定基础。

第二节 关节疾病

一、关节扭伤

关节扭伤是指关节在突然受到间接的机械外力作用下，超越了生理活动范围，瞬时间的过度伸展、屈曲或扭转而发生的关节损伤。此病是马、骡常见和多发的关节病，最常发生于系关节和冠关节，其次是跗关节、膝关节。牛也发生，常发生于系关节、肩关节和髋关节。

1. 病因

（1）突然外力 在使役或运动中由于急转、急停、失足蹬空、嵌夹于穴洞的急速拔腿、跳跃障碍等使关节的伸、屈或扭转超越了生理活动范围，引起关节周围韧带和关节囊的纤维剧伸，发生部分断裂所致。

（2）肢蹄不良 不合理的保定、肢势不良、装蹄失宜等引起关节周围韧带和关节囊的纤维剧伸，发生部分断裂所致。

2. 症状

关节扭伤在临床上表现有疼痛、跛行、肿胀、温热和骨质增生等症状。由于患病关节、损伤组织程度和病理发展阶段不同，症状表现也不同。

① 患部热痛，触诊被损伤的关节侧韧带有明显压痛点。

② 扭伤后立即出现跛行，上部关节扭伤时为混跛，下部关节扭伤时为支跛。

③ 患部肿胀，但四肢上部关节扭伤时，因肌肉丰满而肿胀不明显。

④ 当转为慢性关节扭伤时，可继发骨化性骨膜炎，常在韧带、关节囊与骨结合部受损伤时形成骨赘。

3. 诊断

① 使役或运动中突发跛行。

② 患病关节肿胀，触诊有明显热、痛症状。

4. 治疗

治疗原则：制止出血和炎症发展、促进吸收、镇痛消炎、预防组织增生、恢复关节功能。

（1）制止出血和渗出 在伤后 1～2d 内，为了制止关节腔内的继续出血和渗出，应进行冷疗和包扎压迫绷带。冷疗可用冷水浴或冷敷。症状严重时，可注射促凝血剂，使病畜安静。

（2）促进吸收 急性炎性渗出减轻后，应及时使用温热疗法，促进吸收。如温水浴（用 25～40℃ 温水浴，连续使用，每用 2～3h 后，应间隔 2h 再用）、干热疗法（热水袋、热盐袋）促进溢血和渗出液的吸收。如关节内出血不能吸收时，可作关节穿刺排出，同时通过穿刺针向关节腔内注入 0.25% 普鲁卡因青霉素溶液。或使用碘离子透入疗法、超短波和短波疗法、石蜡疗法、酒精鱼石脂绷带，或敷中药四三一散（处方：大黄 4.0g，雄黄 3.0g，龙脑 1.0g，研细，蛋清调敷）。

（3）镇痛 注射镇痛剂。可向疼痛较重的患部注射盐酸普鲁卡因酒精溶液（处方：2% 普鲁卡因 2mL、25% 酒精 80mL、灭菌蒸馏水 20mL）10～15mL，或向患关节内注射 2.0% 盐酸普鲁卡因溶液，或涂擦弱刺激剂，如 10% 樟脑酒精、碘酊樟脑酒精合剂（处方：5% 碘酊 20mL、10% 樟脑酒精 80mL），或注射醋酸氢化可的松。在用药的同时适当牵遛运动，加速促进炎性渗出物的吸收。韧带、关节囊损伤严重或怀疑有软骨、骨损伤时，应根据情况包扎石膏绷带。

对慢性病例，患部可涂擦碘樟脑醚合剂（处方：碘 20g，95% 酒精 100mL，乙醚 60mL，精制樟脑 20g，薄荷脑 3g，蓖麻油 25mL），每天涂擦 5～10min，涂药同时进行按摩，连用

3～5d。

(4) 装蹄疗法 如肢势不良，蹄形不正时，在药物疗法的同时进行合理的削蹄或装蹄。在药物疗法的同时，可配合新针疗法或用氦氖激光照射、二氧化碳激光扩焦照射。

二、关节挫伤

关节挫伤是指致病的机械外力直接作用于关节，引起皮肤脱毛和擦伤，皮下组织溢血和挫灭。马、骡和牛经常发生关节挫伤，多发生于肘关节、腕关节和系关节，而其他缺乏肌肉覆盖的膝关节、跗关节也有发生。

1. 病因

(1) 外力 打击、冲撞、跌倒、跳越沟崖、挽曳重车时滑倒等常引起关节挫伤。

(2) 环境因素 牛棚地面不平，不铺垫草，缰绳系绊得过短，牛在起卧时腕关节碰撞饲槽，是发生腕关节挫伤的主要原因。

2. 症状

(1) 轻度挫伤 皮肤脱毛，皮下出血，局部稍肿，随着炎症反应的发展，肿胀明显，有指压痛，触摸患关节有疼痛反应，轻度跛行。

(2) 重度挫伤 患部常有擦伤或明显伤痕，有热痛、肿胀，病后经24～36h则肿胀达高峰。初期肿胀柔软，以后坚实。如关节腔血肿时，关节囊紧张膨胀，有波动，穿刺可见血液。软骨或骨骺损伤时，症状加重，有轻度体温升高。病畜站立时，以蹄尖轻轻支持着地或不能负重。运动时出现中度或重度跛行。损伤黏液囊或腱鞘时，并发黏液囊炎或腱鞘炎。

3. 诊断

① 皮肤有擦伤、皮下肿胀，有热、痛感。

② 发生跛行。

4. 治疗

治疗原则为制止渗出、促进吸收、防止感染、抑制出血。

治疗方法同关节扭伤；擦伤时，按创伤疗法处理。

三、关节创伤

关节创伤是指各种不同外界因素作用于关节囊招致关节囊的开放性损伤。有时并发软骨和骨的损伤，是马、骡常发疾病，多发生于跗关节和腕关节，并多损伤关节的前面和外侧面，但也发生于肩关节和膝关节。

1. 病因

(1) 锐性致伤 锐性物体的致伤，如刀、叉、枪弹、铁丝、铁条、犁铧等所引起刺创、枪创等。

(2) 钝性致伤 钝性物体的致伤，如车撞、蹦踢，特别是冬季冰掌的踢伤，在冬季路滑挽曳重车时跌倒等引起的挫创、挫裂创等。

2. 症状

根据关节囊的穿透有无，分关节非透创和关节透创。

(1) 关节非透创 轻者关节皮肤破裂或缺损、出血、疼痛，轻度肿胀。重者皮肤伤口下方形成创囊，内含挫灭坏死组织和异物，容易引起感染。关节非透创病初一般跛行不明显，当腱和腱鞘损伤时，跛行显著。

(2) 关节透创 特点是从伤口流出黏稠透明、淡黄色的关节滑液，有时混有血液或由纤维素形成的絮状物。滑液流出状态，因损伤关节的部位以及伤口大小不同，表现也不同，活动性较大的跗关节腔距囊有时因挫创损伤组织较重，伤口较大时，则滑液持续流出；当关节因刺创，组织被破坏得比较轻，关节囊伤口小，伤后组织肿胀压迫伤口，或纤维素块堵塞，只有自动或他动运动屈曲患关节时，才流出滑液。一般关节透创病初无明显跛行，严重挫创时跛行明显。跛行常为悬跛或混合跛行。

若伤后关节囊伤口长期不闭合，滑液流出不止，抗感染力降低，则出现感染症状。临床常见的关节创伤感染为化脓性关节炎和急性腐败性关节炎。化脓性关节炎的滑液带脓，疼痛剧烈，跛行明显。急性腐败性关节炎的滑液混有气泡，恶臭，伤口组织进行性变性坏死，全身症状显著。

3. 诊断

(1) 关节内注射诊断法　向关节内、腱鞘内注入带色消毒液，若从伤口流出为透创。

(2) 关节腔充气造影 X 线检查法　关节透创时，需要进行 X 线检查以确定有无金属异物残留关节内。

4. 治疗

治疗原则：防治感染，增强抗病力，及时合理地处理伤口，力争在关节腔未出现感染之前闭合关节囊的伤口。

创伤周围皮肤剃毛，用防腐剂彻底消毒。

(1) 伤口处理　对新创彻底清理伤口，切除坏死组织和异物及游离软骨和骨片，消除伤口内盲囊，用防腐剂穿刺洗净关节创，由伤口的对侧向关节腔穿刺注入防腐剂。禁忌由伤口向关节腔冲洗，以防止污染关节腔。最后涂碘酊，包扎伤口，对关节透创应包扎固定绷带。

① 新鲜创：清理异物，排除盲囊，关节腔对侧穿刺消毒，伤口包扎固定（自家血凝块填塞法）方法为在无菌条件下取静脉血适量，放于 3～6℃处，待血凝后析出血清，取血凝块塞入关节囊伤口，压迫阻止滑液流出，可迅速促进肉芽组织增生闭合伤口。还可以同时使用局部封闭疗法。

② 陈旧伤：清除坏死组织及异物，关节腔清洗消毒，包扎绷带，实施开放疗法。

(2) 局部理疗　为改善局部的新陈代谢，促进伤口早期愈合，可应用温热疗法，如温敷、石蜡疗法、紫外线疗法、红外线疗法和超短波疗法，以及激光疗法，用低功率氦氖激光或二氧化碳激光扩焦局部照射等。

(3) 全身疗法　为了控制感染，从病初开始尽早使用抗生素疗法、磺胺疗法、普鲁卡因封闭疗法（腰封闭）、碳酸氢钠疗法。自家血液和输血疗法及钙疗法（处方：氯化钙 10g、葡萄糖 30g、苯甲酸钠咖啡因 1.5g、生理盐水溶液 500mL，灭菌）一次注射，或氯化钙酒精疗法（处方：氯化钙 20g、蒸馏酒精 40mL、0.9%氯化钠溶液 500mL，灭菌），马一次静脉注射。

四、关节脱位

关节脱位是由于外力作用，使关节头脱离关节窝，失去正常接触而出现移位，又称脱臼。关节脱位常突然发生，本病多发生于牛、马的髋关节和膝关节（图 6-7），肩关节、肘关节、指关节也可发生。

1. 病因

关节脱位按病因可分为：外伤性脱位、先天性脱位、病理性脱位、习惯性脱位。

(1) 外伤性脱位　最常见，以间接外力作用为

图 6-7　牛两侧髋关节脱位

主，如蹬空、关节强烈伸屈、肌肉不协调地收缩等；直接外力是第二位因素，使关节活动处于超生理范围的状态下，关节韧带和关节囊受到破坏，使关节脱位，严重时引发关节骨或软骨的损伤。

(2) 先天性因素 较少由此引起，常引起关节囊扩大，多数不破裂，但造成关节囊内脱位，导致轻度运动障碍，不痛。

(3) 病理性脱位 是关节与附属器官出现病理异常，加上外力作用引发脱位。

(4) 习惯性脱位 一般见于解剖学缺陷，或者是曾经患过结核病、马腺疫、产后虚弱或者维生素缺乏的患病动物，当外力不是很大时，也可能反复发生间歇性习惯性脱位。

2. 症状

关节脱位的共同症状表现为：关节变形、异常固定、关节肿胀、肢势改变和功能障碍。

(1) 关节变形 因构成关节的骨端位置改变，使正常的关节部位出现隆起或凹陷。

(2) 异常固定 因构成关节的骨端离开原来的位置被卡住，使相应的肌肉和韧带高度紧张，关节被固定不动或者活动不灵活，强迫运动后又恢复异常的固定状态，带有弹拨性。

(3) 关节肿胀 由于关节的异常变化，造成关节周围组织受到破坏，因出血、形成血肿及比较剧烈的局部急性炎症反应，引起关节的肿胀。

(4) 肢势改变 呈现内收、外展、屈曲或者伸张的状态。

(5) 功能障碍 伤后立即出现。由于关节骨端变位和疼痛，患肢发生不同程度的运动障碍，甚至不能运动。

3. 诊断

① 根据临床症状如关节变形、关节肿胀、肢势改变可做出诊断。

② X线检查：关节肿胀严重病例适用于 X 线检查。

4. 治疗

治疗原则为整复、固定、功能锻炼、治疗原发病。

(1) 整复 整复就是复位。复位是使关节的骨端回到正常的位置，宜早不宜迟，整复应当在麻醉状态下实施，以减少阻力，易达到复位的效果。

整复的方法有按、揣、揉、拉和抬。在大动物关节脱位的整复中，常采用绳子将患肢拉开反常固定的患关节，然后按照正常解剖位置使脱位的关节骨端复位；当复位时会有一种声响，此后，患关节恢复正常形态。为了达到整复的效果，整复后应当让动物安静 1～2 周。

(2) 固定 下肢关节可用石膏或者夹板绷带固定，经过 3～4 周后去掉绷带，并适当地牵遛让病畜恢复；由于上肢关节不便用绷带固定，可以采用 5% 的灭菌盐水 5～10mL 或者自身血向脱位关节的皮下做数点注射（总量不超过 20mL），引发周围组织炎症性肿胀，因组织紧张而起到生物绷带的作用。

(3) 功能锻炼 固定解除后适当进行牵遛运动，并结合适当的理疗方法。

五、髋部发育异常

髋部发育异常是生长发育阶段的犬出现的一种髋关节病，病犬股骨头与髋臼错位，股骨头活动增多；临床上以髋关节发育不良和不稳定为特征，股骨头从关节窝半脱位到完全脱位，最后引起髋关节变性性关节病。本病多见于大型、快速生长的品种，如圣伯纳、德国牧羊犬等，但在小型犬（比格尔犬、博美犬）和猫中也有报道。

1. 病因

病因是多因素的，与遗传、营养、骨盆部肌肉状态、髋关节的生物力学、滑液量等都有关系。

2. 症状

4～12 月龄的病犬常见活动减少、关节疼痛。几年以后出现变性性关节病证候。小犬摇摆、运步不稳，后肢拖地、以前肢负重，后肢抬起困难，运动后病情加重。患肢股骨头外转受限制，触摸可见髋关节松弛。负重时出现跛行，髋关节活动范围受限制。后肢肌肉可见萎缩。

病犬髋关节受损，出现炎症、乏力等表现；最终骨关节炎加重、滑液增多、环状韧带水肿、变长，可能断裂；关节软骨磨损、关节囊增厚、髋关节肌肉萎缩、无力。

X 线检查：轻度变化不明显；中度以上时可见髋臼变浅，股骨头半脱位到脱位（是本病的特征），关节间隙消失，骨硬化，股骨头扁平，髋变形，有骨赘。X 线检查所见不一定与临床症候成正相关。

3. 治疗与预防

对遗传性因素所致患犬，禁止用于繁殖。

如果患犬的耻骨肌缩短，切断此肌可缓解症状。但这种治疗方法的效果尚有争议。

本病的治疗，在早期可通过控制体重、强制休息来减少髋关节的压力，防止髋关节脱位的进一步发展。

手术疗法可使不稳定的髋关节得以矫正、吻合。常用的方法有股骨内翻切开术、髋臼固定术、骨盆切开术、股骨逆旋切开术等，此外还有髋关节的部分或全部置换术。然而，每种手术都有其特殊的适应证和禁忌证。

对于患有骨关节病而无法活动或疼痛明显的小型犬（体重为 10kg 左右），采取股骨颈部切断术有效。

为了减轻疼痛，可用阿司匹林 5～35mg/kg 体重，每 8 小时口服 1 次。或用类固醇制剂治疗等。

第三节　肌、腱、黏液囊疾病

一、肌炎

肌炎是肌纤维发生变性、坏死，肌纤维之间的结缔组织、肌束膜和肌外膜也发生病理变化。肌炎多发生于马，牛、猪也有发生。

肌炎根据病因可分为外伤性肌炎、风湿性肌炎、症候性肌炎和感染性肌炎；根据炎症性质可分为急性肌炎、慢性肌炎和化脓性肌炎。

1. 病因

(1) 外伤性肌炎　临床上较多见，主要因踢蹴、跌落、滑倒、角抵和马具的压迫等对肌肉造成直接或间接的损伤所致，或见于马匹及犬平时缺乏锻炼，突然激烈地训练、繁重使役造成外伤性肌炎。护蹄不当、姿势异常、蹄形不正更易诱发外伤性肌炎。

(2) 风湿性肌炎　病因至今尚未完全搞清楚，一般认为是一种变态反应性疾病。

(3) 症候性肌炎　如肌红蛋白尿症时表现出来的，多因长期休闲后突然剧烈运动引起。

(4) 感染性肌炎　是由感染葡萄球菌、链球菌、大肠杆菌等致病菌所致，多因创伤、蜂窝织炎、肌肉内误注强刺激剂（如松节油、氯化钙等）所引起，也可由周围组织炎症蔓延与脓毒病、腺疫等病时经血液转移而发病。

2. 症状

(1) 急性肌炎　多为突然发病，在患病肌肉的一定部位指压有疼痛感。患部增温、肿胀的有无因部位而各有差异，但不论症状轻重都有跛行，一般规律多数为悬跛，少数是支跛，悬跛之中有的兼有外展姿势。

(2) 慢性肌炎 多数自急性肌炎或致病因素经常反复刺激而引起。患部肌纤维变性、萎缩，逐渐由结缔组织所取代。患部脱毛，皮肤肥厚，缺乏热、痛和弹性，肌肉肥厚、变硬。患肢功能障碍。

(3) 化脓性肌炎 除深在肌肉外，炎症进行期有明显的热、痛、肿胀、功能障碍。随着脓肿的形成，局部出现软化、波动。深在病灶虽无明显波动，但可见到弥漫性肿胀。穿刺检查，有时流出灰褐色脓汁。自然溃开时，易行成窦道。

3. 治疗

治疗原则：去除病因，消炎镇痛，防治感染，恢复功能。

(1) 急性肌炎 病初停止使役，先冷敷后温敷，控制炎症发展或促进吸收。用青霉素盐酸普鲁卡因封闭，涂刺激剂和软膏。为了镇痛，注射安替比林合剂、2%盐酸普鲁卡因、维生素 B_1 等，也可以使用安乃近、安痛定、水杨酸制剂及肾上腺糖皮质激素等。

(2) 慢性肌炎 可应用针灸、按摩、涂强刺激剂、石蜡疗法、超短波和红外线疗法，对猪可向股部注射碘化乳剂（处方：鲜牛乳 5～10mL、10%碘酊 5～10 滴），同时注射青霉素。每隔 3d 用药 1 次，注意适当运动。

(3) 化脓性肌炎 前期应用抗生素或磺胺疗法，形成脓肿后，适时切开，根据病情注意全身疗法。

对某些疾病除药物疗法外，应配合进行装蹄疗法。

二、腱炎

动物在超生理耐受范围负重时，使腱过度牵张，引起的炎症性病理过程称腱炎，腱炎是役用马、骡、驴和役用牛的常发疾病。腱在马、骡、驴的前肢支持作用比较大，因而前肢发生腱炎也比较多。牛则相反，后肢发病率较高。

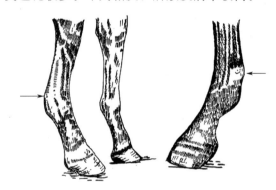

图 6-8 指浅屈肌腱炎

一般屈腱比伸腱发病多，而在屈腱之中则指深屈肌腱多发于指浅屈肌腱（图 6-8）。

1. 病因

装蹄不当、滑倒、超强度使役等都能引起腱的剧伸，损伤腱纤维而发病；少数因外伤或局部感染引起腱炎；也有因蟠尾丝虫的寄生，引起非化脓性或化脓性腱炎。

2. 症状

急性无菌性腱炎，突然发生不同程度的跛行，患部增温，肿胀疼痛。如病因不除或治疗不当，则容易转为慢性炎症。腱变粗而硬固，弹性降低乃至消失，结果出现腱的功能障碍。或因损伤部位的肉芽组织机化形成瘢痕组织，腱短缩，甚至与之有关的关节活动均受限制。

经常反复的损伤所引起的慢性纤维性腱炎，它的临床特征是患部硬固、疼痛、肿胀。病畜每当运动开始，表现严重的跛行，随着运动则跛行减轻或消失。休息之后，慢性炎症的患部迅速出现瘀血，疼痛反应加剧。

化脓性腱炎，临床症状比无菌性炎症时剧烈，常发部位在腱束间的结缔组织，因而经常并发局限性的蜂窝织炎，最终能引起腱的坏死。

3. 诊断

(1) 局部炎症 增温、肿胀、疼痛，化脓性腱炎发生坏死、化脓。

(2) 功能障碍 疼痛性跛行、腱挛缩性跛行、腱性关节挛缩引起的跛行等。

4. 治疗

治疗原则是减少渗出，促进吸收和出血凝固，防止腱束的继续断裂，恢复功能。

急性炎症时，首先使病畜安静，如出现在肢势不正或护蹄、装蹄不当的病例，须在药物治疗的同时进行矫形装蹄（装厚尾蹄铁或橡胶垫）和削蹄，以防止腱束的继续断裂和炎症发展。

急性炎症初期，为控制炎症发展和减少渗出，可用冷疗法。病后 1～2d 内进行冷疗，亦可使用冰囊、雪囊、凉醋、明矾水和醋酸铅溶液冷敷，或用凉醋泥贴敷。

急性炎症减轻后，为了消炎和促进吸收，使用酒精热绷带、酒精鱼石脂温敷，或涂擦复方醋酸铅散加鱼石脂等。或使用中药消炎散（处方：乳香、没药、血竭、大黄、天花粉、白芷各 100g，白及 300g，碾细加醋调成糊状）贴在患部，包扎绷带，药干时可浇以温醋。

封闭疗法，将盐酸普鲁卡因注射液注于炎症患部，效果较好。

对亚急性和转为慢性经过时间不久的病畜，应当使用热疗法，如电疗、离子透入疗法、石蜡疗法，或试用可的松 3～5mL 加等量 0.5％盐酸普鲁卡因注射液在患肢两侧皮下进行点注，每点间隔 2～3cm，每点注入 0.5～1mL，每 4～6d 一次，3～4 次为一疗程。

对慢性经过时间较久的腱炎，可以涂擦碘汞软膏（处方：水银软膏30g、纯碘 4g）2～3 次，用至患部皮肤出现结痂为止，但在每次涂药后，应包扎厚的绷带。或涂擦强刺激性的红色碘化汞软膏（处方：红色碘化汞 1g、凡士林 5g），为了保护系凹部，应在用药同时涂以凡士林，然后包扎保温绷带，用药后注意护理，预防咬舔患部。在治疗过程中应保持病畜的适当运动。

对化脓性腱炎，应按照外科感染疗法治疗。

三、黏液囊炎

黏液囊炎即黏液囊由于机械作用引起的浆液性、浆液纤维素性及化脓性炎症。临床上家畜四肢的皮下黏液囊炎较多见，其中以马、骡和犬的肘结节皮下黏液囊炎、牛的腕前皮下黏液囊炎最多发，并常取慢性经过；肉用型鸡常见有龙骨黏液囊炎。

1. 病因

主要是黏液囊长期受机械刺激所致。

(1) 挫伤、剧烈冲击，如踢蹴、跌打、冲撞，地面坚硬粗糙，牛床不平，钉头外露，垫草不足。

(2) 反复压迫、摩擦刺激 挽具、饲槽、墙壁等的压迫与摩擦。

(3) 全身性疾病 腺疫、副伤寒、布氏杆菌病等疾病经过中也可发生。

2. 症状

(1) 黏液囊炎的共同症状 急性经过时，黏液囊紧张膨胀，容积增大，热痛，波动，有功能障碍。皮下黏液囊炎的肿胀轻微，界限不清，常无波动，功能障碍显著；慢性炎症时，患部呈无热无痛的局限性肿胀，功能障碍不明显。若为浆液性炎症时，黏液囊显著增大，波动明显，皮肤可移动；若为浆液纤维素性炎时，肿胀大小不等，在肿胀突出处有波动，有的部位坚实微有弹性；若纤维组织增多时，则囊腔变小，囊壁明显肥厚，触诊硬固坚实，皮肤肥厚，甚至形成胼胝或骨化。

(2) 肘结节皮下黏液囊炎 亦称肘肿或肘头瘤，马及大型犬多发，主要是慢性经过，肿胀大小不等，无痛，无跛行。但急性或化脓性炎症时，肘头部热痛，呈弥漫性肿胀。运步时避免屈曲肘关节，悬跛明显。化脓性炎症继续发展可形成脓疡，不断向外排脓，易形成瘘管。

(3) 腕前皮下黏液囊炎 亦称膝瘤或冠膝，牛多发（图 6-9）。患部呈渐进性无痛肿胀，肿胀可达排球大，有的极坚硬，有的柔软有波动，一般无跛行，但肿胀过大或成胼胝时出现跛行。

图 6-9 牛的两侧性腕前
皮下黏液囊炎

3．诊断

（1）特定的解剖部位

① 结节间滑液囊炎：臂二头肌腱质部。

② 肘头皮下黏液囊炎：肘头部位。

③ 腕前皮下黏液囊炎：腕关节前面略下方。

④ 跟骨头皮下黏液囊炎：跟骨头顶端。

（2）穿刺检查 正常为透明黏胶状滑液，有炎症则表现混浊。

（3）麻醉诊断 囊内注射 3％盐酸普鲁卡因，症状减轻或消失。

4．治疗

治疗原则：除去病因，抑制渗出，促进吸收，防治感染，穿刺排液，手术切除。

对于急性或慢性病例，可先无菌抽出渗出液，再用 0.5％氢化可的松 2.5～5mL 内加青霉素 20 万国际单位，注射前以 0.5％盐酸普鲁卡因溶液做 1∶1 稀释，再行关节腔内或关节周围分点皮下注射，隔日 1 次，连注 3～4 次。注射后装着压迫绷带，可提高疗效。

若肿胀过大，渗出不易消除时，可穿刺抽出后，注入 10％碘酊或 5％硫酸铜溶液或 5％硝酸银溶液等进行腐蚀。

若囊壁肥厚硬结时，可行手术摘除。

化脓性黏液囊炎时，应早期切开，彻底排脓后，再按化脓创处理。

治疗过后平时应加强饲养管理，防止局部压迫和摩擦。地面与厩床要平整，多铺褥草。畜舍、畜栏要宽敞。

第四节　骨　病

一、骨膜炎

骨膜的炎症称骨膜炎。临床上可分为非化脓性骨膜炎与化脓性骨膜炎、急性骨膜炎与慢性骨膜炎。大动物中马、骡多发，小动物中犬的骨膜炎发病率最高。

1．非化脓性骨膜炎

（1）病因

① 直接外力：直接打击、跌倒、踢踺、冲撞等引起。

② 间接牵张：肌腱、韧带的过度牵张或长期反复受到刺激。

③ 炎症蔓延：附近关节及软组织的炎症蔓延而致。

④ 诱因：肢势不正，削蹄不当，过早服重役，患有骨营养代谢障碍。

（2）症状

① 急性骨膜炎：病初以骨膜的急性浆液性浸润为特征。病变部充血、渗出，出现局限性、硬固的热痛性扁平肿胀，皮下组织呈现不同程度水肿。触诊有痛感，指压留痕。四肢的骨膜炎可发生明显跛行，跛行随运动而增重。若一肢发病，站立时病肢常屈曲，以蹄尖着地、减负体重；两肢同时发病的，常常交互负重。严重的病畜，常不愿站立而卧地。腰部骨膜炎的病犬出现弓腰症状，不让触摸。一般无全身症状，经 10～15d 炎症逐渐平息。

② 慢性骨膜炎：由急性骨膜炎转变而来，或因骨膜长期遭到频繁、反复的刺激而发生，有两种病理过程。

a. 纤维性骨膜炎：以骨膜的表层和表、深层之间的结缔组织增生为特征（图 6-10）。病患部出现坚实而有弹性的局限性肿胀，触诊有轻微热、痛。肿胀紧贴在骨面上，该部的皮肤仍有可动性，大多数病例功能障碍不显著或没有。

b. 骨化性骨膜炎：病理过程由骨膜的表层向深层蔓延。视诊可见病部呈界限明显、突出于骨面的肿胀。触诊硬固坚实，没有疼痛，表面呈凹凸不平的结节状，或呈显著突出的骨隆起，大小不定，可由拇指到核桃大或更大些。大多数患病动物仅造成外貌上的损伤而无功能障碍，只有当骨赘发生于关节的韧带部或肌腱的附着点时，可发生跛行。

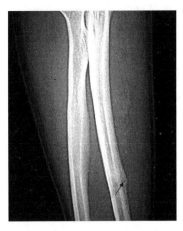

图 6-10　骨膜增生，箭头所示

（3）治疗

① 急性浆液性骨膜炎：令患病动物安静休息。

a. 抑制渗出：发病 24h 以内，可用冷疗法。

b. 促进吸收：24h 后改用温热疗法和消炎剂，如外敷用醋或酒精调制的复方醋酸铅散、10％碘酊或碘软膏、10％～20％鱼石脂软膏等。用盐酸普鲁卡因溶液加皮质激素制剂局部封闭，可获良好效果。

c. 限制关节活动：局部可装着压迫绷带。

② 慢性骨膜炎（纤维性骨膜炎和骨化性骨膜炎）：主要是消除跛行以达到功能性治愈的目的。早期可用温热疗法及按摩。跛行较重的病例可应用刺激剂。马可涂擦 20％碘酊，每次 10min，一日 2 次，共 3d；10％碘化汞软膏，水杨酸碘化汞软膏（处方：碘化汞软膏 95.0g、水杨酸 5.0g），每 5～7d 1 次；碘酒精溶液（处方：碘酊 1g、70％酒精和蒸馏水各 15mL），1 次皮下注射。牛可用 10％重铬酸钾软膏，每日 2 次。陈旧的病例，可在点状烧烙后，再涂布刺激剂，通常要反复治疗几次，大部分病例在 3～4 周后跛行可消失。犬的腰部骨膜炎可以配合中药治疗，有良好的临床效果。

各种骨膜炎都应当除去病因，对肢势不正的牛或者马属动物，应及时进行适当的削蹄和装蹄矫正。

2. 化脓性骨膜炎

（1）病因

① 化脓性骨膜炎是因化脓性病原菌（多为葡萄球菌、坏死杆菌、链球菌）感染而引起。常发生于开放性骨折、骨膜附近的软组织损伤、进行内固定手术以及化脓性骨髓炎。

② 骨膜遭受化脓菌侵入后，首先发生浆液性化脓性浸润，在骨膜上形成很多小脓灶，或是形成骨膜下脓肿。脓肿破溃，脓汁进入周围软组织，其后或穿破皮肤形成化脓性窦道，或继续蔓延而发生蜂窝织炎。由于骨膜与骨的分离，骨质失去了营养和神经分布，在脓汁作用下发生坏死、分解，呈沙粒状脱落于脓腔内，骨表面形成粗糙的溃疡缺损。弥漫性骨膜炎时，可发生大块骨片坏死。

（2）症状　初期局部出现弥漫性、热性肿胀，有剧痛，皮肤紧张，可动性变小或消失。随着皮下组织内脓肿的形成和破溃，成为化脓性窦道，流出混有骨屑的黄色稀脓。探诊时，可感知骨表面不平或有腐骨片。局部淋巴结肿大，触诊疼痛。发生在四肢的化脓性骨膜炎，跛行显著，病肢不能负重。病初全身体温升高，精神沉郁，饮食欲废绝。严重的可继发败血症。

（3）治疗　治疗原则是局部封闭，排除积脓，去除死骨，防治感染。使患病动物安静。病初局部应用酒精热绷带，以盐酸普鲁卡因溶液封闭，全身应用抗生素。随着软化灶的出现，及时切开脓肿，形成窦道的要扩创，充分排除脓液，用锐匙刮净骨损伤表面的死骨，导入中性盐类高渗液引流及装着吸收绷带。急性化脓期过后，改用10%磺胺鱼肝油、青霉素鱼肝油等纱布引流条。密切注意全身变化，防止败血症的发生。

二、骨折

由于各种内外因素的作用，使骨的完整性或连续性遭受机械破坏时出现断、裂、碎现象，称为骨折。各种动物均可发生。

1. 病因

（1）外伤性骨折

① 直接暴力：骨折都发生在打击、挤压、火器伤等各种机械外力直接作用的部位。如车辆冲撞、重物压轧、踢蹴、角顶等，常发生开放性骨折甚至粉碎性骨折，大都伴有周围软组织的严重损伤。

② 间接暴力：指外力通过杠杆、传导或旋转作用而使远处发生骨折。如奔跑中扭闪或急停、跨沟滑倒等，可发生四肢长骨、髋骨或腰椎的骨折；肢蹄嵌夹于洞穴、木栅缝隙等时，肢体常因急旋转而发生骨折。

③ 肌肉过度牵引：肌肉突然强烈收缩，可导致肌肉附着部位骨的撕裂。如动物某肌肉痉挛抽搐、强烈收缩等造成。

（2）病理性骨折 病理性骨折是有骨质疾病的骨发生骨折。如患有骨髓炎、骨疽、佝偻病、骨软病、衰老、妊娠后期或高产乳牛泌乳期中，慢性氟中毒等，以及某些遗传性疾病，如牛、猪卟啉症、四肢骨关节畸形或发育不良等，这些处于病理状态下的骨，疏松脆弱，应力抵抗降低，有时遭受不大的外力，也可引起骨折。

2. 骨折的分类

（1）按皮肤是否破损

① 闭合性骨折：邻近皮肤或黏膜无创伤，骨断端与外界不通。

② 开放性骨折：伴有皮肤或黏膜破裂，骨断端与外界相通。

（2）按有无合并损伤

① 单纯性骨折：主要神经、血管、关节或器官未损伤。

② 复杂性骨折：邻近重要神经、血管、关节或器官损伤。

③ 粉碎性骨折：骨离断成两块以上，同时伴有周围软组织损伤。

（3）按骨损伤的程度

① 不全骨折：骨的完整性或连续性仅有部分中断。

② 全骨折：骨完整性或连续性完全被破坏。

（4）按骨折发生的解剖部位

① 骨干骨折：发生于骨干部的骨折。

② 干骺骨折：骨折线同时位于骨干和骨骺线。

③ 骨骺骨折和骨骺分离：前者指发生在骨骺部分的骨折，后者为骨骺全部或部分与骨干分离。

（5）根据骨折后就诊时间

① 新鲜骨折：伤后2～3周以内就诊。

② 陈旧骨折：伤后2～3周以后就诊。

（6）按骨折线方向 分为横骨折、纵骨折、斜骨折、螺旋骨折、穿孔骨折、嵌入骨折和粉碎性骨折（图6-11）。

3. 症状

（1）疼痛 骨折发生后疼痛剧烈，肌肉颤抖，出汗，自动或被动运动表现更加不安和躲

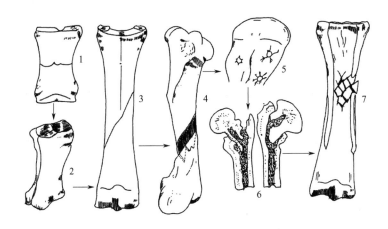

图 6-11　按骨折线方向的骨折分类

1—横骨折；2—纵骨折；3—斜骨折；4—螺旋骨折；5—穿孔骨折；6—嵌入骨折；7—粉碎性骨折

闪。触诊有明显疼痛部位。

(2) 肿胀　因出血及渗出，骨折部呈明显肿胀。

(3) 异常变形　完全骨折时，因骨折断端移位，使骨折部位外形或解剖位置发生改变，患肢呈弯曲、缩短、延长等异常姿势。

(4) 异常活动和骨摩擦音　肢体全骨折时，活动远心端，可呈屈曲、旋转等异常活动，并可听到或感知骨断端的摩擦音或撞击声。

(5) 功能障碍　肢体全骨折时，患肢突然发生重度跛行，表现为不能屈伸或负重，呈三肢跳跃前进（不全骨折跛行较轻）；肋骨骨折时呼吸困难；脊椎骨折时可发生神经麻痹及肢体瘫痪。

开放性骨折时，创口裂开，骨折断端外露，常并发感染。

4. 诊断

(1) 问诊病史　了解骨折发生的背景、时间、发生时的情况、动物的表现，是否经过临床治疗，治疗的效果等。

(2) 临床症状检查　检查患畜骨折的程度、方式，是否发生移位、扭曲、变形等。还要注意是否有出血、肿胀的程度，观察机体的整体状态，是否发生休克、感染等。

(3) X 线检查　用于了解骨折的状态、移位情况、骨折后的愈合情况等，并用于关节附近骨折与关节脱位鉴别诊断。X 线拍摄正、侧两个方位的片子，必要时加斜位比较。

(4) 直肠检查　用于大动物髋骨或腰椎骨折的辅助诊断，常有助于了解到骨折部变形或骨的局部病理变化。

(5) 骨折传导音的检查　适用于大动物，正常骨的传导音有清脆实质感，骨折后音变钝而浊，有时甚至完全消失。

(6) 开放性骨折的诊断　开放性骨折可以见到皮肤及软组织的创伤。形成创囊，多数骨折断端暴露于外，创内含有血凝块、碎骨片或异物等，易继发感染化脓。

5. 治疗

治疗原则是正确整复、合理固定、促进愈合、恢复功能。

(1) 急救措施　骨折发生后，首先使患畜安静，防止断端活动和严重并发症。为此，可用镇静剂和镇痛剂；再用简易夹板临时固定包扎骨折部；注意止血，预防休克；开放性骨折，创伤内消毒止血，撒布抗菌药物后，固定包扎，以防感染。

（2）治疗方法

① 正确整复：患畜侧卧保定，全身浅麻醉或局部浸润麻醉后采取牵引、旋转或屈伸以及提按、捏压断端的方法，使两端正确对接，恢复正常的解剖学位置。

② 合理固定：骨折断端复位后，装置石膏绷带或夹板绷带固定，马可吊在柱栏内（牛不能长期吊起，犬、羊可自由活动）。开放性骨折，创伤处理后，撒布抗菌药物，再装着固定绷带或有窗固定绷带。

③ 整复固定后，可注射抗菌、镇痛、消炎药物，补充钙制剂，配合内服中药接骨散。

要加强护理，后期要注意功能锻炼。

三、骨折修复术

1. 骨折整复术

骨折整复术是指重建骨折骨的正常解剖学结构和恢复肢体的正常活动。骨折处理分为开放性骨折复位术和封闭性骨折复位术。

开放性骨折复位术指的是运用外科手术的方式，暴露骨折断端并使用植入物重建解剖学结构，常用于关节骨折、粉碎性不可复性的长骨骨干骨折以及解剖学重建的单纯性骨折。

闭合性骨折复位术是指在不需要外科手术暴露骨折处而使骨折复位，常用于青枝骨折和关节下非取代性的长骨骨折、粉碎性不可复位的长骨骨干骨折以及采用封闭性固定针的单纯骨折。

2. 骨外固定支架技术

骨外固定支架技术是骨折治疗的重要方法，其基本的原理是利用力的平衡，经皮和软组织在骨折两端植入金属钢针，同时在皮外通过连接杆连接各个钢针，以达到固定骨折的目的。骨外固定支架技术的优点是遵循生物学内固定原理，属于微创手术，手术操作过程中对骨折处软组织损伤小，确保了骨折处良好的血液供给，从而提高骨折愈合速度。常运用于粉碎性骨折、化脓性骨感染、骨不愈合或愈合延迟以及某些关节或髋关节的骨折内固定。

外固定支架的基本组成部件：固定针、连接杆和连接设备。

固定针是一种经皮插入骨碎片的不锈钢针，又分为半针和全针，它们具有不同的设计和使用方法。半针穿透皮肤和软组织后，继续穿透两端骨皮质，而全针穿透两侧皮肤、软组织和骨皮质。全针可以在两侧进行固定，比半针的固定强度大。

连接杆在皮肤外侧使用，可将固定针连接在一起并锁定，连接杆为固定针和骨折碎骨片提供稳定的支持。常用的有不锈钢、碳纤维或者合金材质，也有丙烯酸等高分子材料。

连接设备用于固定连接杆和固定针，有单固定夹和双固定夹两种。应用双固定夹的优点是随时可以在连接杆上增加夹子及通过夹子插入凸出螺纹的针。

（1）常用骨外固定支架

① Ⅰ型：又称为单侧骨外固定支架，分为 Ⅰa（单侧-单平面型）和 Ⅰb（单侧-双平面型）两种（图 6-12）。

Ⅰa 型常用于桡骨和胫骨的内表面，以及股骨和肱骨的外侧面。操作方法：在骨折近端和远端的骨骺处进针插入半针，再在骨的中间垂直骨的长轴方向插入半针。然后用连接设备将固定针和连接杆固定。

Ⅰb 型常用于桡骨和胫骨骨折，在安置两个 Ⅰa 型的基础上用连接杆进行固定，形成统一的整体。

② Ⅱ型：又称双侧-单平面骨外固定支架（图 6-13）。常用于桡骨和胫骨，通常安置在内侧面。操作方法：在近端干骺端和远端干骺端插入全针，并同处在一个平面。在垂直于骨表面和平行于关节线的方向上插入固定针。再用连接设备将固定针和连接杆固定。

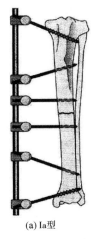 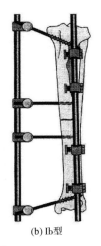

(a) Ia型　　　　　　　(b) Ib型

图 6-12　Ⅰ型

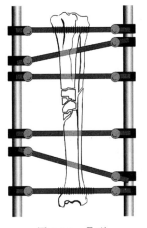 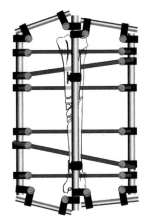

图 6-13　Ⅱ型　　　　　　　图 6-14　Ⅲ型

③ Ⅲ型：又称双侧-双平面骨外固定支架（图 6-14）。常用于复杂性桡骨和胫骨骨折。使用时先在外侧面插入Ⅱ型支架，再在头尾侧面上插入Ⅰ型支架，然后连接两个支架形成Ⅲ型外固定支架。使用时应注意尽量少地使用固定针，以减少固定针穿过肌肉群时造成过多的不适感。

④ 环形骨外固定支架：适用于固定被牵拉的骨碎片，移植骨碎片，尖角骨矫正和有长度缺陷的骨。由半金属环、固定针、连接杆和固定器组成，金属环一般安置在长骨的骨骺端和骨折处两端（图 6-15）。

（2）骨外固定支架技术的原则

① 遵循手术无菌术原则安置骨外固定支架是成功骨折愈合的基础。合适的位置安置固定针，保证支架的稳定性。

② 考量肢体的生物力学，针对不同类型骨折选择合适的外固定支架结构。根据骨折类型，选择合适的拉力螺钉、髓内针等辅助固定方式，增加稳定性。

③ 在骨折复位的情况下放置固定架，此时软组织对出入固定针的影响最小。

图 6-15　环形骨外固定支架

④ 出入固定针时，先切开皮肤，分离肌肉组织，避免插入时固定针旋转软组织，导致损伤。插入固定针时应用低速转入，避免热损伤导致骨吸收。

⑤ 保证固定针穿透两层骨皮质，保证固定针的稳定性。应一次性进针完成，避免重复进针。

⑥ 固定针的进针角度应与骨长轴约成 70°角，此时能提供骨固定针最大的强度和最大的抗拔出力量。

⑦ 当使用连接杆或者环形固定架时，插入的贯穿针应该与固定针在同一平面，这样可以降低骨钉与骨之间的压力。在合适的骨折断处插入固定针，固定针应该与骨折线保持骨直径一半的距离，防止太近导致骨裂。

⑧ 选择合适的固定针、连接杆和固定器。贯穿针不应该超过骨直径的 20%～25%。将贯穿针安置在骨断片上，提高外固定支架的结构稳定性。

⑨ 连接杆应该与动物的皮肤保持合理的距离。术前和术后软组织会出现肿胀情况。

⑩ 骨折处出现明显骨缺损时，可以使用骨移植技术以填充缺损，促进骨愈合。

3. 内固定接骨术

内固定是用外科技术操作暴露骨折断端，使用植入物将骨折断片牢固地固定直到骨折愈合。骨折断端的稳定性决定了骨折愈合的方式。骨折复位的稳定性对关节骨折的愈合尤为重要，骨片的移动会导致关节功能的受损、骨不愈合或者延长愈合、关节炎等，所以需要骨的解剖复位和坚强的固定。相较外固定支架，内固定手术过程中会增加软组织的损伤，延长骨愈合的时间。骨折重建应该根据骨折位置和骨折类型合理选择固定方式，遵循 AO（Association for the Study of Internal Fixation）原则和生物接骨原则。

（1）接骨方式

① 开放式解剖性重建　通过不同程度地切开骨折处的软组织暴露骨折断端，进行骨折解剖上的复位和内固定，达到骨折断端的完美复位。操作过程中会破坏骨折处血肿以及骨折周围受损软组织等，会使骨折愈合时间延长。开放但不触碰技术是开放性解剖重建的改进，操作时不触碰骨折处，在远离骨折处操作以达到骨折的轴向复位和固定。

② 封闭式微创接骨术　在远离骨折处的位置做小切口，使用特殊的剥离器在软组织中剥离安置微创骨板的通道，以达到封闭式复位，可以较好地保留适合骨折愈合的生物环境。

（2）常用内固定植入物

①髓内针：髓内针常用于肱骨、股骨和胫骨骨折（图 6-16），其优点是能够提供较好的抵抗弯折力，其强度和刚性由髓内针的直径决定。缺点是因为髓内针的表面与骨的摩擦力很低，所以抗轴压力和抗旋转力较差，不能阻止骨折处的旋转和轴的断裂。所以髓内针一般与其他植入物共同使用，才能够提供坚强的固定作用。

交锁髓内针是在髓腔插入交锁髓内针，在骨折近端和远端安置螺钉并穿过髓内针，从而使螺钉和髓内针连接在一起，可以提供轴向和旋转支持力，也可以提供抗弯折力（图 6-17）。

图 6-16　髓内针　　　　图 6-17　交锁髓内针

② 钢丝：钢丝通常与其他植入物连用，来补充骨折的轴向支持、扭转支持和弯曲支持。钢丝的尺寸根据骨头的大小和预期受到的力量来决定。在使用钢丝时应注意钢丝打结的操作。

张力钢丝：适用于抵抗肌肉或者韧带对骨断片的拉扯力量，并可将分散的抗张力转化为压力，加速骨折愈合（图6-18）。

环扎钢丝：适用于骨干端长斜骨折、螺旋形骨折和粉碎性骨折（图6-19）。使用时，环扎钢丝必须对骨折面产生足够的压力以防止骨在重负荷下的移动和错位。环扎钢丝放置的条件：骨折线的长度至少是骨髓腔直径2倍；骨折片中最少有一个大骨片；准确的复位。半环扎钢丝是环扎钢丝的一种变型，是在预先打孔的骨骼上放置钢丝进行固定骨折，不能作为主要的固定方式。

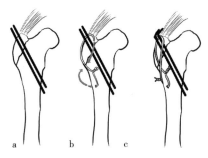

图6-18　张力钢丝

图6-19　环扎钢丝

③ 螺钉：螺钉的类型很多，分为螺距小的皮质螺钉和螺距深的松质螺钉。螺钉可以用于固定接骨板或者固定骨碎片。螺钉按照使用部位不同又分为接骨板螺钉、位置螺钉（图6-20）和拉力螺钉（图6-21）。接骨板螺钉分为常规螺钉和自攻螺钉，常规螺钉安置时需要配套的攻丝器进行攻丝，再拧进孔，而自攻螺钉尖端有一切割用的凹槽，可以自主制造螺纹。位置螺钉的主要功能是防止骨碎片坍陷。拉力螺钉的主要功能是对骨碎片之间的骨折线产生压力。

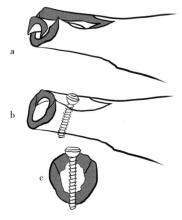

图6-20　位置螺钉

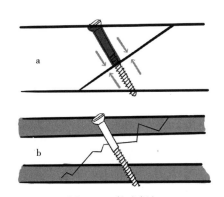

图6-21　拉力螺钉

④ 骨板：骨板常用的材料是316L不锈钢和钛合金，钛合金具有更强的抗疲劳性，而不锈钢的刚性更强。骨板能够有效地承受轴向负重、弯曲负重与骨折处的扭转力。骨板有很多尺寸和形状，根据预期放置的位置和所需要的强度选择，常和螺钉一起使用。骨板按照功能分为加压接骨板、平衡接骨板和支持接骨板（图6-22）。

a.加压接骨板：接骨板上设计不同形状的孔，有圆形和椭圆形，螺钉被拧紧时，螺钉头

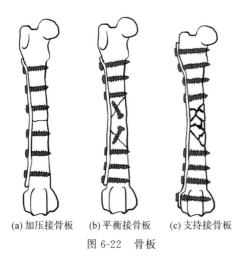

(a) 加压接骨板　(b) 平衡接骨板　(c) 支持接骨板

图 6-22　骨板

滑向椭圆孔的中心，可产生压缩力，使骨头从两侧挤到一起，对骨折线产生压力，这种骨板称为动力加压骨板。常用于简单的横向骨折。

b. 平衡接骨板：平衡接骨板可平衡骨折固定过程中解剖结构和骨螺钉及钢丝固定产生的力，可以桥接断端以平衡导致骨塌陷的作用力。

c. 支持接骨板：在骨的张力面应用一个与骨的解剖形状保持一致的支撑接骨板，可以连接骨折碎片或者防止骨骺塌陷，能保持骨的长度和适当的功能高度。常用于松质骨的骨骺端骨折，不可复性骨折。

四、髋关节成形术

1. 适应证

髋关节成形术是指将犬、猫的股骨头和股骨颈切除，在局部形成纤维性的假关节，从而恢复后肢功能，常用于慢性严重髋关节炎、股骨颈粉碎性骨折、股骨头坏死等。

2. 器械

常规软组织器械、骨科器械。

3. 保定

侧卧保定。

4. 麻醉

全身麻醉。

5. 术式

常采用前外侧切开行髋关节前背侧手术入路。以大转子为中心，沿着股骨干前缘弧形切开皮肤，沿股二头肌前缘切开阔筋膜浅叶，向后牵拉股二头肌，切开阔筋膜深叶，使阔筋膜张肌的附着点游离。向前牵拉阔筋膜张肌，向后牵拉股二头肌，钝性分离，可见臀中肌、臀深肌、股外侧肌和股直肌。关节囊被疏松结缔组织覆盖，钝性清除，显露关节囊。

切开关节囊，显露股骨头，将弯剪伸入关节囊剪断圆韧带和部分关节囊。向外侧旋转股骨90°，使股骨头脱位出关节囊，使用电动摆锯或者骨凿切除股骨头（图6-23），检查股骨是否摩擦髋臼。

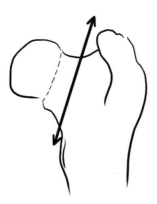

图 6-23　股骨头切除角度

清理创口，进行闭合。将股二头肌的一部分包围在股骨颈的周围，缝合于臀和股外侧肌上。股二头肌的前缘和股外侧直肌后缘缝合。阔筋膜张肌和臀筋膜缝合。常规逐层缝合切口。

6. 术后护理

术后常规使用抗生素和止疼药。尽快协助做被动活动训练，限制运动，尽快恢复假关节功能。

第五节 蹄部疾病

蹄部疾病是马、骡、牛、猪、羊等动物的常见病，发病率较高。致病原因主要是护蹄管理不善，削蹄和装蹄不当。蹄病可直接影响农业生产，能严重影响奶肉用牛、羊及繁殖种猪产奶量，引起肥育增膘和繁殖能力的下降。因此，为了提高生产性能，必须重视蹄部疾病的防治。

一、蹄叶炎

蹄壁真皮的局限性或弥漫性的无菌性炎症称蹄叶炎。马、骡两前蹄多发，有时四蹄同时发病，牛则多见于两后蹄。

1. 病因

(1) 饲养失宜 当长期饲喂过多的精饲料或饲料骤变而缺乏运动时，可引起消化障碍，产生有毒物质吸收后造成血液循环紊乱，蹄真皮淤血发炎。

(2) 使役不当 如在硬地或不平道路上重度使役或持续使役久不休息、长期休闲突然服重役，均可使组织中产生大量乳酸与二氧化碳，吸收后导致末梢血管淤血，引起蹄真皮的炎症。

(3) 护蹄不当 蹄形不正、护蹄不良、装蹄不当等均能机械性刺激蹄知觉部，使局部发炎。

(4) 继发于其他疾病 如胃肠炎或便秘后、中毒、感冒及难产、胎衣不下等，可引起本病。

在上述因素作用下，蹄真皮毛细血管扩张、充血，血液停滞，血管壁通透性增强，炎性渗出物积于真皮小叶与角质小叶之间压迫真皮而引起剧痛。炎症继续发展，渗出液大量积聚压迫蹄骨，破坏真皮小叶与角质小叶的结合，造成蹄骨变位下沉乃至蹄底穿孔，蹄前壁凹陷致蹄轮密集，蹄尖翘起，蹄匣变形而呈芜蹄（图6-24）。

图6-24 芜蹄

2. 症状

(1) 急性蹄叶炎 突然发病。

① 姿势变化：站立时，若两前蹄患病，则两前肢前伸，蹄踵负重（图6-25），蹄尖翘起，头高抬，两后肢伸入腹下，呈蹲坐姿势，站立过久时，常想卧地；若两后蹄患病，则头颈低下，两前肢后踏，两后肢诸关节屈曲稍前伸，以蹄踵负重，腹部卷缩；若四蹄同时患病，初期四肢前伸，而后四肢频频交换负重，肢势常不定，终因站立困难而卧倒。强迫运动时，均呈急速短促的紧张步样。

② 局部变化：可见病蹄指（趾）动脉亢进，蹄温增高，以检蹄钳敲打或钳压蹄壁，有明显疼痛反应，尤以蹄尖壁的疼痛更为显著。

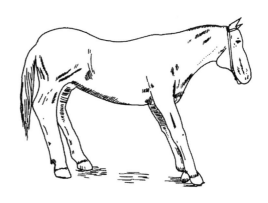

图6-25 两前蹄蹄叶炎站立姿势

③ 全身变化：由于剧烈疼痛，常引起肌肉颤抖、出汗、体温升高、脉搏增数、呼吸迫促、食欲减退、反刍停止等全身症状。继发者尚有原发病症状。

(2) 慢性蹄叶炎 病蹄热痛症状减轻，呈轻度跛行。病久呈芜蹄，患畜消瘦，生产性能下降。再严重的病例，蹄骨尖端可穿透蹄底（图6-26）。

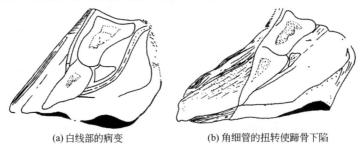

(a) 白线部的病变　　　　　　(b) 角细管的扭转使蹄骨下陷

图 6-26　患蹄叶炎 3 个月后蹄病的纵断面

3. 诊断

（1）视诊　主要观察蹄冠有无损伤、肿胀，蹄匣是否畸形、裂缝、有外伤，以及蹄形和着地负重状况。检查蹄底时，应先将其清洗，然后观察蹄叉、蹄踵、蹄尖和蹄侧壁，检查其局部平整还是凸出，蹄支角及蹄铁装钉情况，注意有无踏伤、蹄叉腐烂或异物，必要时可拆除蹄铁检查。

（2）触诊　检查蹄踵、蹄壁和蹄冠温度、肿胀程度以及指（趾）动脉的搏动情况；如蹄底部增温和（趾）动脉亢进，表示患蹄的真皮为急性炎症或风湿性蹄叶炎。用蹄钳检查蹄底和蹄壁等部位，可判断蹄的各部位有无压痛点。也可用蹄钳叩诊，以发现疼痛部位。

（3）被动运动　将可疑患肢提起，用手握住蹄部做屈曲、伸展、内收、外展和内外旋转等运动，观察其疼痛反应，以判断病变部位和性质。

4. 治疗

治疗原则是除去病因、消炎镇痛、促进吸收，防止蹄骨变位。

（1）放血疗法　为改善血液循环，在病后 36～48h 内，可颈静脉放血 1000～2000mL（体弱者禁用），然后静脉注入等量糖盐水，内加 0.1％盐酸肾上腺素溶液 1～2mL 或 10％氯化钙注射液 100～150mL；放蹄头血亦可。

（2）冷敷及温敷疗法　病初 2～3d 内，可行冷敷、冷蹄浴或浇注冷水，每日 2～3 次，每次 30～60min。以后改为温敷或温蹄浴。

（3）封闭疗法　将 0.5％盐酸普鲁卡因溶液 30～60mL 分别注射于系部皮下指（趾）深屈肌腱内外侧，隔日 1 次，连用 3～4 次。静脉或患肢上方穴位封闭亦可。

（4）脱敏疗法　病初可试用抗组胺药物，如内服盐酸苯海拉明 0.5～1g，每日 1～2 次；或用 10％氯化钙注射液 100～150mL，10％维生素 C 注射液 10～20mL 分别静脉注射，或皮下注射 0.1％盐酸肾上腺素溶液 3～5mL，每日 1 次。

（5）为清理肠道和排出毒物，可应用缓下剂。静脉注射乳酸钠、碳酸氢钠，亦可获得满意效果。

慢性蹄叶炎，注意修整蹄形，防止芜蹄。已成芜蹄者，配合矫正蹄铁。

二、蹄底创伤

蹄底创伤即尖锐物体造成的蹄真皮损伤，包括蹄钉伤及蹄底刺创。

1. 病因

钉伤是装蹄时下钉不当引起的，如蹄钉直接刺入蹄真皮（直接钉伤）或钉身靠近、弯曲压迫蹄真皮（间接钉伤）等；蹄底刺创是铁钉、铁丝、碎铁片、茬子等尖锐物体刺入蹄底或蹄叉，损伤深部组织所致。

2. 症状

直接钉伤，在装蹄后，病畜即呈疼痛不安，患肢挛缩；拔出蹄钉后，可从钉孔流出血液，有时钉尖带血。

间接钉伤常在装蹄后 2～3d（个别可长达月余），患肢站立时蹄尖着地，系部直立，有时表现挛缩，运动时呈中度支跛，用检蹄钳敲打或钳压患蹄的钉头、钉节时，患肢疼痛挛缩，有时可压出污秽黑色液体；蹄温升高。

蹄底刺创常在运动中突然发生支跛，检查蹄底及蹄叉可发现刺入的异物或刺入孔（有时经削蹄后方能发现）。钳压患部剧痛并可流出污黑液体。

若蹄底创伤发生化脓感染，则呈重度支跛，站立时表现为患肢挛缩，蹄温增高。钳压、敲打患部疼痛剧烈，肌肉颤抖或挛缩。若脓汁蓄积而排出困难，常延至蹄冠缘或蹄踵部，破溃排脓，可继发蹄冠蜂窝织炎。有时从钉孔、刺入孔流出灰黑色腐臭的稀薄脓汁。

重者有体温升高、食欲减退、精神不振等表现。

3. 诊断

通过问诊获得线索，根据症状，明显支跛，并除去蹄铁，仔细检查患蹄，即可确诊。

4. 治疗

治疗原则是除去蹄铁及刺伤物，防止感染，彻底排脓，加强护理。

先清洗蹄部，除去蹄铁及刺伤物体，再用 1%～3%煤酚皂或 0.1%高锰酸钾溶液彻底洗刷蹄底。

直接钉伤，拔出蹄钉后，向钉孔内注入碘酊即可。再次装蹄时，应避开该钉孔。

间接钉伤及蹄底刺伤，经上述处理后，用蹄刀稍加扩大创口，并灌入 3%过氧化氢溶液冲洗后，再注入碘酊，拭干，最后以石蜡密封创口，用帆布片包扎，防止感染，保持干燥，每隔 2～3d 换药一次。

若化脓，用 2%～3%煤酚皂、3%过氧化氢溶液或 0.1%高锰酸钾溶液彻底冲洗后；再以浸 0.1%雷佛奴尔溶液或磺胺乳剂的纱布块充填，亦可撒布碘仿、碘仿磺胺粉（1∶9），最后按前述方法密封包扎，3～5d 换药一次，至化脓停止。

可配合应用安痛定或封闭疗法。若体温升高、全身症状明显，应对症治疗并给予抗生素。

三、蹄叉腐烂

蹄叉腐烂是蹄叉真皮的慢性化脓性炎症，伴发蹄叉角质的腐败分解，是常发蹄病。

本病为马属动物特有的疾病，多为一蹄发病，有时两三蹄，甚至四蹄同时发病。多发生在后蹄。

1. 病因

① 护蹄不良，畜舍泥泞不洁，粪尿长期浸蚀使蹄角质脆弱腐败分解所致。

② 蹄叉过削、蹄踵过高、运动不足等，使蹄叉角质抵抗力减弱而诱发本病。

③ 不合理的装蹄，如马匹装以高铁脐蹄铁，运步时蹄叉不能着地，或经常装着厚尾蹄铁或连尾蹄铁，都会引起蹄叉发育不良，进而导致蹄叉腐烂。

2. 症状

前期症状，通常在蹄叉中沟和侧沟处有污黑色的恶臭分泌物，这时没有功能障碍，只是蹄叉角质的腐败分解，没有伤及真皮。

如果真皮被侵害，立即出现跛行，这种跛行走软地或沙地特别明显。运步时以蹄尖着地，严重时呈三脚跳。蹄底检查时，可见蹄叉萎缩，甚至整个蹄叉被腐败分解，蹄叉侧沟有恶臭的污黑色分泌物。当从蹄叉侧沟或中沟向深层探诊时，患畜表现高度疼痛，用检蹄器压诊时，也

图 6-27　蹄叉腐烂
的不正蹄轮

表现疼痛。

因为蹄踵壁的蹄缘向回折转而与蹄叉相连，炎症也可蔓延到蹄缘的生发层，从而破坏角质的生长，引起局部发生病态蹄轮（图 6-27）。蹄叉被破坏，蹄踵壁向外扩张的作用消失，可继发狭窄蹄。

3. 诊断

同蹄叶炎，呈支跛，蹄底检查即可确诊。

4. 治疗

治疗原则：除去病因，改善蹄部卫生，彻底消除腐烂角质，防腐消炎。

将患畜放在干燥的畜舍内，使蹄保持干燥和清洁。

用 0.1% 升汞液，或 2% 漂白粉液，或 1% 高锰酸钾液清洗蹄部，除去泥土、粪块等杂物，削除腐败的角质。再次用上述药液清洗腐烂部，然后再注入 2%～3% 福尔马林酒精液。

用麻丝浸松馏油塞入腐烂部，隔日换药，效果很好。

可用装蹄疗法协助治疗，为了使蹄叉负重，可适当削蹄踵负缘。为了增强蹄叉活动，可充分削除腐烂部角质，当急性炎症消失以后，可给马装蹄，以使患蹄更完全着地，加强蹄叉活动，装以浸有松馏油的麻丝垫的连尾蹄铁最为合理。

引起蹄叉腐烂的变形蹄应逐步矫正。

四、牛、羊腐蹄病

牛、羊的蹄间发生的一种主要表现为皮肤炎症，具有腐败恶臭、疼痛剧烈特征的疾病，称为腐蹄病。也叫蹄间腐烂或指（趾）腐烂。

1. 病因

厩舍泥泞不洁，低洼沼泽放牧、蹄间的外伤或由于蛋白质、维生素、矿物质饲料不足及护蹄不当，使趾间抵抗力降低，被各种腐败菌感染而致病。

2. 症状

病初蹄间发生急性皮炎、潮红、肿胀、知觉过敏、频频举肢、呈现跛行。炎症逐渐波及到蹄球与蹄冠部，严重的化脓而形成溃疡、腐烂，并有恶臭脓性液体。病畜精神沉郁、食欲不振、乳量下降。而后蹄匣角质开始剥离，往往并发骨、腱、韧带的坏死，体温升高。跛行严重，有时蹄匣脱落。潮湿季节，极易造成本病流行。

3. 诊断

患畜呈现支跛；蹄间皮肤发炎、红、肿、热、痛。炎症可波及蹄球与蹄冠，严重时发生化脓、溃疡、腐烂、有恶臭脓性液体，甚至造成蹄匣脱落。

4. 治疗

（1）蹄部消毒　应用饱和硫酸铜或 1% 高锰酸钾溶液消毒患部，除去坏死组织。

（2）患部用药　患部消毒后撒布磺胺粉，或涂抹青霉素鱼肝油乳剂（青霉素 20 万国际单位、蒸馏水 5mL、鱼肝油 50mL 混合搅拌成乳剂）。

（3）全身用抗生素、磺胺药疗法。群发时，可设消毒槽，槽中放入 2%～3% 硫酸铜溶液，使病畜每天通过 2～3 次。圈舍进行消毒。

实训二十　跛行的诊断治疗

【实训目的】

通过对支跛、悬跛、混合跛病例观察，掌握应知跛行的种类及特征、步幅的变化。并学会跛行诊断的顺序和判断患肢、患部的要领，以及实际操作技能。

【实训内容】

（1）观察健康动物的步幅。

（2）观察患支跛、悬跛、混合跛动物的步幅变化，辨明前方短步与后方短步的特点，确定跛行种类及程度。

（3）观察跛行动物的站立状态、运动检查要领及局部检查的操作技能。

（4）观察点头运动及臀部升降运动。

（5）促使跛行加重的措施，如软硬地运动、圆圈运动、急转弯运动、上下坡运动等。

【设备与材料】

（1）实习动物　患支跛、悬跛、混合跛动物3头（只）、健康动物1头（只）。跛行动物病例来源于人造动物跛行：支跛可试用钉子刺入蹄底；悬跛可试用酒精20～50mL，于实习前1～2h注入肢体上部肌肉内；混合跛可于上部关节部打击或注入酒精。

（2）实习用具与场地　检蹄器4个、蹄刀4把、上下坡路、软硬地等。

（3）实习药品与物品　准备0.5％盐酸普鲁卡因溶液、10％维生素C注射液、冷水、热水、3％过氧化氢溶液、2％漂白粉溶液、1％～3％煤酚皂、0.1％高锰酸钾溶液、1％高锰酸钾溶液、5％碘酊、0.1％雷佛奴尔溶液、磺胺乳剂、碘仿、碘仿－磺胺粉、安痛定、饱和硫酸铜溶液、磺胺粉、青霉素、鱼肝油、蒸馏水、抗生素、石蜡、纱布、油布、麻丝、松馏油。

【方法与步骤】

在老师指导下，按下列顺序进行检查。学生分为3组，利用实训动物进行实训。

1. 观察健康动物站立状态及在沙面上四肢运步的变化，从中弄清正常步幅、前半步及后半步。

2. 观察对比患四肢病动物与健康动物站立状态，从中找出异常现象，着眼点要注意：

（1）肢体各部有无外伤、肿胀、变形和肌肉萎缩等变化。

（2）四肢是否平均负重，注意一肢患病免负重、减负重及两肢患病时的站立姿势和负重状态。

（3）肢势变化和负重状态。

（4）注意观察两侧肢（趾）轴和蹄形是否一致，蹄的大小和角度如何？蹄铁磨灭状态和程度以及蹄壁有无角裂等。

（5）注意牛患四肢疾病时的站立状态。

3. 运动检查要领

要在平坦宽广的场地上做先慢后快的直线运动，注意患畜在运动中的异常现象。

4. 患畜运动检查

着重观察四肢的提举、伸扬与负重状态，从中观察患支跛、悬跛、混合跛动物的步幅变化、点头运动及臀升降运动。

5. 促使跛行程度加重

当跛行较轻，用上述方法不能确定患肢时，可采用下列促使跛行明显的措施：圆圈运动、急速回转运动、软硬地运动、上下坡运动。

6. 确定患部

（1）蹄部检查：蹄的外部检查、蹄温检查、蹄内痛觉检查。

（2）肢体各部的触压检查。

（3）被动运动检查。

7. 患部治疗

按跛行的原因、症状进行对症治疗。

【注意事项】

（1）着眼点要注意支跛、悬跛、混合跛的步幅变化，特别要辨清前方短步与后方短步。

（2）使跛行程度加重的措施及确定患部的检查方法，尽可能使学生亲自动手操作和观察，以便较熟练掌握跛行诊断要领。

（3）实训中要注意人、畜安全。

【实训报告】

制订牛支跛或悬跛的治疗方案。

实训二十一　四肢疾病的诊断与治疗

【实训目的】

掌握常见四肢疾病的诊断与治疗技能。

【实训内容】

（1）急性系关节扭伤或屈腱炎的诊断与治疗。

（2）跗关节浆液性滑膜炎或慢性关节周围炎的诊断与治疗。

（3）肩胛上神经麻痹或桡神经麻痹的诊断与治疗。

【设备与材料】

（1）实习动物：患支跛、悬跛、混合跛动物 3 头（只）（利用实习动物可人为造成跛行，支跛可试用钉子刺入蹄底；悬跛可试用酒精 20～50mL，于实习前 1～2h 注入肢体上部肌肉内；混合跛可于上部关节部注入酒精）、健康动物 1 头（只）。

（2）材料用具：检蹄器、注射器、针头和根据病例准备相应的药品。

【方法与步骤】

全班学生分三组，学生每组负责诊断与治疗一个病例，按跛行诊断程序进行检查，然后各组讨论，提出诊断与治疗措施。

1. 急性系关节扭伤

（1）问诊　系关节扭伤多在使役或运动过程中突然发生跛行，病情逐渐增重，跛行程度越走越重。因此，问诊时要注意了解在使役中是否有失步蹬空、滑走、急跑突然停止或急转弯、跌倒、跳跃等情况。

（2）现症检查

① 站立：注意观察系关节站立状态，一般表现以蹄尖负重，患肢弯曲，系关节屈曲不敢下沉，系部直立。

② 运动：表现系关节屈伸不充分，不敢下沉，蹄底不全着地，常以蹄尖接地前进，表现明显的后方短步，而且越走越重。

③ 局部变化：触诊关节内侧或外侧韧带，明显热痛、肿胀，被动运动时，疼痛剧烈，病畜反抗。

（3）诊断与治疗　根据检查结果，小组讨论得出诊断结果与治疗方案，后由教师点评并指导学生实施治疗。

2. 跗关节浆液性滑膜炎

（1）问诊　本病多因在不平道路上服重役、幼龄家畜使役过早、肢势不正或关节发育不良等引起。关节扭伤、挫伤、脱臼等也可继发。

（2）现症检查　本病多呈慢性经过，检查时注意关节外形改变，在关节内、外侧及前面形成三个椭圆形的柔软肿胀，压迫肿胀有明显波动感。急性病例，肿胀、热痛明显，跛行显著，其他病例一般无热无痛，多数病例缺乏跛行。

（3）诊断与治疗　根据检查结果，小组讨论得出诊断结果与治疗方案，后由教师点评并指导学生实施治疗。

3. 肩胛上神经麻痹

（1）问诊　注意了解发病经过，一般多在蹬空、滑倒、冲撞、打击、踢蹴等情况下可造成肩胛上神经挫伤、牵张和断裂或挤压而引起麻痹。同时，注意询问肩胛部发生过炎症没有？有无新生物、肿胀、异物等。

（2）现症检查

① 站立：肘关节高度向外突出，肩关节外偏，胸前有手掌大凹陷。

② 运动：患肢提举前进时无任何障碍，当患肢着地负重瞬间，肩关节偏向外方与胸壁离开，胸前出现手掌大凹陷，明显支跛。

③ 局部症状：一般 2～3 周后，冈上肌、冈下肌出现明显的肌萎缩。

（3）诊断与治疗：根据检查结果，小组讨论得出诊断结果与治疗方案，后由教师点评并指导学生实施治疗。

【注意事项】

（1）此实训只提出 3 个四肢病例，各地可根据实际需要灵活选择其他病例进行实训。

（2）在实训中没有具体提出治疗措施，要求教师组织学生自己讨论提出治疗方案。

（3）学生讨论得出的诊断结果与治疗方案需要教师进行点评。

【实训报告】

写出 1 例四肢病诊断与治疗的报告。

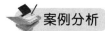 **案例分析**

［病例1］　牛急性蹄叶炎

［疗法］　根据剂量静脉滴注葡萄糖生理盐水、维生素 C、地塞米松等，同时灌服 1% 盐水 2000mL。第 2 天再按照原药量静脉注射。连续 3d 应用抗生素。

［效果］　用药后第 2 天明显好转，第 14 天全部恢复正常。

［分析］　蹄叶炎的治疗要减少精料量，增加食盐，以改变胃酸过多；选用消炎脱敏及降低蹄内压药物，以缓解蹄部疼痛。

［病例2］　奶牛腐蹄病

［疗法］　用 1% 高锰酸钾溶液清洗患蹄，修整蹄底，去掉腐烂组织，用高锰酸钾填塞创口止血。用 4% 高锰酸钾清洗擦干蹄底腔洞，将研细的血竭粉末放入创腔内，用烧红斧形烙铁烧烙，使血竭溶化与蹄部角质结合，最后用绷带包扎。

［效果］　1 次用药、处理而治愈。

［分析］　蹄底的腔洞要清洗、清理，创面要见到有新鲜血液流出为止，以确保清除干净。用高锰酸钾处理创腔能起消毒、收敛等作用，浇烙血竭与蹄部角质结合能有效防止蹄部受污感染。

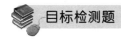 目标检测题

一、名词解释

1. 跛行　2. 前方短步　3. 后方短步　4. 关节扭伤　5. 关节脱位　6. 肌炎　7. 黏液囊炎　8. 骨折　9. 蹄叶炎　10. 牛羊腐蹄病

二、填空题

1. 跛行的原因有 _____、_____、_____、_____、_____、_____等。

2. 跛行一般分为 _____、_____、_____和_____四种。

3. 特殊跛行通常有 _____、_____、_____和_____四种。

4. 根据关节囊是否穿透，关节创伤可分为_____和_____两种。

5. 肌炎根据病因可分为 _____、_____、_____、_____四种。肌炎治疗原则是 _____、_____、_____、_____。

6. 骨折按皮肤是否破损分为 _____、_____；骨折按有无合并损伤分为_____、_____；骨折按发生的解剖部位分为_____、_____、_____。

7. 常用骨外固定支架有 _____、_____、_____、_____等。

8. 骨折常用内固定植入物有_____、_____、_____、_____等。

三、问答题

1. 写出跛行的诊断方法。

2. 写出悬跛和支跛的基本特征。

3. 关节扭伤、关节挫伤、关节创伤、关节脱位的治疗原则有何不同？

4. 如何进行黏液囊炎诊断与治疗？

5. 如何进行蹄叶炎、蹄底创伤的诊断和治疗？

6. 如何进行蹄叉腐烂的治疗？

7. 写出髋关节或形术的手术步骤。

第二篇
动物产科手术与疾病

思政与职业素养目标

1. 关爱动物，注重动物福利，尊重动物伦理。

2. 在动物产科手术实践中，强化团队合作意识，培养协作精神。

3. 家畜、家禽生产是农民的致富源泉，以"强农富农兴农"的责任意识积极主动工作。

4. 在母畜生产与疾病治疗中及时宣传普及科技知识，开展普法教育，自觉维护食品源头安全。

5. 科学处置医用废弃物品，加强环保意识。

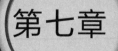

第七章 生殖解剖与产科生理

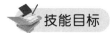
第一节　胎膜

胎膜是胎儿与母体之间交换营养物质、气体及代谢产物的一个暂时性器官。胎膜也叫胎衣。在胎儿生下后，胎膜也随之排出体外。胎膜包括卵黄囊、羊膜、尿囊、绒毛膜、脐带及胎儿胎盘（图 7-1）。

1. 卵黄囊

在胚胎发育初期起着原始胎盘的作用，胚胎借卵黄囊和滋养层从子宫中吸收营养。脐带形成后卵黄囊萎缩并被包在脐带内。

2. 羊膜

羊膜是最靠近胎儿的一层膜，它几乎是透明的，并于胎儿的脐孔处和胎儿的皮肤相连。羊膜与胎儿之间有一个腔，叫羊膜腔，腔内充满羊水。羊水可缓冲外来压力、保护胎儿免受外界机械冲击。分娩时可帮助开张子宫颈口及润滑产道。

3. 绒毛膜

绒毛膜是胎膜的最外层，它包裹胚胎和其他胎膜。绒毛膜上分布有许多绒毛。动物种类不同，绒毛膜上分布的绒毛情况也不同。猪、马的绒毛膜上的绒毛均匀分布，反刍动物绒毛膜上的绒毛呈簇丛状分布。

4. 尿囊

通过胎儿脐孔突出于羊膜与绒毛膜之间的一个囊。尿囊分为内外两层，内层与羊膜相粘连形成尿囊羊膜，外层与绒毛膜相粘连形成尿囊绒毛膜。尿囊内有尿水，因此尿囊可以看作是胚胎的体外膀胱。

5. 胎盘

胎盘是胎儿与母体交换物质的场所，由胎儿胎盘与母体胎盘构成。绒毛膜上的绒毛称为胎儿胎盘。子宫内膜上与胎儿胎盘相对应，在妊娠过程中发生相应变化的那部分子宫内膜称为母体胎盘。

胎盘的类型有弥散型和子叶型两种，弥散型胎盘的特征是绒毛均匀地分布在绒毛膜的表面，胎儿胎盘与母体胎盘结合比较疏松，分娩时易分离。子叶型胎盘的特征是绒毛膜上有许多突出的绒毛叶，绒毛仅分布在绒毛叶上，母体子宫内膜上有为数相等的子叶，母体胎盘与胎儿胎盘结合紧密，分娩时不易分离。

6. 脐带

脐带是胎儿与其附属膜之间的联系物，又是胎儿附属膜的一部分，同时也是胎儿与母体之间进行物质交换的通道。脐带外膜是由羊膜形成的羊膜鞘，其内由脐血管、脐尿管及卵黄囊的遗迹所构成。

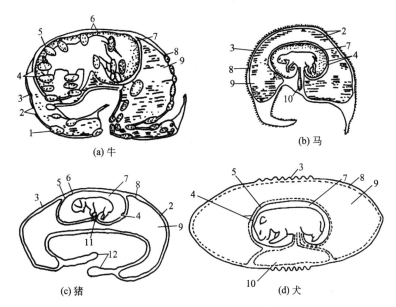

图 7-1　家畜胎膜模式图

1—胎儿胎盘；2—尿囊绒毛膜；3—绒毛膜；4—尿囊羊膜；5—羊膜；6—羊膜绒毛膜；7—羊膜囊；
8—尿囊；9—尿囊腔；10—卵黄囊及卵黄；11—脐带；12—坏死端

第二节　母畜的发情

一、性发育

性发育的主要标志，是雌性动物出现第二性征。雌性动物在出生后一定时期，生殖器官虽然生长发育，但无明显的性活动表现。当雌性动物生长发育到一定时期，卵巢开始活动，在雌激素的作用下，出现明显的雌性第二性征，如乳腺开始发育，乳房增大；长骨生长减慢，皮下脂肪沉积速度加快，出现雌性体型。

二、性成熟

性成熟的标志是雌性动物第一次出现发情和排卵。

发情是由卵巢上的卵泡发育引起，受下丘脑—垂体—卵巢轴系调控的生理现象。某些动物如绵羊（湖羊例外）、马和驴等的发情发生在某一特定季节，称为季节性发情；湖羊、山羊、猪、牛等动物在全年均可发情，称为非季节性发情。雌性动物发情时，不仅在行为上有明显的改变，而且其生殖系统也发生一系列变化。

（1）卵巢变化　雌性动物一般在发情开始前 3～4d，卵巢上的卵泡开始生长，至发情前

2~3d卵泡迅速发育，卵泡内膜增生，卵泡液分泌增多，卵泡体积增大，卵泡壁变薄而突出于卵巢表面，至发情症状消失时卵泡已发育成熟，卵泡体积达到最大。在激素的作用下，卵泡壁破裂，卵子从卵泡内排出。

（2）生殖道变化 发情时随着卵泡的发育成熟，雌激素分泌增加，孕激素分泌减少。排卵后开始形成黄体，孕激素分泌增加。由于雌激素和孕激素的交替作用，引起生殖道的显著变化。这些变化主要表现在血管系统、黏膜、肌肉以及黏液的性状等方面。

雌性动物发情时随着卵泡分泌的雌激素量增多，生殖道血管增生并充血，至排卵前卵泡达到最大体积，雌激素分泌达到最高峰，生殖道充血最明显。排卵时，雌激素水平骤然降低，引起充血的血管发生破裂，使血液从生殖道排出体外。这种类似于灵长类动物"月经"的现象在奶牛和黄牛比较多见，有80%~90%的处女牛、45%~65%的经产母牛经常在发情时从阴道流出血液，其他动物则极少发生这种现象。灵长类动物的"月经"发生于排卵后14d。

发情时生殖道黏膜上皮细胞发生一系列变化。以牛为例，输卵管的上皮细胞在发情时增高，发情后降低；子宫内膜上皮细胞在发情前呈圆柱状，发情时快速增长，至发情后由于孕激素的作用，子宫内膜增厚；子宫颈的上皮细胞高度在发情时也有所增加，发情后上皮缩小；阴道黏膜在发情时呈现水肿和充血，表层上皮有白细胞浸润；外阴在发情时充血、肿胀，是鉴别发情的主要特征之一。

发情时子宫腺体生长发育加快并产生许多分支，分泌大量黏液，是鉴别发情的另一主要特征。排卵前由于雌激素的作用，子宫腺分泌大量稀薄黏液从阴道排出体外，排卵后由于孕激素的作用，黏液量分泌减少而变浓稠。

发情时子宫肌细胞的大小和活动也发生变化，表现为子宫肌细胞变长，收缩频率加快，收缩幅度减小。通常，雌激素使子宫肌肉收缩增强，而孕激素使收缩活动减弱。

（3）行为变化 发情开始时，在卵泡分泌的雌激素和少量孕激素的作用下，刺激中枢神经系统，引起性兴奋。使雌性动物兴奋不安，对外界环境变化特别敏感，表现为食欲减退、喜接近公畜，或举腰拱背、频繁排尿，或到处走动，甚至爬跨其他雌性动物或障碍物。

雌激素对中枢神经系统的刺激作用需要少量孕激素的参与才能引起行为变化。雌性动物第一次发情时，由于卵巢没有黄体，血液中孕激素水平较低，常常表现为安静发情，即只排卵而发情表现不明显。

三、性活动的分期

1. 初情期

雌性动物第一次出现发情表现并排卵的时期，称为初情期。

2. 性成熟

雌性动物在初情期后，一旦生殖器官发育成熟、发情和排卵正常并具有正常生殖能力，则称为性成熟。动物的这一年龄阶段，称为性成熟期。性成熟期与初情期有类似的发育规律，即不同动物种类、同种动物不同品种以及饲养水平、出生季节、气候条件等因素都对性成熟期有影响。

3. 适配年龄

雌性动物在性成熟期配种虽能受胎，但因此期的身体尚未完全发育成熟，势必影响母体及胎儿的生长发育和新生仔畜的成活，所以在生产中一般选择在性成熟后一定时期才开始配种。适配年龄又称配种适龄，是指适宜配种的年龄。除上述影响初情期和性成熟期的因素外，适配年龄的确定还应根据其具体生长发育情况和使用目的而定，一般比性成熟期晚一些。

四、发情周期阶段的划分

根据雌性动物的生理和行为变化，可将发情周期划分为几个阶段。阶段的划分主要有三种方法，由于侧重面不同，实际意义也不同。四分法主要侧重于发情症状，适于进行发情鉴定时使用。二分法侧重于卵泡发育，适于研究卵泡发育、排卵和超数排卵的规律和新技术时使用。三分法主要根据动物的精神状态将发情周期划分为兴奋期、均衡期和抑制期三个时期，其术语比较抽象，对于指导配种工作没有实际意义，故在国内很少采用，一般都采用二分法和四分法对发情周期各阶段进行划分。

1. 四分法

（1）发情前期 为发情的准备期。对于发情周期为21d的动物（如牛、猪、山羊、马、驴等），如果以发情症状开始出现时为发情周期第1天，则发情前期相当于发情周期第16～18天。卵巢上的黄体已退化或萎缩，卵泡开始发育；雌激素分泌增加，血中孕激素水平逐渐降低；生殖道上皮增生和腺体活动增强，黏膜下基层组织开始充血，子宫颈和阴道的分泌物增多，但无明显的发情症状。

（2）发情期 有明显发情症状的时期，相当于发情周期第1天至第2天。主要特征为：精神兴奋、食欲减弱；卵巢上的卵泡发育较快、体积增大，雌激素分泌逐渐增加到最高水平，孕激素分泌逐渐降低至最低水平；子宫充血、肿胀，子宫颈口肿胀、开张，子宫肌层收缩加强、腺体分泌增多；阴道上皮逐渐角质化，并有鳞片细胞（无核上皮细胞）脱落；外阴充血、肿胀，并有黏液流出。

（3）发情后期 发情症状逐渐消失的时期，相当于发情周期第3天至第4天。精神由兴奋状态逐渐转入抑制状态；卵巢上的卵泡破裂、排卵，并开始形成新的黄体，孕激素分泌逐渐增加；子宫肌层收缩和腺体分泌活动均减弱，黏液分泌量减少而变黏稠，黏膜充血现象逐渐消退，子宫颈口逐渐收缩、关闭；阴道表层上皮脱落，释放白细胞至黏液中；外阴肿胀逐渐减轻并消失，从阴道中流出的黏液逐渐减少并干涸。

（4）间情期 又称休情期，相当于发情周期第4天或第5～15天。动物的性欲已完全停止，精神完全恢复正常，发情症状完全消失。开始时，卵巢上的黄体逐渐生长、发育至最大，孕激素分泌逐渐增加至最高水平；子宫角内膜增厚，表层上皮呈高柱状，子宫腺体高度发育，大而弯曲，且分支多，分泌活动旺盛。随着时间的进程，增厚的子宫内膜回缩，呈矮柱状，腺体变小，分泌活动停止；黄体发育停止，并开始萎缩，孕激素分泌量逐渐减少。

2. 二分法

（1）卵泡期 指卵泡从开始发育至发育完全并破裂、排卵的时期，在猪、马、牛、羊、驴等大动物中持续5～7d，约占整个发情周期（17d或21d）的1/3，相当于发情周期第16天至第2天或第3天。在小鼠、仓鼠等小动物中持续2～3d，约占整个发情周期（4～5d）的一半。在卵泡期，卵泡逐渐发育、增大，血中雌激素分泌量逐渐增多至最高水平；黄体消失，血中孕激素水平逐渐降低至最低水平。

由于雌激素的作用，使子宫内膜增殖肥大，子宫颈上皮细胞生长、增高呈高柱状，深层腺体分泌活动逐渐增强，黏液分泌量逐渐增多，肌层收缩活动逐渐加强，管道系统松弛；外阴逐渐充血、肿胀，表现出发情症状。与四分法比较，卵泡期相当于发情周期的发情前期至发情后期的时期。

（2）黄体期 指黄体开始形成至消失的时期。在发情周期中，卵泡期与黄体期交替进行。卵泡破裂后形成黄体。黄体逐渐发育，待生长至最大体积后又逐渐萎缩，至消失时卵泡开始发育。在黄体期，由于黄体分泌大量孕激素，作用于子宫，使内膜进一步生长发育并增厚，血管增生，肌层继续肥大，腺体分支、弯曲，分泌活动增加。与四分法相比，黄体期实际相当于间情期的大部分。

第三节　妊　娠

一、妊娠的识别

卵子受精以后，妊娠早期，胚胎即可产生某种化学因子（激素）作为妊娠信号传给母体，母体随即做出相应的生理反应，以识别和确认胚胎的存在。为胚胎和母体之间生理和组织的联系做准备，这一过程称妊娠识别。妊娠识别的实质是胚胎产生某种抗溶黄体物质，作用于母体的子宫或（和）黄体，阻止或抵消 PGF_{2a} 的溶黄体作用，使黄体变为妊娠黄体，维持母畜妊娠。不同动物或家畜妊娠信号的物质形式具有明显的差异。牛、羊胚胎产生滋养层糖蛋白；猪囊胚滋养外胚层合成雌酮和雌二醇，以及在子宫内合成硫酸雌酮。这些物质都具有抗溶黄体的作用，促进妊娠的建立和维持。妊娠识别后，母畜即进入妊娠的生理状态，但各种家畜妊娠识别的时间不同，猪为配种后 $10\sim12d$，牛为配种后 $16\sim17d$，绵羊为配种后 $12\sim13d$，马为配种后 $14\sim16d$。

二、妊娠母畜的主要生理变化

1. 生殖器官的变化

（1）卵巢　受精后有胚胎发育时，母体卵巢上的黄体转化为妊娠黄体继续存在，分泌孕酮，维持妊娠，发情周期中断。妊娠早期，卵巢偶有卵泡发育，致使孕后发情，但多不能排卵而退化，闭锁。

（2）子宫　妊娠期间，随着胎儿的发育子宫容积增大，子宫肌层保持着相对静止和平稳的状态，以防胎儿过早排出。胚胎附植前，在孕酮的作用下子宫血管增加、子宫腺增长并卷曲。附植后，子宫肌层肥大，结缔组织基质广泛增生，纤维和胶原含量增加。子宫扩展期间，自身生长减慢，胎儿迅速生长，子宫肌层变薄，纤维拉长。

（3）子宫颈　子宫颈内膜腺管数增加并分泌黏稠黏液封闭子宫颈管，称子宫栓。牛的子宫颈分泌物较多，妊娠期间有子宫栓更新现象，子宫栓在分娩前液化排出。

（4）阴道和阴门　妊娠初期，阴门收缩紧闭，阴道干涩；妊娠后期，阴道黏膜苍白，阴唇收缩；妊娠末期，阴唇、阴道水肿，柔软有利于胎儿产出。

2. 母体全身的变化

妊娠后，随着胎儿生长，母体新陈代谢加强，食欲增加，消化能力提高，营养状况改善，体重增加，被毛光润。妊娠后期，胎儿迅速生长发育，母体常不能消化足够的营养物质满足胎儿的需求，需消耗前期贮存的营养物质，供应胎儿。胎儿生长发育最快的阶段，也是钙、磷等矿物质需要量最多的阶段，往往会造成母畜体内钙、磷含量降低。若不能从饲料中得到补充，则易造成母畜脱钙，出现后肢跛行、牙齿磨损快、产后瘫痪等表现。

在胎儿不断发育的过程中，由于子宫体积的增大、内脏受子宫的挤压，引起循环、呼吸、消化、排泄等器官适应性的变化。呼吸运动浅而快，肺活量变小。消化及排泄器官因受压迫，时常出现排尿次数增加而量减少。

三、妊娠期

各种动物的妊娠期有明显的差异（表 7-1）。同品种动物的妊娠期也受年龄、胎数、胎儿性别和环境因素的影响。

表 7-1　各种动物的妊娠期

种类	平均天数/d	正常范围/d	种类	平均天数/d	正常范围/d
牛	282	276～290	马	340	320～350
水牛	307	295～315	驴	360	350～370
牦牛	255	226～289	狗	62	59～65
猪	114	102～140	猫	63	60～66
羊	150	146～161	家兔	30	28～33

一般早熟品种妊娠期较短。初产母畜、单胎动物怀双胎、怀雌性胎儿以及胎儿个体大等情况，会使妊娠期相对缩短。多胎动物怀胎数更多时会缩短妊娠期；家猪的妊娠期较野猪短；马怀骡时妊娠期延长；小型犬的妊娠期比大型犬短。

第四节　分　娩

妊娠期满、胎儿发育成熟、母体将胎儿及其附属物从子宫内排出体外，这一生理过程称为分娩。

一、决定分娩过程的要素

分娩的过程是否正常，主要取决于产力、产道和胎儿三个因素。如果这三个因素是正常的，能够相互适应，分娩就顺利，否则就可能发生难产。

1. 产力

将胎儿从子宫内排出的力量称为产力。它是由子宫肌和腹肌有节律地收缩共同构成的。子宫肌的收缩称为阵缩，是分娩过程中的主要动力。腹壁肌和膈肌的收缩称努责，它在分娩的产出期与子宫肌收缩协同作用，对胎儿的产出有着十分重要的作用。

子宫肌的收缩由子宫底部开始，向子宫方向进行，收缩是一阵阵的，具有间歇性。起初，收缩持续时间短、力量不强、间歇不规律，以后逐渐变得收缩持续时间较长、规律、有力。每次收缩也由弱到强，持续一段时间又减弱消失。母畜血液中乙酰胆碱和催产素均有促进子宫收缩的作用。这种阵缩对胎儿的安全是非常重要的。如果收缩没有间歇性，那么由于胎盘上血管受到持续性压迫，血液循环中断，胎儿缺少氧气供应，在胎儿排出过程中，就可能发生窒息。在每次收缩间歇时，子宫肌的收缩虽然暂停，但它并不完全弛缓，子宫角也不恢复到收缩以前的大小，因为子宫肌除了缩短以外，还发生皱缩，使子宫壁逐渐变厚，子宫腔渐次变小。

2. 产道

(1) 产道的构成　产道是分娩时胎儿产出的必经之道，分为软产道和硬产道。

① 软产道：由子宫颈、阴道、前庭和阴门构成。在正常情况下软产道分娩前数天开始变软、松弛，到分娩时能够扩张。

② 硬产道（又称骨盆）：主要由荐骨与前三个尾椎、髋骨（耻骨、坐骨、髂骨）及荐坐韧带构成。

a. 入口：是腹腔通往骨盆的孔道。斜向前下方，是由上方的荐骨基部，两侧的髂骨及下方的耻骨前缘所围成。骨盆入口的大小是由荐耻径、横径及倾斜度所决定。

b. 荐耻径（上下径）：是岬部到骨盆联合前端的连线长度。岬部是第一荐椎体向下突出的地方。

c. 横径：有上、中、下三条。上横径是荐骨基部两端之间的距离；中横径是指骨盆入口最宽部分的宽度，即两髂骨干上的腰肌结节之间连线的长度；下横径是耻骨梳两端之间连线的长度。倾斜度是髂骨与骨盆底所构成的夹角。

荐耻径、中横径的长度决定骨盆入口的大小，两者长度的差距决定入口的形状，差距越小，越接近圆形。骨盆入口要求大而圆，越大越圆，胎头越容易进入骨盆腔。倾斜度要求大，倾斜度越大，髂骨干越向前方倾斜，骨盆顶后端的活动部分就越向前移，胎儿通过骨盆狭窄部即两侧坐骨上棘之间时，骨盆顶就容易向上扩大，便于胎儿通过。

d. 出口：出口是由第三尾椎，荐坐韧带后缘以及坐骨弓围成的。出口的上下径是指第三尾椎体和坐骨联合后端连线的长度。由于尾椎活动性大，上下径在分娩时容易扩大。出口的横径是两侧坐骨结节之间的连线，坐骨结节构成出口侧壁的一部分，因此结节越高，出口处的骨质部分越多，越妨碍胎儿通过。

e. 骨盆腔：骨盆入口与出口之间的腔体，称为骨盆腔。骨盆腔的大小决定于骨盆腔的垂直径及横径。垂直径是由骨盆联合前端向骨盆顶所作的垂线。横径是两侧坐骨棘之间的距离。坐骨上棘越低，则荐坐韧带越宽，胎儿通过时骨盆腔就越能扩大。

f. 骨盆轴：骨盆轴是一条假想线。它通过入口荐耻径、骨盆腔垂直径及出口上下径三条线中点的连线，线上的任何一点距骨盆壁内面各对称点的距离都是相等的。它代表胎儿通过骨盆腔时所走的线路。骨盆轴越短、越直，胎儿的通过就越容易。母畜骨盆及骨盆轴之比较见图7-2。

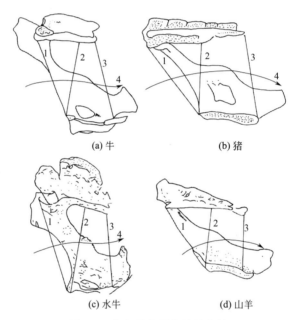

(a) 牛　　　　　　　　(b) 猪

(c) 水牛　　　　　　　(d) 山羊

图 7-2　家畜骨盆形状及骨盆轴

1—入口荐耻径；2—骨盆腔垂直径；3—出口上下径；4—骨盆轴

(2) 各种母畜的骨盆特点

① 牛（奶牛、黄牛）：骨盆入口横径比荐耻径小，因此呈竖的椭圆形，倾斜度也较小，骨盆底下凹，荐骨突出于骨盆腔内，骨盆侧壁的坐骨上棘很高而且斜向骨盆腔，因此横径小、荐坐韧带窄，出口处坐骨结节高，妨碍胎儿通过。骨盆轴是先向上再水平，然后又向上形成一曲折的弧线，因此胎儿通过较其他家畜稍难。

② 水牛：水牛骨盆入口中横径比荐耻径稍小，近乎圆形，倾斜度比牛大，而且出口较大，骨盆底较平坦，骨盆轴与牛同。

③ 猪：猪的骨盆入口和牛的相似，但倾斜度很大且坐骨发达，坐骨后部较宽。骨盆轴向后下倾斜，近于直线，胎儿通过较容易。

④ 羊：绵羊和山羊的骨盆构造和牛的很相似。髂骨较为向前倾斜，与骨盆底呈 $30°\sim40°$。骨盆入口的倾斜度比牛的大，荐骨不向骨盆腔突出，荐骨后方的数枚椎骨具有活动性，骨盆腔的垂直径在第4或第5荐骨上。坐骨结节较小，骨盆底也较平坦，骨盆轴为稍向下弯的弧形，

胎儿通过较易。

3. 分娩时胎儿与母体产道的关系

(1) 胎向 即胎儿的方向。它表示胎儿身体纵轴与母体纵轴的关系。胎向有 3 种。

① 纵向：胎儿的纵轴与母体的纵轴互相平行时叫纵向。习惯上又将纵向分为两种，一种是胎儿的方向和母体的方向相反，即头和前腿先进入产道，叫正生；另一种是胎儿的方向和母体的方向相同，即后腿或臀部先进入产道，叫倒生。

② 横向：胎儿横卧于子宫内，胎儿的纵轴与母体的纵轴呈水平垂直时叫横向。胎儿背部向着产道的，称为背部前置的横向（背横向）；腹壁向着产道（四肢伸入产道），称为腹部前置的横向（腹横向）。

③ 竖向：胎儿的纵轴向上与母体的纵轴垂直时叫竖向。有的背部向着产道，称为背竖向；有的腹部向着产道，称为腹竖向。

纵向是正常的胎位，横向及竖向是异常的。严格的横向及竖向通常是没有的，只是程度不同地倾向于横向、竖向。

(2) 胎位 即胎儿的位置。表示胎儿的背部和母体背部或腹部的关系。胎位有 3 种。

① 上位（背荐位）：胎儿伏卧在子宫内，背部在上，靠近母体的背部及荐部。

② 下位（背耻位）：胎儿仰卧在子宫内，背部在下，向着母体的腹部及耻骨。

③ 侧位（背髂位）：胎儿侧卧在子宫内，背部位于一侧，靠近母体左或右侧腹壁及髂骨。

上位是正常的，下位和侧位是异常的。侧位如果倾斜不大，称为轻度侧位，仍可视为正常。

(3) 胎势 即胎儿的姿势。

(4) 前置 又叫先露，它是指胎儿最先进入产道的部分。哪一部分向着产道，就叫哪一部分前置。在胎儿性难产，常用"前置"这一术语来说明胎儿的异常情况。例如，前肢的腕部是屈曲的，没有伸直，腕部向着产道，叫做腕部前置；后肢的髋关节是屈曲的，后肢位于胎儿自身之下，坐骨向着产道，叫做坐骨前置。

二、分娩预兆

1. 一般预兆

母畜分娩前，在生理和形态上发生一系列变化，称为分娩预兆。根据这些变化的全面观察，往往可以大致预测分娩时间，以便做好助产的准备。

(1) 乳房 乳房在分娩前迅速发育，腺体充实。有的在乳房底部出现水肿，临近分娩时，可从乳头中挤出少量清亮胶状液体或初乳，有的出现漏乳现象。乳头的变化对估计分娩时间也比较可靠，分娩前数天，乳头增大变粗。但营养状况不良的母畜，乳头变化不很明显。

(2) 外阴部 临近分娩前数天，阴唇逐渐柔软、肿胀、增大，阴唇皮肤上的皱襞展平，皮肤稍变红。阴道黏膜潮红，黏液由浓厚黏稠变为稀薄滑润。某些畜种由于封闭子宫颈管的黏液塞软化，流入阴道而排出阴门外，呈透明、能够拉长的条状黏液。子宫颈在分娩前数天开始松软肿胀。

(3) 骨盆韧带 骨盆部韧带在临近分娩的数天内变得柔软松弛，特别明显的是位于尾根两侧的荐坐韧带后缘由硬变得松软，因此荐骨的活动性增大，当用手握住尾根上下活动时，能够明显感觉到荐骨后端容易上下移动。由于骨盆部韧带的松弛，臀部肌肉出现明显的塌陷现象。

(4) 行为 行为方面也有明显改变，如猪在分娩前 6~12h 有衔草做窝现象，家兔则扯咬自己的腹部被毛做窝。分娩前数天，多数家畜出现食欲下降，行动谨慎小心，喜好僻静地方，群牧时有离群现象。

2. 各种动物分娩预兆的特点

（1）牛 牛的乳房在分娩前变化较明显。特别是初产牛的乳房在妊娠后 4 个月开始增大，到妊娠后期胀大更快，乳头表面呈蜡状光泽，分娩前数天可从乳头中挤出少量清亮胶样的液体，至产前两天乳头中充满初乳。乳牛的体温变化也可以作为判断分娩时间的依据。母牛妊娠 7 个月开始，体温逐渐上升，可达 39℃。至产前 12h 左右，体温下降 0.4～0.8℃。

（2）猪 猪在临产前腹部大而下垂，卧下时能看到胎儿在腹内蠕动。猪的阴唇肿胀松弛开始于分娩前 3～5d，中部两对乳头中可以挤出少量清亮液体。至产前 1d，有的发生漏乳，也有的可以挤出数滴初乳。但营养较差的母猪，乳房的变化不十分明显，要依靠综合表现才能做出准确的判断。

（3）羊 羊临近分娩时，骨盆韧带和子宫颈松弛，同时子宫的敏感性和胎儿的活动性都有所增加。大约在分娩前 12h 子宫内压开始增高。压力波随接近分娩而增强。子宫颈最先是缓慢地扩张，到分娩前 1h 迅速扩张。羊在分娩前数小时，出现精神不安，用蹄刨地，频频转动或起卧，并喜接近其他母羊的羔羊。

（4）犬 在分娩前 2 周内乳房开始膨大，分娩前数天乳房分泌乳汁，骨盆和腹肌持续松弛，同时可看到阴门水肿，从阴道内流出黏液。通常在分娩的前夜，母犬不愿离开它的住处，往往拒绝吃食。临产前母犬不安、喘息，寻找僻静之处筑窝。一旦分娩的确定表现出现后，母犬就很少改变它所选好的分娩场所。

（5）猫 在分娩前 1 周，活动量减少，常寻找僻静温暖而黑暗的场所。产前 1～2d，会阴部肌肉松弛，乳房肿胀，乳头突出并变为深粉红色，母猫出现营窝行为，对陌生人的敌对情绪增强。

（6）兔 多数母兔在临产前数天，乳房肿胀，可挤出乳汁，肷部凹陷。外阴肿胀、充血，黏膜潮红湿润。食欲减退，甚至绝食。在临产前数小时或 2～3d 内，开始衔草营巢，并将自己胸前、肋下及乳房周围的毛撕下来，衔入巢箱内做窝。

三、分娩的过程

分娩期是从子宫开始阵缩到胎儿及其附属物完全排出为止。为叙述方便将其划分为 3 个阶段，即开口期、胎儿产出期和胎衣排出期。

1. 开口期

开口期是从子宫开始阵缩，到子宫颈口充分开张，与阴道之间的界限消失为止，但牛、羊的子宫颈与阴道间的界限不能完全消失。这一期的特点是只有阵缩而不出现努责。初产畜表现不安，时起时卧，徘徊运动，尾根抬起，常作排尿姿势，食欲减退。但经产畜一般表现安静，有时看不出什么明显的表现。

由于子宫颈的扩张和子宫肌的收缩，迫使胎水和胎膜推向已松弛的子宫颈，促使子宫颈扩张。开始每 15min 左右子宫肌收缩一次，每次持续约 20s。但随着时间的进展收缩频率、强度和持续时间增加，到最后每隔几分钟便出现一次收缩。

2. 胎儿产出期

从子宫颈充分开张至产出胎儿为止。这一阶段的特点是阵缩和努责共同作用，而且都很强烈，每次阵缩和努责的持续时间、间歇期短。产畜表现烦躁不安，时常起卧，前肢刨地，后肢踢腹部，呼吸和脉搏加快。产畜通常侧卧，四肢伸直，强烈努责直至产出胎儿。

3. 胎衣排出期

胎衣是胎儿附属膜的总称，其中也包括部分断离脐带。这一阶段是从胎儿产出后到胎衣完全排出为止。其特点是当胎儿产出后，母畜即安静下来，经过几分钟后，子宫主动收缩有时还配合轻度努责而使胎衣排出。

四、各种动物分娩期的特点

1. 牛

努责开始后常卧下，羊膜绒毛膜形成囊状突出阴门外，该膜呈淡白色或微黄色半透明，膜上有少数细而直的血管，内有羊水和胎儿。羊膜绒毛膜囊破裂后排出羊水和胎儿。羊水浓稠，颜色淡白或微带黄色。胎儿产出后，在胎衣排出期，尿囊绒毛膜囊开始破裂流出黄褐色尿水。因此牛的第一胎水一般是羊水，但有时尿囊绒毛膜也可先破裂，然后尿囊羊膜囊才突出阴门破裂。牛的胎衣排出期时间较长，一般为 2～8h，最长的可达 12h。这与牛胎盘属上皮结缔绒毛膜型胎盘，构造较为复杂，胎儿胎盘和母体胎盘结构紧密相关。

2. 猪

猪分娩时都是侧卧。子宫除了纵的收缩外，还有分节收缩。子宫收缩由距子宫颈最近的胎儿前方开始，子宫的其余部分则不收缩，然后两个子宫角轮流收缩，逐渐达到子宫角尖端。猪的胎膜不露在阴门之外，胎水也少，当猪努责 1～4 次即可产出一仔，娩出两个胎儿的间隔时间通常为 5～20min 或更短，猪产出期所需时间依胎儿数量不同而有不同，一般为 2～8h。产后 10～60min，先后从两个子宫角排出两堆胎衣，每个胎儿的胎衣彼此套叠，粘连在一起。

3. 羊

基本和牛相似。羊在一昼夜任何时间都能产羔。但在上午 9～12 时和下午 3～6 时产羔稍多。胎衣通常在分娩后 2～4h 内排出。

4. 犬

犬胎儿的数目因品种不同而异，一般每胎产 2～8 只。分娩时，母犬以腹部和子宫的节律性收缩将胎儿排出。产仔间隔为 5min～1h，母犬产仔时往往沿着它的窝周围走动，舔净仔犬身上的黏液，自行咬断脐带和撕破仔犬身上的囊膜。多数母犬吞食掉胎衣，母犬从分娩开始到产仔结束，一般 3～6h。

5. 猫

猫在分娩前表现不安、鸣叫。从胎膜破裂到产出第一个胎儿需 30～60min，产出胎儿时常发出尖叫声。每产一个胎儿，母猫就快速舔胎儿，咬断脐带，有的母猫先清洁自身，然后才舔仔猫。产仔间隔时间为 5min～1h，整个产仔过程 2～6h。胎衣一般随各仔一同排出。母猫有吃胎衣的习性。

6. 兔

母兔在临产前表现精神不安，四爪刨地，顿足，腹痛，弓背努责，排出胎水不久仔兔便顺次连同胎衣等一并产出。母兔边产边将仔兔脐带咬断，并将胎衣吃掉，同时舔干仔兔身上的血迹和黏液，分娩即告结束，最后跳出巢箱或穴洞，觅水。母兔的分娩时间比较短，一般整个分娩过程为 30min 左右。但也有个别母兔产下一批仔兔后，间隔数小时，甚至数十小时再产第二批仔兔。所以分娩结束后，应认真触摸腹部，以确定有无残留胎儿尚未排出。

五、接产

接产的目的在于对母畜和胎儿进行观察，并在必要时加以帮助，避免胎儿和母体受到损失，达到母子安全。但应特别指出，接产工作一定要根据分娩的生理特点进行，不要过早过多地进行干预。

1. 接产前的准备

（1）**产房**　接产前准备专用的产房或分娩栏。产房除要求清洁干燥，阳光充足，通风良好无贼风外，还应宽敞，以免因为狭窄使母畜踏伤仔畜，或妨碍助产。墙壁及饲槽须便于消毒。猪的产房内还应设仔猪栏，以避免母猪压死仔猪。天冷的时候，产房须温暖，特别是猪，温度应不低于 $12\sim18℃$，否则分娩时间延长，且仔猪死亡率增高。根据预产期，应在产前 $7\sim15d$ 将待产母畜送入产房，以便让它熟悉环境。

(2) 用具及药品 在产房里，接产用具及药品（70％酒精、2％～5％碘酊、煤酚皂溶液、催产药物等）应放在一定的地方，以免临时缺此少彼，造成不便。条件许可时，最好备有一套常用的手术助产器械。

(3) 接产人员 接产人员应当受过接产训练，熟悉各种母畜分娩的规律，严格遵守接产的操作规程及必要的值班制度。

2. 正常分娩的接产

(1) 接产步骤和方法 为保证胎儿顺利产出和母仔的安全，接产工作应在严格消毒的原则下进行。现以牛为例介绍其步骤和方法。

① 清洗母畜的外阴部及其周围，并用消毒药水擦洗。用绷带缠好尾根，拉向一侧系于颈部。在产出期开始时，接产人员穿好工作服及胶围裙、胶靴，消毒手臂准备作必要的检查。

② 为了防止难产，当胎儿前置部分进入产道时，可将手臂消毒、润滑后伸入产道，进行临产检查，以确定胎向、胎位及胎势是否正常，以便对胎儿的异常作早期诊断。及早发现、及早矫正，不但容易克服难产，甚至还能救活胎儿。

③ 当胎儿唇部或头部露出阴门外时，如果上面盖有羊膜，可把它撕破，并把胎儿鼻孔内的黏液擦净，以利呼吸。但也不要过早撕破，以免胎水过早流失。

④ 注意观察努责及产出过程是否正常，如果母畜努责阵缩微弱，无力排出胎儿；产道狭窄，或胎儿过大，产仔滞缓；正生时胎头通过阴门困难，迟迟没有进展；倒生时，因为脐带可能被挤压于胎儿和骨盆底之间，妨碍血液流通，均须迅速拉出。以免胎儿因氧的供应受阻，反射性地发生呼吸，吸入羊水，引起窒息。

(2) 新生仔畜的护理

① 预防吸入羊水的窒息：胎儿产出后，应立即将其鼻、口内及其周围的羊水擦干并观察呼吸是否正常。如无呼吸或呼吸不正常须立即抢救。犬在出生时身上包有一层囊膜，如母犬未撕破应立即撕破。

② 处理脐带：胎儿产出时，有的脐带随母畜站立或仔畜移动而被扯断，对于大家畜最好将其剪断。但在剪断之前应将脐带内血液挤入仔畜体内。这对增进幼畜健康很有好处。并且脐带断端不宜留过长。断脐后，可将脐带断端在碘酊内浸泡片刻或在其外面涂以碘酊，并将少量碘酊倒入羊膜鞘内。断脐后如有持续出血，须加以结扎。

③ 擦干仔畜身体：猪、犬等小动物的胎儿产出后应将其身上的羊水擦干，天冷时尤须注意，以免受到冻害，乳猪须放到相应的保温设施中（温度 $30\sim35℃$）；牛犊和羊羔，应让母畜舔干，这样母畜可以吃入羊水，增强子宫收缩，加速胎衣的脱落，并且还可以使母畜识仔，这对于在群牧的羊群中建立母子之间的牢固联系具有特别重要的意义。擦干或由母畜舔干仔畜，还可以促进仔畜的血液循环。

④ 扶助仔畜站立：大家畜的新生仔畜产出不久即试图站起，但是最初一般是站不起来的，宜加以扶助，以免摔伤或骨折。

⑤ 辅助哺乳：仔畜出生后一般都能自行寻找乳头吮乳。但对于体弱者或母性不强而拒绝哺乳的母畜，应辅助仔畜找到乳头或强迫母畜哺乳，让仔畜及时吮上初乳。对于猪等多胎动物，在分娩结束前，就应让已出生的仔畜吮乳，以免仔畜的叫声干扰母畜继续分娩。在辅助仔猪哺乳时，可按强弱相对固定乳头。

⑥ 预防注射：对新生仔畜和母畜最好注射破伤风抗毒素，以防感染破伤风。

⑦ 寄养或人工喂养：寄养就是给那些母畜无乳或死亡，或因仔过多而得不到哺乳的新生仔畜找产期相近的保姆畜代哺乳。但母畜一般对非亲生仔畜排他性很强，寄养前应将仔畜身上涂以保姆畜的乳汁或尿液，使仔畜身上带有保姆畜的气味，然后才能将仔畜放在保姆畜身边。尽管如此，有些保姆畜仍然怀疑而咬仔畜，故在寄养的头几天应注意监护。如果一时找不到合适的保姆，也可用牛奶或代乳品进行人工喂养。

第五节　产后期母畜的行为和生殖器官变化

从胎衣排出到生殖器官恢复原状的一段时间，称为产后期。在此期中，母畜的行为、生殖器官都发生一系列变化。

一、行为变化

产后母畜表现出强烈的母性行为，如舐舔仔畜、哺乳、护仔等。

1. 舐舔仔畜

除马、驴以外，所有家畜分娩之后，都表现有舐舔仔畜的行为。母畜舔去仔畜身上的羊水，可以减少蒸发引起的散热，保持仔畜体温，还能刺激仔畜的血液循环。舔羊水常从仔畜头颈背部开始，逐步遍及全身；舐舔仔畜的肛门区域特别重要，因为这存在有各自的独特气味，母畜以后就是借助这种气味识别自己的仔畜。

2. 哺乳

新生仔畜站起以后，即走向母畜，寻找乳头吮乳，母畜也会调整自己体位接近仔畜，便于哺乳。牛、羊在哺乳中还不断舐舔犊牛、羊，并用鼻闻肛门区。

3. 护仔

各种家畜产后均有强烈的护仔习性，猪、狗表现最为明显。即使平时温驯畜，产后期如果有人接近其仔畜，也会表示警惕，甚至攻击。上述母性行为随仔畜的成长，逐渐减弱，直至消失。母羊生后能识别羔羊的期限通常只有 6~12h，超过这个时间，母羊就拒不收养。

二、生殖器官的变化

产后期生殖器官中变化最大的是子宫。妊娠期子宫所发生的各种改变，在产后期中都要恢复为原来的状态，这称为复旧。产后期子宫的复旧与卵巢功能的恢复有着密切的关系。产后卵巢如能迅速出现卵泡活动，即使不排卵，也会大大提高子宫的紧张度，促进子宫的变化。卵巢的功能恢复较慢，卵巢中无卵泡发育，尤其存在有持久黄体时，可引起子宫长久弛缓，导致不孕。

胎儿和胎衣排出后，子宫迅速缩小。它的收缩在产后头一天大约 1min 一次，以后 3~4d 期间逐渐减少到每 10~12min 一次。这种收缩使妊娠期伸长的子宫肌细胞缩短，子宫壁变厚。随着时间的推移，子宫壁中增生的血管变性，它们部分被吸收，一部分肌纤维和结缔组织也变性被吸收，剩下的肌纤维变细，子宫壁变薄，但子宫并不会完全恢复到原来的大小及形状，因而经产多次的母畜子宫比未生产过的要大，且松弛下垂。

子宫由于收缩，浆膜上出现纵行的皱襞。黏膜上也形成很多皱襞，和肌肉层的联系疏松，充满于子宫腔内。分娩以后，子宫黏膜发生再生现象，一部分黏膜实质发生变性萎缩而被吸收。妊娠期中作为母体胎盘的黏膜表层变性脱落，并由子宫腺的上皮增生而重新长出新的上皮。

再生过程中变性脱落的母体胎盘、残留在子宫内的血液、胎水以及子宫腺的分泌物被排出来，称为恶露。产后头几天，恶露量多，因含血液而呈红褐色，内有白色、分解的母体胎盘碎屑。以后颜色逐渐变淡，血液减少，大部分为子宫颈及阴道分泌物。最后变为无色透明，停止排出。正常恶露有血腥味，但不臭；如果有腐臭味，便是有胎盘残留或产后感染。恶露排出期延长，且色泽、气味反常或呈脓样，表示子宫中有病理变化，应及时予以治疗。

在子宫肌纤维及黏膜发生变化的同时，子宫颈也逐渐复旧。复旧的快慢因家畜的种类、年龄、胎次、是否哺乳、产程长短、是否有产后感染或胎衣不下等而有差异。健康情况差、年龄大、胎次多、哺乳、难产及双胎怀孕、产后发生感染或胎衣不下的母畜，复旧较慢。

 **案例分析**

[病例] 羊胎盘结构识别

[疗法] 解剖一只怀孕3～4个月的母羊，观察母羊子宫外部的变化情况。单胎怀孕时子宫孕角明显大于另一侧子宫角，切开孕角子宫壁，暴露母体胎盘和胎儿胎盘，剥离部分胎盘子叶，观察子叶的联系结构。

[效果] 正常的母体胎盘与胎儿胎盘子叶颜色正常，连接较为紧密，稍用力才能拉开（剥离）。

[分析] 母羊饲养管理不当，可影响母体胎盘与胎儿胎盘子叶的联系，导致胎儿因获取营养和排出代谢产物受阻从而影响胎儿生长甚至造成母羊流产。因此，必须加强妊娠期母羊的饲养管理工作。

目标检测题

一、名词解释

1.分娩 2.产力 3.产道 4.胎向 5.胎位 6.胎势 7.骨盆轴

二、填空题

1.胎膜包括 _____、_____、_____、_____、_____、_____。

2.异常的胎向有 _____、_____，异常的胎位有 _____、_____。

3.产力主要由 _____、_____构成。

4.分娩的过程分为 _____、_____、_____三个阶段。

5.动物的妊娠期，猪为 ____天，牛为 ____天，羊为 ____天，犬为 ____天。

三、问答题

1.妊娠母畜的生理变化主要有哪些？

2.写出母猪和母牛的接产方法。

第八章 妊娠期疾病

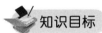
知识目标

1. 了解流产、产前截瘫、阴道脱的病因、症状特征。
2. 了解孕畜水肿、围产期胎儿死亡、妊娠毒血症的病因、症状特征。

技能目标

1. 能进行流产、产前截瘫、阴道脱的诊断和防治操作。
2. 能进行产前截瘫、围产期胎儿死亡、妊娠毒血症的诊断和防治操作。

第一节 流 产

流产是指胎儿或母体的生理过程发生紊乱，或它们之间的正常关系受到破坏而导致的妊娠中断。流产可发生于母畜妊娠的各个阶段，但以妊娠早期多见。

流产是哺乳动物妊娠期的一种常见产科疾病，不仅会导致胎儿发育受到影响或死亡，而且还影响母畜的繁殖性能和生产性能，严重时甚至危急母畜生命。

一、病因

流产可能为胎儿及胎盘异常或受到损伤的结果，也可能为孕畜疾病的一种症状，还可能是饲养管理不当的后果。流产的原因非常复杂，概括起来可分为传染性流产和非传染性流产。

1. 传染性流产

传染性流产是由于孕畜感染传染病和寄生虫病而引起的流产，可以是侵害胎膜、胎儿及孕畜生殖器官引起的自发性流产，如布鲁杆菌病、胎毛滴虫病、马沙门菌病及锥虫病；也可以是作为疾病的一种症状而发生的症状性流产，如结核、马传染性贫血、牛环形泰勒焦虫病等。从某种意义上来说，当某种传染病和寄生虫病导致孕畜或胎儿的生理功能发生一定程度紊乱时，都可以引起流产。

2. 非传染性流产

非传染性流产（普通性流产）是由非传染性因素所引起的一类流产，可大致归纳为以下几种。

(1) 自发性流产 以胎膜及胎儿发育畸形所致者较多见。

① 胎膜异常：胎膜是胎儿生长发育必不可少的器官，若胎膜异常，则胎儿和母体间物质交换受到限制，胎儿不能正常发育而致流产发生。胎膜异常有时为先天性的，如子宫发育不全或胎膜绒毛发育不全可导致胎盘结构异常或胎盘数量不足；有时则可能为后天性的，子宫黏膜发炎变性，致使胎膜绒毛膜上的绒毛不能与发炎变性的子宫黏膜发生联系而退化。

② 胚胎发育停滞：配子（精子或卵子）衰老或存在缺陷、染色体异常、配种过迟、近亲繁殖等因素，可降低受精卵活力，造成胚胎多数在发育途中死亡，也有的畸形胎儿可发育至足月。胚胎发育停滞所引起的流产多发生于妊娠早期。

(2) 症状性流产 引起症状性流产的可能原因也很多，但并非一定会引起流产，还与畜种、个体反应程度和生活条件有关，也可能是几种原因的共同结果。

① 继发于某些疾病：母畜生殖器官疾病，如慢性子宫内膜炎、阴道脱、阴道炎、子宫粘连等疾病，可造成胎膜损伤，影响胎儿继续发育而引起流产。非传染性全身疾病，如瘤胃鼓气、疝痛、妊娠毒血症、胃肠炎、肺炎等，也可导致流产发生。此外，引起体温升高、呼吸困难、高度贫血的疾病，均有可能引发流产。

② 饲养不当：饲料严重不足及饲料中矿物质和维生素含量缺乏均可引起流产；饲喂发霉、变质饲料或含有有毒物质的饲料亦可引起流产；饲喂方式改变，使孕畜贪食过多或暴饮冷水也可引起流产。

③ 管理不当：是散发性流产发生的重要原因之一，主要由于对孕畜使用和管理不当，使孕畜子宫或胎儿受到直接或间接的物理性损伤，引起子宫反射性收缩而致流产。

动物怀孕后，因地面光滑、轰赶、出入圈舍时过分拥挤、剧烈运动、翻越障碍物等所引起的跌跤或冲撞，可使胎儿受到过度振动而发生流产。此外，使役过度、强烈应激和粗暴对待孕畜等，也是造成流产的重要原因。

④ 医疗错误：误用引起子宫收缩的药物（如毛果芸香碱、氨甲酰胆碱、催产素、麦角制剂等）可引起流产；误用催情或引产药物（如雌激素制剂、前列腺素、地塞米松等）和孕畜忌用药物可导致流产；大剂量使用泻剂、利尿剂、驱虫剂，错误地注射疫苗，及不恰当的麻醉等，均有可能引起流产；不规范的直肠检查、产道检查和超声波诊断（阴道、直肠探入）亦可引起流产；怀孕后误配，也可能引起流产。

二、症状

一般而言，怀孕母畜发生流产时表现为不同程度的腹痛不安，拱腰，频频作排尿动作，从阴道中流出多量黏液或污秽不洁的分泌物或血液。由于流产发生的原因、时期及孕畜反应能力不同，则流产的临床症状也存在差异，但基本可归纳为以下四种。

1. 隐性流产（胎儿消失）

妊娠初期，胚胎的大部分或全部被母体吸收，称为隐性流产。隐性流产常无明显的临床表现，只是配种后诊断为怀孕的母畜，经过一段时间（牛经 40～60d，马经 2～3 月，猪经 1.5～2.5 月）却再次发情，并从阴门中流出较多量的分泌物。

2. 早产

早产的预兆和过程与正常分娩类似，胎儿是活的，但未经足月即产出，故称为早产。早产的产前预兆不像正常分娩预兆那样明显，往往仅在早产发生前 2～3d 出现乳房突然胀大，阴唇轻度肿胀，乳房内可挤出清亮液体等类分娩预兆。早产胎儿若有吮吸反射时，进行人工哺养，可以存活。

3. 小产（半产）

提前产出死亡而未经变化的胎儿即为小产，这是最常见的流产类型。妊娠前半期的小产，流产前常无预兆或预兆轻微，排出时不易发现，有时可能被误认为隐性流产；妊娠后半期的小产，其流产预兆和早产相同。胎儿未排出前，直肠检查摸不到胎动，妊娠脉搏变弱。阴道检查发现子宫颈口开张，黏液稀薄。

小产时，若胎儿排出顺利，则预后良好，一般对母体繁殖性能影响不大。若子宫颈口开张不好，胎儿不能顺利排出时，则应该及时采取助产措施，否则可导致胎儿腐败，引起母畜子宫内膜炎或继发败血症而表现全身症状。

4. 延期流产（死胎停滞）

胎儿死亡后由于阵缩微弱，子宫颈不开张或开张不大，胎儿死亡后长期停留于子宫内，称为延期流产。根据表现的症状不同，延期流产可分为胎儿干尸化和胎儿浸溶两种。

（1）胎儿干尸化　胎儿死亡后未被排出，其组织中的水分及胎水被母体吸收，胎儿体积缩小，变为棕黑色样的干尸，称为胎儿干尸化。胎儿干尸化常见于牛、羊、猪。干尸化胎儿可于子宫中停留相当长时间。母牛一般是在妊娠期满后数周，黄体作用消失后，才将胎儿排出。排出胎儿也可发生于妊娠期满以前，个别干尸化胎儿则长久停留于子宫内而不被排出。母畜表现发情停止，随妊娠时间延长腹部并不继续增大。直肠检查，不感胎动，子宫内无胎水，但有硬固物，子宫中动脉不变粗，且无妊娠样搏动。牛一侧卵巢有十分明显的黄体，干尸化胎儿有时伴随发情被排出。猪见有正常胎儿与干尸化胎儿交替地排出。

（2）胎儿浸溶　妊娠中断后，死亡胎儿的软组织被分解、液化，形成暗褐色黏稠的液体流出，而骨骼则因子宫颈开张不够而滞留于子宫内，称为胎儿浸溶。胎儿浸溶现象比胎儿干尸化少见，有时见于牛、羊，猪也可发生。

发生胎儿浸溶时，母畜表现精神沉郁，食欲减退，体温升高，腹泻，体重减轻；随努责可见红褐色或黄棕色腐臭黏液及脓液排出，且常混有小的骨片；尾部和后躯被黏液污染，干后成为黑痂；阴道检查，子宫颈开张，阴道及子宫发炎，在子宫颈或阴道内可摸到胎骨；直肠检查，在子宫内可摸到残留的胎儿骨片。

三、诊断

主要根据临床症状、直肠检查及产道检查来进行流产诊断。

配种后诊断为怀孕，但经过一段时间后却再次表现发情，这是隐性流产的主要临床诊断依据。预产期未到，而孕畜出现腹痛不安、拱腰、努责、呼吸和脉搏加快，从阴道中排出多量分泌物或血液、污秽恶臭的液体，这是一般性流产的主要临床诊断依据。对延期流产可借助直肠检查或产道检查的方法进行确诊。

四、治疗

针对不同类型的流产，采取不同的措施。

1. 安胎

对有流产征兆，子宫颈口尚未开张，胎儿仍存活且未被排出时，应使用抑制子宫收缩的药物，以安胎、保胎为治疗原则，以防流产。

（1）肌内注射孕酮　马、牛 50～100mg，羊、猪 10～30mg，犬、猫 2～5mg，每日或隔日一次，连用数次。

（2）肌内注射盐酸氯丙嗪　马、牛 1～2mg/kg，羊、猪 1～3mg/kg，犬、猫 1.1～6.6mg/kg。

（3）肌内注射 1% 硫酸阿托品　马、牛 1～3mL，犬、猫 0.5mg/kg。

2. 促进子宫内容物排出

对有流产征兆，子宫颈口已开张，胎囊或胎儿已进入产道，流产难以避免时，应以促进子宫内容物排出为治疗原则，以免胎儿腐败引起子宫内膜炎，影响日后受孕。

如子宫颈口开张足够，则可用手将胎儿拉出；如胎儿位置及姿势异常，且胎儿已死亡时，可施行截胎术；如子宫颈开张不够，则应及时进行助产，也可肌内注射催产素以促进胎儿排出，或肌内注射前列腺素类药物以促进子宫颈口进一步开张。

3. 人工引产

当发生延期流产时，如果分娩机制仍未启动，则要进行人工引产。肌内注射氯前列烯醇，牛0.4～0.8mg，羊0.2mg，猪0.1～0.2mg。也可用地塞米松、三合激素等药物进行单独或配合引产。

取出干尸化及浸溶胎儿后，需用0.1%高锰酸钾或5%～10%盐水等冲洗子宫，并注射子宫收缩药，以促进子宫中胎儿分解物的排出。对于胎儿浸溶的治疗，除按子宫内膜炎处理外，还应根据全身状况配以必要的全身治疗。

五、预防

科学的饲养管理是预防流产的基本措施。严禁饲喂冰冻、霉败及有毒饲料，防止孕畜暴食和暴饮。孕畜运动和使役要适当，防止挤压、碰撞、跌摔。合理选配，且应做好配种记录。妊娠诊断及直肠和阴道检查要严格遵守操作规程。孕畜患病时，要早诊断，早治疗，用药应谨慎。对于群发性流产发生时，要先行采取隔离措施，同时及时进行实验室诊断，以防传染性流产散播。

第二节　产前截瘫

产前截瘫是妊娠末期母畜既无导致瘫痪的局部因素（如腰、臀部及后肢损伤），又无明显的全身症状，但后肢不能站立的一种疾病。该病可发生于各种家畜，但以牛和猪发病率较高。

一、病因

产前截瘫的发病原因非常复杂，可能是妊娠末期许多疾病（如胎水过多、严重的子宫捻转、酮血病、风湿等）的症状，也可能是下列因素导致的结果。

① 饲料中钙、磷含量不足或比例失调，是导致产前截瘫的主要原因。饲料中钙、磷含量缺乏或比例失调时，骨骼中钙盐沉着不足，血钙浓度下降，促进甲状旁腺素分泌增加，骨钙动用加速以维持血中钙生理水平，而骨的结构因此受到损害，导致截瘫。

② 营养不良、圈舍阳光不足、缺乏运动等因素是引发产前截瘫的重要诱因。

③ 胎儿躯体过大形成对盆腔神经和血管的压迫，也可能引发产前截瘫。

④ 胃肠功能紊乱、慢性消化不良及维生素D缺乏等，影响小肠对钙的吸收，使血钙浓度降低，也可发生产前截瘫。

二、症状

牛一般于分娩前1个月左右逐渐出现运动障碍。发病初期表现为站立不稳，两后肢交替负重；行走时，后躯摇摆，步态不稳；卧地后，起立困难，或不愿起立。后期则不能站立，卧地不起。临床检查，后躯无可见的病变，触诊无热、痛反应。通常无全身症状，但有时心跳快而弱。卧地时间较长时，可能发生褥疮或患肢肌肉萎缩，有时也可能伴发阴道脱。

猪多于产前几天至数周发病。发病初期表现为卧地不起，站立时四肢强拘，系部直立，行走困难。一般地，一前肢最先出现跛行，以后波及至四肢。触诊掌（跖）骨有疼痛反应，表面凹凸不平，不愿站立，驱之不敢迈步，疼痛号叫，甚至两前腿跪地爬行。此外，患猪常表现异食癖、消化功能紊乱及粪便干燥。

三、诊断

结合饲养管理情况和临床症状进行诊断。必要时，应注意与胎水过多、子宫捻转、损伤性胃炎、风湿、酮血病、骨盆骨折、后肢韧带及肌腱断裂等进行鉴别诊断。

四、治疗

① 对于缺钙而引起的产前截瘫，可静脉注射钙制剂进行治疗。牛可静脉注射10%葡萄糖

酸钙 200～500mL 及 5％葡萄糖 500mL，隔日一次；也可静脉注射 10％氯化钙 100～300mL 及 5％葡萄糖 500mL，隔日一次；猪可静脉注射 10％氯化钙 20～30mL 及 5％葡萄糖 500mL，隔日一次。为促进钙盐吸收，可肌内注射维生素 AD，牛 10mL（1mL 含维生素 A 50000 国际单位，维生素 D 5000 国际单位），猪、羊 3mL，隔 2d 一次；也可肌内注射骨化醇（维生素 D₂），牛 10～15mL（1mL 含 40 万国际单位）。猪可肌内注射维丁胶性钙 1～4mL，隔日 1 次，2～5d 后运动障碍即得到改善。

② 对缺磷的患畜，可静脉注射磷酸二氢钾。

③ 发病时间距分娩期较近且病情较轻者，经适当治疗，产后多能很快恢复。而对于已近分娩期，且出现全身感染的病情危重患畜，需进行人工引产，以挽救母畜和胎儿生命。

④ 对于病因复杂的病例，在进行对症治疗的同时，要耐心做好护理工作，并给予富含蛋白质、矿物质及维生素的易消化饲料。给病畜多垫褥草，每日翻转数次，并对其腰荐部及后肢加以适当按摩，以促进后肢的血液循环。对于有可能站立的病畜，每日应抬起数次。可结合针灸、电针等中医疗法进行治疗，也可选用后躯注射肌肉或脊髓兴奋药物的方法进行治疗。

五、预防

① 科学饲养，保证孕畜饲料中含有足够的钙、磷、维生素及微量元素。也可根据当地草料及饮水中钙、磷含量，添加相应的矿物质。粗、精、青饲料应搭配合理，保证孕畜吃到青草及青干草。一般来说，只要钙、磷的供应能满足需要，并不需要额外补充维生素 D，但冬季舍饲孕畜应多晒太阳。

② 科学管理，保证孕畜适量的运动及充足的光照。

③ 也可用人为控制分娩季节的方法来预防产前截瘫。产前一个多月如能吃上青草，可有效预防母牛产前截瘫。

第三节　阴　道　脱

阴道脱是指阴道底壁、侧壁和上壁一部分组织肌肉松弛扩张连带子宫和子宫颈向后移，使松弛的阴道壁形成折襞嵌堵于阴门之内（又称阴道内翻）或突出于阴门之外（又称阴道外翻）（图 8-1，图 8-2）。阴道脱常发生于妊娠末期，可以是部分阴道脱出，也可以是全部阴道脱出。本病多发生于牛，其次是羊、猪，马较少见。短头品种犬发情时常发生此病。

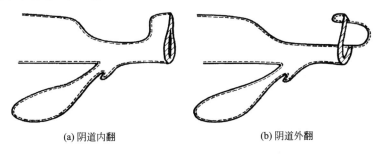

(a) 阴道内翻　　　　　　　　　　　　(b) 阴道外翻

图 8-1　阴道脱出模拟图

一、病因

① 妊娠母畜年老经产，衰弱，营养不良，钙、磷等矿物质缺乏，运动不足，过度使役及阴道损伤等，使固定阴道的结缔组织松弛，是导致阴道脱发生的主要原因。

② 胎儿过大、胎水过多、瘤胃鼓气、便秘、腹泻、阴道炎、产前截瘫、分娩时努责过强等，致使腹内压增高，是导致阴道脱发生的诱因。

③ 妊娠末期，胎盘分泌的雌激素较多，或摄取富含雌激素的饲草，可继发阴道脱发生。

图 8-2 牛阴道脱出（史兴山）

④ 难产助产时产道干涩、牵拉过度等造成固定阴道的组织松弛、腹内压升高和努责过强可造成阴道脱。

⑤ 人工授精或助产过程中，由于器械消毒不严或没有按操作规程进行，造成阴道的损伤或撕裂，引起炎症，努责过强时易造成阴道脱。

⑥ 牛、山羊的阴道脱与遗传有一定关系。海福特牛和绵羊均易发生阴道脱。

⑦ 犬阴道脱多发生于发情前期或发情期，这与遗传和雌激素过多有关。此外，母犬与公犬交配结束前被强行分开，也易致母犬发生阴道脱。

二、症状

按阴道脱发生的程度，可分为以下三种。

1. 单纯阴道脱

尿道口前方部分阴道下壁突出于阴门外的外阴唇上，除稍微牵拉子宫颈外，子宫和膀胱未发生移位，阴道壁一般无损伤，或有浅表潮红和轻度糜烂。主要发生于产前。病初仅当患畜卧地时，前庭及阴道下壁（有时为上壁）形成皮球大、粉红湿润并有光泽的瘤状物，堵在阴门之内或露出于阴门之外。患畜站立后，脱出部分可自行回缩。若病因未被去除，随母畜的起卧，脱垂的阴道壁色泽改变，阴道周围往往可见延伸来的脂肪，或因分娩损伤，导致脱出的阴道壁逐渐增大，黏膜红肿、干燥。

2. 中度阴道脱

当阴道脱伴有膀胱和肠道也脱入骨盆腔内时，称为中度阴道脱。可见患畜阴门外有囊状物脱出，起立后，脱出的阴道壁难以自行回缩，当组织发生水肿、充血时，患畜频频努责，使得阴道脱出更大，由粉红色转为暗红色，甚至黑色，表面干燥或溃疡，严重时则坏死及穿孔。

3. 重度阴道脱

子宫和子宫颈后移，子宫颈脱出于阴门外。在脱出的末端，可见到黏液塞已变稀薄液化，下壁的下端可见到尿道口，排尿不顺利。胎儿的前置部分有时进入突出的囊内，触诊可以摸到。若脱出的阴道前段子宫颈明显并关闭紧密，则不易发生流产，若子宫颈外口已开启且界限不清，则常于 24～72h 内发生早产。

阴道的脱出部分长期不能回缩，黏膜瘀血、水肿，因受地面摩擦和粪尿污染，常使脱出的阴道黏膜破裂、发炎、糜烂或坏死。严重时可继发全身感染，甚至死亡。久病患畜，精神沉郁，食欲减退，脉搏快而弱，常继发瘤胃鼓气。

三、诊断

发现病畜阴道壁形成折襞嵌堵于阴门内或阴道呈囊状突出于阴门外可确诊。

四、治疗

根据患病动物种类、病情和妊娠阶段等，选择治疗方法。

1. 单纯阴道脱

患畜起立后阴道脱出部分可自行回缩，一般不需整复，但关键应防止复发。使患畜多站立，并取前低后高的姿势，以防止脱出部分继续增大、避免损伤和感染。同时适当增加自由运动，加强营养，减少卧地，给予易消化饲料，多能治愈。对于便秘、腹泻及瘤胃弛缓等疾病，应及时治疗。保持后躯，尤其是外阴部的清洁卫生，防止尾及其他刺激物对脱出阴道黏膜的刺激。必要时，对阴道脱出的部分涂以抗生素油膏或软膏。

2. 中度和重度阴道脱

当患畜站立时，阴道脱出部分不能自行回缩者，应立即整复并加以固定，同时配以药物治疗。

① 整复时，将患畜以前低后高体位保定，努责强烈时，行荐尾或尾椎间歇的轻度硬膜外腔麻醉。小动物可提起后肢，以减少骨盆腔内的压力。

② 裹扎尾巴并将其拉向体侧，选用 2％明矾溶液、1％氯化钠溶液、0.1％高锰酸钾溶液、0.1％雷佛奴尔溶液清洗阴道脱出部及其周围，除去坏死组织，创口大时可进行缝合。水肿严重时，可先用毛巾浸以 2％明矾冷敷，并适当压迫 15～30min；或划刺以使水肿液流出；涂以 3％～5％明矾，可减轻水肿。

③ 在脱出的阴道黏膜上涂以抗生素油膏或碘甘油，用灭菌纱布包裹拳头，抵于脱出部末端，当患畜不甚努责时，乘势将脱出的阴道还纳复位；也可用灭菌纱布包裹脱出的阴道，用手掌将其托送复位。为防止阴道再次脱出，可于阴道内放置阴道托。最后在阴道内注入消毒液或在阴门两旁注入抗生素，热敷阴门，以消炎、减轻努责。若努责强烈，也可在阴道内注入 2％普鲁卡因 10～20mL，或行荐尾或硬膜外腔麻醉，注射肌肉松弛剂等。

④ 对复发的病例，可采取缝合阴门的方法进行固定，尤其是妊娠最后 2～3 周的母牛。用粗缝线在阴门上作 2～3 道间断褥式缝合或圆枕缝合、双内翻缝合（图 8-3）。阴门下 1/3 部分不缝合，以免影响排尿。缝合后定期消毒，以防感染。拆线不宜过早，最好先拆掉下方一结，无再脱出现象时，于第 2 天再拆除余下线结。但对邻近分娩的患畜，一旦出现临产征兆，应立即拆线。

图 8-3　阴门双内翻缝合

3. 顽固性阴道脱

对顽固性阴道脱或阴道黏膜广泛水肿、坏死的患畜，可进行阴道黏膜下层部分切除术。术前行硬膜外腔麻醉，阴道黏膜 0.25％普鲁卡因局部浸润麻醉。在子宫后部至尿道外口的阴道段，将病变的黏膜切除，用 3～4 号肠线缝合黏膜切口，一般是切除一段缝合一段，以减少出血。但应注意的是，膀胱扩张并突入阴道、离分娩期 3～4 周或有流产迹象的病例，不可用此法。

对阴道轻度脱出的孕牛，可肌内注射孕酮 50～100mg，1 次/日，至分娩前 20d 左右停止用药。

对由于卵泡囊肿引起的阴道脱，在整复后，首先要治疗原发病，卵泡囊肿治愈后阴道则不再脱出。

补中益气汤对各种原因引起的阴道脱均能奏效。用于牛的方剂组成为炙黄芪 75g，党参 60g，炒白术 60g，升麻 20g，当归 30g，柴胡 20g，陈皮 20g，炙甘草 30g，生姜 30g，大枣 50g，益母草 30g。用于猪的方剂组成为党参 30g，黄芪 30g，白术 30g，柴胡 20g，升麻 30g，当归 20g，陈皮 20g，甘草 15g。用法为水煎取汁或共研末开水冲调，候温灌服，1 剂/日，连用 2～3 剂。说明：整复、固定后服用。

枳朴益母散对各种原因引起的牛阴道脱也有较好疗效。方剂组成为枳壳 100g，黄芪 100g，益母草 100g，厚朴 80g，党参 40g，当归 40g，川芎 30g，白芍 40g，柴胡 40g，升麻 40g，陈皮 40g，甘草 20g。用法为水煎取汁，候温灌服。说明：整复、固定后服用。

五、预防

加强饲养管理，避免饲喂容积过大的粗饲料，给予营养全价且易消化的饲料；适当增加运动，提高全身组织的紧张性；及时治疗便秘、腹泻、瘤胃鼓气等疾病，可减少阴道脱的发生；在人工授精或助产过程中，严格器械消毒，并严格按操作规程执行，以免造成阴道损伤或撕裂。

第四节 孕畜浮肿

孕畜浮肿即妊娠浮肿，是指妊娠末期孕畜腹下及后肢等处发生水肿。浮肿面积小，症状轻者，是妊娠末期的一种正常生理现象；浮肿面积大，症状严重者，则是病理状况。妊娠浮肿多发生于马，有时也见于牛，特别是乳牛。一般于分娩前 1 月左右出现浮肿，产前 10d 浮肿明显，分娩后 2 周左右自行消退。

一、病因

① 妊娠末期，随胎儿迅速生长发育，孕畜腹内压增高。同时，孕畜乳房增大，运动量减少，从而导致腹下、乳房及后肢静脉回流缓慢，静脉压增高，静脉管壁通透性增大，使血液中的水分渗入到组织间隙而引起浮肿。

② 妊娠母畜新陈代谢旺盛，蛋白质需求增加，若饲料中蛋白质不足，则导致孕畜血浆蛋白下降，血浆胶体渗透压降低，使得血液与组织液中水分的动态平衡被破坏，而致组织间隙水分积存，引起水肿。

③ 妊娠期孕畜内分泌功能发生变化，抗利尿素、雌激素、醛固酮等分泌增加，使肾小管远端钠的重吸收作用增强，组织内钠量增加，引起机体内水潴留。

④ 妊娠期间，母畜心脏和肾脏负担加重，运动不足时，也易发生水肿。

二、症状及诊断

浮肿一般从腹下及乳房开始，以后逐渐蔓延至前胸、后肢（甚至到跗关节或球节）及阴门。浮肿一般呈扁平状，左右对称。触诊其质地如生面团，指压留痕，皮温稍低，触压无痛，皮肤紧张而光亮。通常全身症状不明显，但泌乳性能会明显下降。当浮肿严重时，则可出现食欲减退、步态强拘等现象。

三、治疗

① 浮肿轻者，不必用药。

② 浮肿严重者，以加强血液循环、提高血浆胶体渗透压、促进组织水分排出为治疗原则。10％葡萄糖酸钙 300mL、25％葡萄糖 1500mL、10％安钠咖注射液 10mL，一次静脉注射（牛、马），1 次/日，连用 3～5d；也可配合肌内注射速尿（0.5mg/kg），1 次/日，连用 2～4d。浮肿部位涂以用常醋调成泥膏剂的复方醋酸铅散，或涂樟脑酒精，也有较好的疗效。对较严重的患畜，可内服苯甲酸钠咖啡因 5～10g，或注射 20％苯甲酸钠咖啡因 20mL，1～2 次/日，连用 3～4d。

③ 可参考如下中药方剂进行治疗。

[处方一] 当归 50g，熟地黄 50g，白芍 30g，川芎 25g，枳实 15g，青皮 15g，红花 30g，共研为末，开水冲服（马、牛）。

[处方二] 白术 30g，砂仁 20g，当归 30g，川芎 20g，白芍 20g，熟地黄 20g，党参 20g，陈皮 25g，紫苏叶 25g，黄芩 25g，阿胶 25g，甘草 15g，生姜 15g，共研为末，开水冲服（马、牛）。

　　〔**处方三**〕　黄芪 45g，党参 45g，茯苓 35g，当归 30g，白芍 35g，桂枝 25g，通草 25g，水煎取汁，候温一次灌服，1 剂/日，连服 3～4 剂。

　　〔**处方四**〕　银花藤 200g，生黄芪 100g，生甘草 50g，当归 50g，皂角刺（去刺尖）50g，水煎取汁，候温一次灌服，1 剂/日，连服 2～3 剂。

　　④ 治疗时，给予富含蛋白质、矿物质及维生素的饲料，限制饮水，减少饲喂多汁饲料及食盐。

四、预防

　　保证孕畜有足够的活动空间，增加运动，坚持刷拭；饲喂体积小、蛋白质、维生素和矿物质丰富的饲料，限喂多汁饲料，适度限制饮水；役用家畜在妊娠后半期，也要适当进行牵遛，或让其自由运动，不可长期拴系于圈舍内。

第五节　围产期胎儿死亡

　　围产期胎儿死亡是指产出过程中及其前后不久（产后不超过 1d）胎儿所发生的死亡。出生时即已死亡者称为死胎，这种胎儿的肺脏放在水中下沉。围产期胎儿死亡主要见于猪及牛。猪随着胎次的增多（3 胎以后）及胎儿的过多或过少，围产期死亡率达 2%～6%；牛胎儿围产期死亡率可达 5%～15%，并常见于头胎及雄性胎儿。

一、病因

　　围产期胎儿死亡的原因和流产有许多共同之处，也可分为非传染性（普通性）和传染性两大类。

　　1. 非传染性

　　① 营养缺乏、草料不足及缺乏某些营养物质，是导致围产期胎儿死亡的一个重要原因。例如羊及猪在妊娠最后两个月缺乏蛋白质，则死产增多。维生素 A 缺乏，可导致胎盘上皮角质化，即使未发生流产，胎儿也可能在出生时死亡。维生素 D 及维生素 E 缺乏，仔猪出生后可能发生死亡。

　　② 矿物质缺乏，特别是缺乏铁，猪的死产增多。当母猪血红蛋白含量低于 9mg/100mL 时，便会产出较多的死仔。产前注射 500mg 葡聚糖铁或在日粮中补加 100μg/g 的硫酸铁，可使死产率降至 5% 以下。缺钙时，猪围产期胎儿死亡率增高。缺钴时，新生羔羊的死亡增多。缺磷时，新生犊牛孱弱，有时死亡。

　　③ 牧草中含雌激素物质过多，羊的死产增多。

　　④ 猪的胎儿产出期如由 1h 延长至 8h，死亡仔猪可由 2.4% 增至 10.6%，其中约 80% 发生于一窝之中的后 1/3 出生者，子宫角尖端中的胎儿容易死产。这是由于胎盘上氧的供应断绝，同时胎儿的排出缓慢造成的。缺氧可引起窒息和不可逆的脑损害。仔猪产出的间隔时间如超过 45～55min，胎儿常发生死亡。

　　⑤ 年龄越老，死产率越高。猪每窝的胎儿数随胎次而逐渐增多，死产率也随之增高。

　　⑥ 牛由于遗传原因以及猪由于近亲繁殖而怀孕期延长，胎儿生后孱弱，并很快死亡。

　　⑦ 牛生双胎时，胎儿死亡率比生单胎者高。

　　2. 传染性

　　很多传染性疾病及寄生虫疾病，如未引起流产，也可导致围产期胎儿死亡。例如链球菌、葡萄球菌、大肠杆菌、巴氏杆菌等感染，临产前体温升高，可引起胎儿死亡。弓形体病也有类似情况。

二、症状及诊断

传染性疾病引起的胎儿死亡，因母畜的症状及诊断方法随原发病而异，见传染病学有关部分。

胎儿死亡如非传染性疾病所引起，须参考病因中所提到的各种因素。出生过程中死亡的胎儿是由于 CO_2 分压升高、O_2 分压低，而缺氧窒息。宫内窒息可诱发肠蠕动和肛门括约肌松弛，因而胎粪排出于胎水中，且可导致吸入羊水。因此，在羊水中和呼吸道内发现胎粪，是胎儿窒息的一种标志。未死亡的幸免仔畜，其生活能力降低，肌肉松弛，有的不能站立，没有吮乳反射，有的昏迷不醒，最终死亡。

三、防治

① 因传染病引起的死亡，须根据所患疾病对母畜进行防治。

② 对因非传染性疾病引起的胎儿死亡，应按病因改善母畜的饲养管理，合理补充营养，对可救活的胎儿应进行抢救。为了防止胎儿死亡，可以采取引产措施。

第六节　牛、羊妊娠毒血症

牛、羊妊娠毒血症是妊娠末期母畜由于糖类和脂肪酸代谢障碍而发生的一种以低血糖、酮血症、酮尿症、虚弱和失明为主要特征的亚急性代谢病。

一、羊妊娠毒血症

1. 病因

绵羊妊娠毒血症的病因及发病机制还不十分清楚。本病主要见于母羊怀双羔、三羔或胎儿过大，这时胎儿消耗大量营养物质，而母羊不能满足这种需要，可能是发病的诱因。天气寒冷和母羊营养不良，往往是导致妊娠毒血症发生的主要原因。由此看来，饥饿和环境因素变化引起的应激反应，特别是两者共同作用于怀双羔的母羊，是促成本病发生的重要因素。此外，缺乏运动也与此病的发生有某种关系。

绵羊妊娠毒血症主要发生于妊娠最后一个月，多在分娩前 $10\sim20d$，有时则在分娩前 $2\sim3d$。在我国西北地区，此病常在冬春枯草季节发生于瘦弱的母羊。妊娠末期的母羊营养不足、饲料单纯、维生素及矿物质缺乏，特别是饲喂低蛋白、低脂肪的饲料，且糖类供给不足，易发生妊娠毒血症。妊娠早期过于肥胖的母羊，至妊娠末期突然降低营养水平，更易发生此病。膘情好的母羊在优良牧草的牧地放牧，由于运动不足或突然减少摄入的饲草数量，也易患该疾病。舍饲期间缺乏精料，或者冬季放牧时牧草不足，长期饥饿，均易发病。

很多品种的母羊在怀第二胎及以后妊娠，均能发生妊娠毒血症。杂种羊易感性较高，放牧羊比舍饲羊更易患此病。妊娠末期，如果母体获得的营养物质不能满足自身和胎儿生长发育的需要（特别在多胎时），则促使母羊动用组织中贮存的营养物质，使蛋白质、糖类和脂肪的代谢发生严重紊乱。同时，代谢异常引起肝脏营养不良，使肝脏功能发生障碍，不能有效地生成优先满足羔羊发育所需的葡萄糖，并且丧失解毒功能，导致低血糖症和血液酮体及血浆皮质醇的水平升高。

2. 症状及诊断

主要临床表现为精神沉郁，食欲减退，运动失调，呆滞凝视，卧地不起，甚而昏睡等。

血液检查低血糖和高血酮、血液总蛋白减少。血浆游离脂肪酸增多。尿丙酮呈强阳性反应。嗜酸性粒细胞减少。疾病后期，有时可发展为高血糖。肝脏有颗粒变性及坏死。肾脏亦有类似病变。肾上腺肿大，皮质变脆，呈土黄色。

根据临床症状、营养状况、饲养管理方式、妊娠阶段、血尿检验以及尸体剖验，即可做出诊断。

3. 病程及预后

一般持续 3~7d，少数病例可能拖延稍久，而有些病羊发病后一天即死亡。死亡率高达 70%~100%。病羊如果流产或者经过引产及适当治疗，饲养和营养状况得到改善，症状可能有所缓解。

4. 治疗

为了保护肝脏功能和供给机体所必需的糖原，可用 10% 葡萄糖 150~200mL，加入维生素 C 0.5g，静脉输入。同时还可肌内注射大剂量的维生素 B_1。

有人曾应用类固醇激素治疗绵羊妊娠毒血症。肌内注射氢化泼尼松 75mg 或地塞米松 25mg，并口服乙二醇、葡萄糖和注射钙镁磷制剂，存活率可达 85%；但单独使用类固醇的存活率不高，仅为 61%。

有资料报道，在用糖和皮质类激素治疗时宜用小剂量多次注射，若一次性大剂量注射有时会招致早产或流产。出现酸中毒症状时，可静脉注射 5% 碳酸氢钠溶液 30~50mL。此外，还可使用促进脂肪代谢的药物，如肌醇注射液。也可同时注射维生素 C。

无论应用哪一种方法治疗，如果治疗效果不显著，建议施行剖宫产或人工引产；娩出胎儿后，症状多随之减轻。但已卧地不起的病羊，即使引产，也预后不良。在患病早期，治疗的同时改善饲养管理，可以防止病情进一步发展，甚至使病情迅速缓解。增加糖类饲料的数量，如块根饲料、优质青干草，并给以葡萄糖、蔗糖或甘油等含糖物质，对治疗此病有良好的辅助作用。

5. 预防

合理搭配饲料是预防妊娠毒血症的重要措施，因为母羊过于肥胖和饲料不足而导致瘦弱均易患这种疾病。对妊娠后半期的母羊，必须饲喂营养充足的优良饲料，保证供给母羊所必需的糖类、蛋白质、矿物质和维生素。补饲胡萝卜、甜菜、芜菁与青贮料等多汁饲料，对预防本病有重要作用。

对于完全舍饲不放牧的母羊，应补饲适量的青干草及精料等。发现有病羊时，怀孕羊群应立即采取措施，给妊娠母羊普遍补饲胡萝卜、豆料、麸皮等优质饲料，有条件时还可饲喂小米汤、糖浆等含糖多的食物，这样可以制止发病或降低畜群的发病率。

二、母牛妊娠毒血症

1. 病因

① 饲料品种单一、精料过多、粗饲料缺乏、泌乳后期或干乳期饲喂高能量饲料、分娩前停奶时间过早、干奶期拖得过长、妊娠前期饲料供应过多、运动不足等等，导致母牛怀孕后期过肥，是本病发生的主要原因。

② 怀双胎或胎儿过大的母牛、产奶量高的奶牛、日粮中某些蛋白质缺乏或缺钙等因素影响可导致此病的发生。

③ 在分娩、泌乳、气候突变或采食量锐减等应激条件下易诱发本病。

2. 症状

① 急性　随分娩而发病，表现为食欲废绝，少乳或无乳，可视黏膜发绀、黄染，体温升高至 39.5~40℃，步态强拘，目光呆滞，对外界反应迟钝。伴腹泻者，粪便呈黄色，具恶臭味，2~3d 后死亡或卧地不起。

② 慢性　多于分娩后 3d 发病，主要表现为酮病症状，病牛食欲降低或废绝，乳产量骤减，粪便少而干，消瘦，伴发乳房炎、胎衣不下，子宫弛缓，产道内蓄积大量褐色腐臭恶露，

卧地不起，呻吟、磨牙。

3. 防治

（1）加强饲养管理，供应平衡日粮

① 饲料稳定，避免突然变更：干乳牛应限制精料量，增加干草喂量。混合饲料 3～4kg/d，青贮料 15kg，干草自由采食。

② 分群管理：根据不同生理阶段，随时调整营养比例，为避免进食精料过多，可将干乳牛与泌乳牛分开饲喂。

（2）加强产前、产后母牛的健康检查

① 建立酮体监测制度，提早发现病牛。产前 1 周至产后 1d，凡酮体呈阳性者，应立即治疗。

② 定期补糖、补钙：对年老、高产、食欲不振和有酮病史的母牛，于产前 1 周静脉注射 20％葡萄糖溶液、葡萄糖酸钙各 500mL，共补 1～3 次。

（3）防止产后发生酮病 日粮中可补喂烟酸 4～8g，产前 7d 加喂，1 次/日；或丙二醇 200mL 或丙酸钠 125g，产前 8d 饲喂，1 次/日，连服 15～30d。

（4）及时配种 不漏掉发情牛，提高受胎率，防止奶牛干乳期过长而致肥。

（5）药物治疗 目的是抑制脂肪分解，减少脂肪酸在肝脏中的积存，加速脂肪的利用，防止并发酮病，其原则是解毒、保肝、补糖。

① 50％葡萄糖溶液 500～1000mL，静脉注射。

② 50％右旋糖酐，初次用量 1500mL，一次静脉注射，以后改为 500mL，2～3 次/日。

③ 烟酸（尼克酰胺），12～15g，一次内服，连服 3～5d。其作用是抗解脂作用和抑制酮体的生成。

④ 氯化胆碱或硫酸钴，100g/d，内服。

⑤ 丙二醇，每次 170～342g，2 次/日，口服，连服 10d。喂前静脉注射 50％左旋糖酐 500mL，效果更好。

⑥ 为防止继发感染，可使用广谱抗生素、金霉素或四环素治疗。

⑦ 防止酸中毒，可用 5％碳酸氢钠 500～1000mL，一次静脉注射。

📷 案例分析

［病例1］ 缺钙引起的产前截瘫

［疗法］ 静脉注射 10％氯化钙 500mL 及 5％葡萄糖 500mL，隔日一次。饲料中钙、磷含量补足。

［效果］ 母牛体况逐渐恢复，能够站立走动。

［分析］ 母牛产前饲料中钙、磷含量不足，导致产前截瘫。通过注射氯化钙和葡萄糖能使血钙浓度上升，维持血中钙的生理水平。同时饲喂钙、磷含量充足的饲料。

［病例2］ 孕牛浮肿

［疗法］ 静脉注射 10％葡萄糖酸钙 300mL、25％葡萄糖 1500mL、10％安钠咖 10mL，一天一次，连用 3d。浮肿部位以复方醋酸散加常醋调成糊状涂擦。

［效果］ 浮肿部位逐渐消肿，3d 后恢复正常，分娩正常。

［分析］ 妊娠末期，随着胎儿迅速生长发育，孕牛腹内压增高。同时孕牛乳房增大，运动量减少，从而导致腹下、乳房及后肢静脉回流缓慢，静脉压增高，静脉管通透性增大，使血液中的水分渗入到组织间隙中引起浮肿。上述处方可加强血液循环、提高血浆胶体渗透压、促进

组织水分排出，从而消除浮肿。

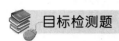 目标检测题

一、名词解释

1. 流产　2. 隐性流产　3. 延期流产　4. 胎儿干尸化　5. 胎儿浸溶　6. 产前截瘫　7. 阴道脱　8. 孕畜浮肿　9. 围产期胎儿死亡　10. 妊娠毒血症

二、填空题

1. 自发性流产的主要原因有 _____、_____，症状性流产的主要原因有 _____、_____、_____、_____ 等。

2. 常用于流产治疗的安胎药有 _____、_____、_____ 等。

3. 产前截瘫的发生主要是因饲料中 _____ 含量不足或比例失调。

4. 产前截瘫应注意与 _____、_____、_____ 等疾病进行鉴别诊断。

5. 根据发生的程度，可将阴道脱分为 _____、_____、_____ 三种。

三、问答题

1. 写出流产的类型、症状及一般治疗方法。

2. 写出母猪产前截瘫的症状、治疗及预防方法。

3. 如何对中度及重度阴道脱进行治疗？

4. 孕畜严重浮肿有哪些主要症状？

5. 导致围产期胎儿死亡的原因有哪些？

6. 如何诊断羊妊娠毒血症？

第九章　分娩期疾病

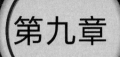

 **知识目标**

1. 了解难产的检查程序。
2. 了解手术助产的原则和基本方法。
3. 了解产力性难产、产道性难产和胎儿性难产的病因和症状特征。
4. 了解难产引起母畜休克的原因和症状特征。

技能目标

1. 能正确使用难产检查的操作。
2. 能正确使用产科器械、能进行手术助产准备。
3. 能正确使用手术助产的牵引术、矫正术、截胎术、剖腹取胎术的操作。
4. 能正确使用产力性难产、产道性难产和胎儿性难产的诊断、助产、治疗操作。
5. 能进行防制难产的操作。

分娩是母畜的一种生理过程，这一过程能否正常进行，将取决于产力、产道和胎儿三个因素。正常情况下，三者总是相互协调的，从而使分娩能顺利地进行。如果其中任何一种因素发生异常，不能将胎儿顺利排出，就会使胎儿的产出过程延迟或受阻，造成难产。根据造成难产的原因将难产分为产力性难产、产道性难产和胎儿性难产。

第一节　难产的检查

一、病史调查

① 了解母畜是初产还是经产，怀孕是否足月或超过预产期。一般初产畜，可考虑产道是否狭窄，胎儿是否过大；是经产畜，可考虑是否胎位、胎势不正，胎儿畸形或单胎动物怀双胎等。如果预产期未到，可能早产或流产。

② 了解分娩开始的时间，努责的强度及频率，胎水是否排出？综合分析判断是否难产。

③ 分娩前是否患过阴道脓肿、阴门裂伤以及骨盆骨折及其他产科疾病，患过上述疾病可引起产道或骨盆狭窄，影响胎儿产出。

④ 分娩开始后是否经过治疗，如何治疗？治疗前胎儿的方向、位置及胎势如何？胎儿是否死亡，经过何种处理，以便在此基础上确定下一步救治措施。

⑤ 多胎动物尚需了解两个胎儿之间娩出相隔的时间，努责的强度，产出胎儿的数量与胎衣排出的情况。如果分娩过程中突然停止产出，很可能是发生难产。

二、母畜的全身检查

首先检查母畜的体温、脉搏、呼吸、可视黏膜、精神状态，以及母畜能否站立，了解母畜的全身状况，作为选择助产方法、确定全身综合治疗及判断预后的依据。如结膜苍白，表明有出血的可能，预后应慎重。

其次还要检查阴门及尾根两旁的荐坐韧带后缘是否松软，向上提尾根时荐椎后端的活动程度如何，以便估计骨盆及阴门扩张的程度。

三、产道的检查

产道的检查主要是查明软产道的松软和滑润程度，有无损伤、水肿和狭窄并要注意产道内液体的颜色和气味，子宫颈松软和开张程度（特别是牛、羊），有无瘢痕、肿瘤及骨盆畸形等。

如果难产时间已久，母畜因产程过长，软产道黏膜往往发生水肿，致产道狭窄，妨碍助产。有时虽然难产时间不长，但由于胎水过早流失，造成黏膜表面干燥，亦可导致产道水肿，甚至损伤或出血。产道的损伤一般可以触摸到，流出的血液颜色要比胎膜血管中的血新鲜（鲜红）。产道的水肿或损伤将给助产工作带来很大困难，有时甚至使手臂无法伸入宫腔。强行助产会造成产道更大的损伤，应及时调整助产方法。

四、胎儿的检查

胎儿的检查应包括胎势、胎向和胎位有无异常，胎儿是否存活，体格大小和进入产道的深浅，均是术前检查的重要内容。同时胎儿是否畸形，是否发生了气肿或腐败等亦应检查。

检查前，术者手臂及母畜外阴部均需消毒。如果胎膜未破，应隔着胎膜用手触摸胎儿的前置部分；如果胎膜已破，手要伸入胎膜内直接触诊，这样既可检查胎儿在宫腔内的状况，又能感觉出胎儿体表的滑润程度以及胎儿的死活。

检查胎儿的项目主要包括下面几项。

① 胎儿是否异常：通过触诊其头、颈、胸、腹、臀或前后肢，弄清楚胎儿的胎势、胎向和胎位如何，产出时可否出现异常。

② 胎儿的大小：检查胎儿的大小应和产道的大小相比较来确定是否容易矫正和拉出。

③ 胎儿进入产道的程度：如胎儿进入产道很深，不能推回，且胎儿较小，异常不严重，可先试行拉出；进入尚浅时，如有异常，则应先矫正后再拉。

④ 胎儿的死活：对于助产方法的选择是有决定意义的。可根据以下检查内容来判断胎儿的死活。当正生时，术者可将手指伸入胎儿口腔，注意有无吸吮动作；或轻拉舌头注意是否收缩；或以手指轻压眼球，注意有无反应；或牵拉、刺激前肢，注意有无向相反方向退缩；也可触诊颌外动脉或心区，检查有无搏动。倒生时，最好是触诊脐带是否有搏动；也可牵拉或刺激后肢，注意有无反射活动；或将手指轻轻伸入肛门，注意有无收缩反射。

在判定胎儿死活时，只要确实检查了上述各项中某一项活动，即可确定是活的胎儿。但判断死亡时，却不能单纯依据某一生理活动的消失，而必须在可查的各种活动全部消失，方能最后确定。

第二节 手术助产前的准备及产科器械的使用方法

一、手术助产前的准备

根据对胎儿及产畜检查的结果，及时做出助产计划及实施方案，并做好以下准备工作，以确保助产工作的顺利进行。

1. 保定

难产时对母畜保定的好坏是手术能否顺利进行的关键。以站立保定为宜，取前低后高姿势，以便使胎儿能够向前推入子宫，不致楔入于骨盆腔内，妨碍操作。如果母畜不能站立，则可使其侧卧，至于侧卧于哪一侧，主要以便于操作为原则。如胎儿头颈于左侧者，母畜须右侧卧，反之则取左侧卧姿势。侧卧保定时，也应后躯垫高。

2. 麻醉

为了抑制产畜努责，便于操作，可给予镇静剂或硬膜外腔麻醉。

3. 预防感染

助产对产房、场地、产畜外阴部、胎儿外露部分，助产所用器械和术者手臂进行严密消毒，其消毒方法按外科手术常规消毒方法进行。

4. 润滑产道

为了便于推回、矫正和拉出胎儿，尤其当胎水流尽、产道干燥、胎衣及子宫壁紧包着胎儿时，必须向产道及子宫内灌注温的润滑油。如果一味强行推、拉矫正，极可能造成子宫脱出或产道破裂。

二、产科器械的使用方法

1. 拉出胎儿的器械

（1）产科绳子　一般是由棉线或合成纤维加工制成，质地要求柔软结实，不宜用麻绳或棕绳，以防损伤产道。产科绳的粗细直径以 0.5～0.8cm 为宜，长 2.5～3.0m，绳的两端有耳扣，借助耳扣做成绳圈，以便捆缚胎儿，也可以用活结代替。使用时术者将绳扣套在中指与无名指间，慢慢带入产道，然后用拇指、中指、食指握住欲捆缚部位，将绳套移至被套部位拉紧，切勿将胎膜套上，以免拉出胎儿时损伤子宫或子叶（图 9-1）。

（2）绳导（导绳器）　在使用产科绳套住胎儿有困难时，可用金属制的绳导，将产科绳或线锯条带入产道，套住胎儿的某一部分。常用的有长柄绳导及环状绳导两种。

（3）产科钩　在用手或产科绳拉出胎儿有困难时，可配合使用产科钩。产科钩有单钩与复钩两种，而单钩又分为锐钩与钝钩。单钩用于钩住眼眶、下颌、耳及皮肤、腱等。复钩用于钩住眼、颈部、脊柱等部位。使用时术者应用手保护好，勿损伤子宫及产道。产科钩多用于死胎，钝钩一般不至于损伤子宫及胎儿，所以钝钩必要时也可用于活胎儿，但锐钩严禁用于活胎儿（图 9-2）。

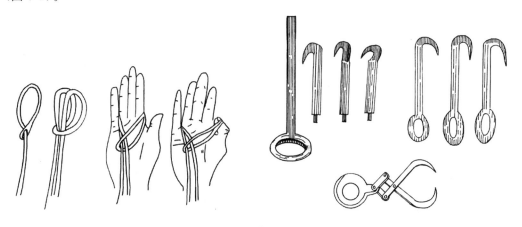

图 9-1　产科绳及使用方法　　　　图 9-2　产科钩（上为单钩，下为复钩）

（4）产科钳　分为有齿钳和无齿钳两种，有齿产科钳多用于大家畜，钳住皮肤或其他部位，以便拉出胎儿。无齿产科钳常用于固定仔猪、羔羊头部，以拉出胎儿（图 9-3）。

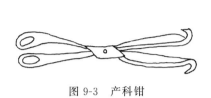

图 9-3　产科钳

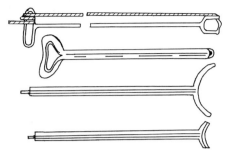

图 9-4　产科榁

2. 推胎儿器械

常用的是产科榁，为直径 1～1.5cm、长 1m 的圆形铁杆，其前端分叉，呈半环形两叉，另端为一环形把柄。用于将胎儿推入子宫便于整复，或矫正胎儿姿势时，边推边拉。

推拉榁可将产科绳带入子宫，捆缚胎儿的头颈或四肢，进行推拉等矫正胎儿姿势（图 9-4）。

3. 截胎器械

(1) 隐刃刀　是刀刃出入于刀鞘的小刀，使用时将刀刃推出，不用时又可将刀刃退回刀鞘内。此种刀使用方便，不易损伤产道及术者，刀形各异，有直形、弯形或弓形等形状，刀柄后端有一小孔，用于穿入绳子系在术者手腕上，或由助手牵拉住，以免滑脱而掉入产道或子宫内。隐刃刀多用于切割胎儿皮肤、关节及摘除胎儿内脏［图 9-5(a)］。

(2) 指刀　是一种小的短弯刀，分为有柄和无柄两种，刀背上有 1～2 个金属环，可以套在食指或中指上操作，当带入产道或拿出时，可用食指、中指和无名指保护刀刃，其用途和用法同隐刃刀。由于指刀小而且刀刃呈不同程度的弯形或钩形，使用起来比较安全可靠［图 9-5(b)］。

(3) 产科刀　是一种短刀，有直形的，也有钩状的。因刀身小，用食指紧贴，容易保护，可自由带入拿出，刀柄也有小孔，可以系绳固定，用途同隐刃刀和指刀［图 9-5(c)］。

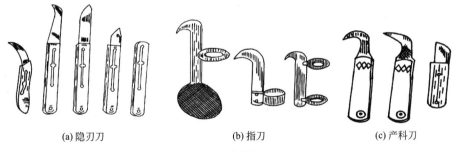

(a) 隐刃刀　　　　　　　　　(b) 指刀　　　　　　　　　(c) 产科刀

图 9-5　产科刀具

(4) 产科凿（铲）　是一种长柄凿（铲），凿刃形状有直形的、弧形的和 V 字形的，主要用于铲断或凿断骨骼、关节及韧带。使用时术者用手保护送入预截断的位置上，指示助手敲击或推动凿柄，术者随时控制凿刃部分，也可伸入皮下用于分离皮下组织。

(5) 产科线锯　是由两个固定在一起的金属管和一根线锯条构成，还有一条前端带一小孔的通条。使用时事先将锯条穿入管内，然后带入子宫，将锯条套在要截断的部位，拉紧锯条使金属管固定于该部，也可以将锯条一端带入子宫，绕过预备截断的部位后，再穿入金属管拉紧固定，再由助手牵拉锯条，锯断欲切除部分（图 9-6）。

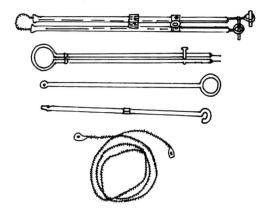

图 9-6 产科线锯

（6）胎儿绞断器 是目前较常用且效果好的大动物截胎器具（图 9-7）。

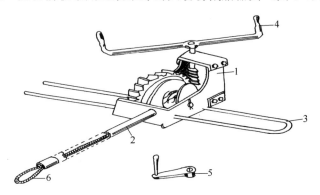

图 9-7 胎儿绞断器

1—绞盘；2—钢管；3—抬杠；4—大摇把；5—小摇把；6—钢绞绳

第三节 手术助产的原则和基本方法

一、手术助产的原则

① 难产助产应及早进行，否则胎儿楔入产道，子宫壁紧裹胎儿，胎水流失及产道水肿，将妨碍矫正胎儿姿势及强行拉出胎儿。

② 手术助产时，将母畜置于前低后高姿势，整复时尽量将胎儿推回子宫内，以便有较大的活动空间。只有在努责间隙期方能进行推进或整复，努责时拉。

③ 如果产道干燥，应预先向产道内注入液体石蜡等滑润剂，便于操作及拉出胎儿。

④ 使用尖锐器械时，必须将尖锐部分用手保护好，以防在操作过程中损伤产道。

⑤ 为了预防手术后感染，术后应用 0.1% 高锰酸钾溶液或 0.1% 雷佛奴尔溶液冲洗产道及子宫，排出冲洗液后放入抗生素或磺胺类药物。

二、牵引术

1. 适应证

适用于胎儿过大、母畜努责阵缩微弱、产道扩张不全等。

2. 方法

先用产科绳将胎儿前置部分捆缚住拉紧。正生时捆缚住胎儿头或两前肢，倒生时捆缚住两后肢。拉出时要配合母畜阵缩和努责，用力要缓，并上下左右反复活动胎儿，术者保护胎儿及产道，令助手按照骨盆轴方向逐渐拉出胎儿（图9-8～图9-11）。

图9-8　产科绳拉头法

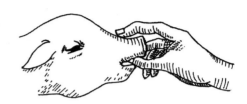

图9-9　掐住两侧上犬齿拉小猪的方法

图9-10　用手握住倒生小猪后腿拉的方法

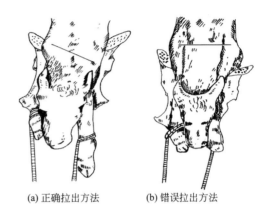

(a) 正确拉出方法　　(b) 错误拉出方法

图9-11　正生过大胎儿的拉出法

三、矫正术

1. 适应证

主要用于胎势、胎位、胎向异常造成的难产。

2. 方法

徒手配合器械矫正胎儿异常部分，除使用产科绳外，配合使用绳导、产科梃、产科钩等。矫正时，用手将胎儿姿势扭正，在扭的过程中配合牵拉，把屈曲的部分拉直（图9-12、图9-13），然后用牵引术拉出胎儿。

图9-12　头颈侧弯时的矫正方法

图9-13　用手矫正屈曲的前肢

四、截胎术

1. 截头术

① 适用于胎头侧转，胎儿发育过大，产道狭窄及胎儿前肢姿势不正等所造成的难产。

图 9-14 用线锯截断头部

② 先用产科钩钩住眼眶，将胎头拉至产道，然后经耳前、眼眶后至下颌做一切口，在枕寰关节处切断颈韧带，用产科钩钩住枕骨大孔，拉离颈部，同时把连接头颈的皮肤，肌肉用刀切断。切掉头部之后，留三个皮瓣（两耳及下颌）接扎在一起，形成一个坚固的结，以便推进或拉出胎儿时用。此法无效时，可用线锯绕过颈部将其锯断（图9-14）。

2. 前肢截断术

① 适用于前肢各关节屈曲无法矫正或肩围过大难于产出的难产。

② 方法是用指刀或隐刃刀沿肩胛骨后角，切开皮肤和肌肉，借指刀和隐刃刀反复切割，即可将肩胛骨与胸廓的联系切断。然后用产科钩或产科绳将前肢扯断拉出。肘关节或腕关节屈曲时，可用指刀或隐刃刀切断关节处的周围皮肤、肌肉及韧带的联系，然后用铲或凿铲或用线锯锯断（图9-15）。

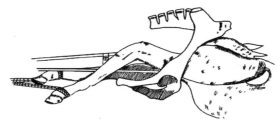

图 9-15 用线锯截除前腿

3. 后肢截断术

① 适用于倒生时，胎儿过大及后肢姿势不正常等。

② 施术时首先用产科绳把后肢拴住并拉紧，然后用钩状指刀或隐刃刀沿荐骨平行的方向，切开荐部与股骨间的皮肤和肌肉，一直切到髋结节。然后经坐骨结节外侧向后与会阴平行深深地切割，如此反复切割，至将骨盆与大腿之间的软组织完全切断。最后切断髋关节及其周围的韧带，再把后肢扯下，如果扯下有困难时可将股骨用产科凿凿断，或用线锯将其锯断，然后拉出后肢。

五、剖腹取胎术

剖腹取胎术是经过腹壁及子宫切口取出胎儿，以达到解决难产的一种手术。

1. 适应证

① 胎儿的姿势、位置或方向严重异常、矫正无望同时因器械不全或不能截胎时。

② 母畜骨盆发育不全，骨盆变形而盆腔过小，长时期助产无效引起阴道剧烈水肿，子宫颈与阴道外伤瘢痕收缩导致产道狭窄。

③ 子宫疝气，子宫破裂。

④ 胎儿过大，双胎难产，胎儿气肿，脑积水，胎儿各种畸形以及大干尸化胎儿。

⑤ 子宫捻转，矫正无效。

2. 手术方法

(1) 牛、羊剖宫产　牛、羊、马的剖宫产术方法基本相同，这里以牛为例进行介绍。

① 术部：切口的选择应视具体情况而定，一般选择切口的原则是，胎儿在哪里摸得最清楚，就靠近哪里作切口。牛剖宫产的切口有腹侧切口和腹下切口两种（图9-16）。

a. 腹侧切口：又分为左侧壁切口和右侧壁切口两种。左子宫角怀孕以左侧壁切口较好，右子宫角怀孕以右侧壁切口较好。可以采用左侧壁切口的尽可能采用左侧切口，因为右侧常受空肠干扰，给手术实施带来一定难度；腹侧切口也有上下之分，上位是在腹壁的上 1/3 部髋结节下角 5cm 的下方起始；下位是在腹壁的中 1/3 与下 1/3 交界处起始，做斜行切口或垂直切口。

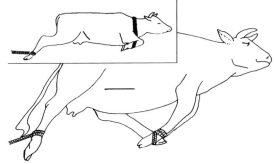

图 9-16　牛剖腹产术切口部位

b. 腹下切口：其优点是子宫角和胎儿是沉于腹底的，在侧卧保定的情况下，很容易把子宫壁的一部分拖出腹壁切口之外，子宫内容物不易流入腹腔，此外，较之腹侧切口，它破坏的肌肉很少，出血也很少。缺点是如果缝合不好，可能发生疝气或豁口，亦容易发生感染。腹下切口可供选择的部位有 5 处，即乳房前方腹白线、腹白线与右乳静脉之间的平行线上、乳房和右乳静脉的右侧 5~8cm 的平行线上，腹白线与左乳静脉之间的平行线上以及乳房和左乳静脉的左侧 5~8cm 的平行线上。

② 保定：左或右侧卧保定，将前后肢分别绑缚，并将头保定。

③ 消毒：术部剪毛剃毛，进行手术常规消毒。

④ 麻醉：难产母畜全身麻醉，同时配合腰旁神经传导麻醉或局部浸润麻醉。

⑤ 手术步骤：切开腹腔。按切口部位，切开皮肤约30cm，然后依次分层切开各层肌肉，其切口均需与皮肤切口等长。切开腹膜时须先用有钩镊子夹起剪开或切一个小口，然后将中指和食指伸入破口，在手的引导下剪开腹膜至适当长度。切开腹膜时助手要随时注意用大纱布堵塞切口，防止肠管、网膜涌出。

a. 拉出子宫：将双手伸入子宫之下，隔着子宫壁握住胎儿的一部分（正生时为两后肢距部，倒生时为头和前肢掌部），小心地将子宫大弯拉出腹壁切口，忌只拉子宫壁不拉胎儿，否则会撕破子宫壁。拉出部分子宫后，在子宫和切口之间塞大纱布，以免肠道脱出及切开子宫后其内容物注入腹腔。

b. 切开子宫：沿子宫角大弯，避开子宫阜，作一皮肤切口等长的切口。切口不可过小，以免拉出胎儿时被撕裂，不易缝合。也不应在子宫角侧面，尤其不可在小弯上作切口，这些地方血管较多，容易引起大出血。

c. 拉出胎儿：先剥离一部分子宫切口附近的胎膜，拉出于切口之外，然后再切开，这样可以防止胎水流入腹腔。然后慢慢拉出胎儿。如果发生胎儿气肿或胎儿已死亡，拉出有困难时，可先将其进行截胎，分别取出。拉出胎儿后，助手要固定好子宫，不要让其缩回腹腔。

d. 子宫缝合：第一层单纯连续缝合，第二层垂直褥式内翻缝合。

e. 腹壁缝合：与普通腹腔外科手术方法相同。

(2) 猪的剖腹产手术

① 术部：由于猪的乳房位于腹下，切口部位可选择腹侧的两个地方（左右侧均可），一是距腰椎横突 5~8cm，髋结节与最后肋骨中点连线上作垂直切口；二是在髋结节之下 10cm 处，

沿肋弓方向向前向下作斜行切口。

② 保定与消毒：侧卧保定，常规外科手术消毒。

③ 麻醉：可应用氯丙嗪、保定宁作基础麻醉，配合切口局部浸润麻醉。

④ 手术要点：外科手术基本操作与牛的剖宫产术基本相同，在此仅介绍猪的特点。

打开腹腔后，术者首先向骨盆方向探摸，隔着子宫壁将最靠近产道的胎儿推向产道，由助手协助试行从产道拉出。如果取出的胎儿是唯一过大或为最后一个胎儿，不必再将子宫切开，可等待或帮助其余胎儿排出。此法不能奏效时，再切开子宫。

如果切开子宫，术者可将手伸入腹腔找到一侧子宫角，隔着子宫壁抓住胎儿头或臀部将他慢慢向切口外拉，等一侧子宫角全部被拉出以后，将子宫体与子宫角交界处分辨清楚，在被拉出的子宫上覆盖以生理盐水浸润的纱布，子宫切口在已拉出的子宫角和子宫体交界处的大弯上，切口长 10～15cm。切开子宫后，把每一个胎儿与其胎衣取出来，当一侧子宫角掏完后，再从同一切口将另一侧子宫内的胎儿和胎衣取出。子宫缝合与腹壁缝合同牛。

（3）犬、猫的剖宫产手术

① 术部：可选在距离腹白线 1～2cm 的两侧，最后一个或倒数第 1～2 对乳头之间，亦可在脐孔后腹壁正中线上，切口长度一般 10～15cm，可依犬体大小灵活掌握。

② 保定与消毒：可采用后躯仰卧、前躯侧卧的姿势保定。犬应戴上防护口罩或用绷带缠绕上下颌加以捆绑，防止咬伤工作人员。保定以后采用常规手术消毒。

③ 麻醉：麻醉效果的好坏直接影响手术的结果。如果效果不确切，常常在手术过程中骚动不安，甚至母犬或猫由于疼痛而引起休克。一般作全身麻醉再配以局部浸润麻醉，全身麻醉常用药为氯胺酮或 846 合剂。

④ 手术要点：因为犬、猫的皮肤很薄，切开腹壁要小心细致，下刀不可用力过大。在切开腹膜之前必须先开一个小口，然后在伸入的手指指引下，用钝头剪刀剪开。犬、猫都是多胎动物，且又仰卧保定，探找和拉出怀孕子宫并不困难。子宫拉出后行子宫切口及其他处理方法同猪剖宫产术，但腹壁缝合后的腹壁创口应装置绷带加以保护，以防止舔咬。

（4）术后的护理 对于母畜生产力和繁殖力的恢复至关重要，尤其是繁殖能力的恢复与术后的护理密切相关。

① 术后应每日检查全身状况 1～2 次，发现异常变化时要及时分析原因并及时处置。

② 为母畜提供一个温暖、宽敞、清洁的环境，要勤换垫草以减少创口感染机会，对犬、猫等动物要严防其舔咬创口，以免影响创口愈合。

③ 饲喂富于营养且易消化的饲料，对食欲不振母畜可静脉注射一定量的糖盐水、20%安钠咖以及应用健胃药物。

④ 促进子宫内残留物的排出，以利子宫的恢复，可使用子宫收缩剂。

⑤ 手术后 3～5d 内可肌内注射青霉素、链霉素，防止切口和子宫感染的发生。

⑥ 术后 10～14d 拆除皮肤缝线。

第四节 常见的难产及手术助产方法

由于发生原因不同，临床上将常见的难产分为产力性难产、产道性难产和胎儿性难产三种。前两种是由于母体异常引起的，后一种是由胎儿异常所造成的。

一、母畜异常引起的难产

1. 阵缩及努责微弱

分娩时子宫及腹肌收缩无力、时间短、次数少，间隔时间长，以致不能将胎儿排出，称为阵缩及努责微弱。

（1）**病因** 原发性阵缩微弱是由于长期舍饲、缺乏运动，饲料质量差，缺乏青绿饲料及矿物质，老龄、体弱或过于肥胖，家畜患有全身性疾病，胎儿过大，胎水过多等。

继发性阵缩微弱，在分娩开始时阵缩、努责正常。进入产出期后，由于胎儿过大、胎儿异常等原因长时间不能将胎儿产出，腹肌及子宫由于长时间的持续收缩，过度疲乏，最后导致阵缩、努责微弱或完全停止。

（2）**症状** 母畜怀孕期已满，分娩条件具备，分娩预兆已出现，但阵缩力量微弱及努责次数减少，力量不足，长久不能将胎儿排出。

产道检查：子宫颈已松软开大，但还张开不全，胎儿及胎囊进入子宫颈及骨盆腔。在此种情况下，常因胎盘血液循环减弱或停止，引起胎儿死亡。

（3）**治疗** 大家畜原发性阵缩和努责微弱，早期可使用催产药物，如脑垂体后叶素、麦角等。在产道完全松软、子宫颈已张开的情况下，实施牵引术即可。胎位、胎向、胎势异常者经整复后强行拉出，否则实行剖腹产手术。

中、小动物可应用脑垂体后叶素 10 万～80 万国际单位。或己烯雌酚 1～2mg，皮下注射或肌内注射。否则可借助产科器械拉出胎儿。强行拉出胎儿后，注射子宫收缩药，并向子宫内注入抗生素。

2. 产道狭窄

产道狭窄包括硬产道狭窄和软产道狭窄，多发生于牛和猪，其他家畜少见。

（1）**病因** 骨盆骨折及骨质异常增生所致。肉牛与黄牛杂交，胎儿相对过大，产道相对狭窄，造成分娩困难。

软产道狭窄主要是子宫颈、阴道前庭和阴门狭窄。多见于牛，尤其是头胎分娩时往往产道开张不全；或由于早产，也可能由于雌激素和松弛素分泌不足，致使软产道松弛不够；此外牛子宫颈肌肉较发达，分娩时需要较长时间才能充分松弛开张。这些都属于开张不全，临床上比较多见。而由于以往分娩时或手术助产及其他原因，造成子宫颈和阴道的损伤，使子宫颈形成瘢痕、阴道发生粘连等，以致分娩时产道不能充分开张。

（2）**症状** 母畜阵缩及努责正常，但长时间不见胎膜及胎儿排出，产道检查可发现子宫颈稍开张，松软不够或盆腔狭小变形。

（3）**治疗** 硬产道狭窄及子宫颈有瘢痕时，一般不能从产道分娩，只能及早实行剖宫产术取出胎儿。轻度的子宫开张不全，可通过慢慢地牵拉胎儿机械地扩张子宫颈，然后拉出胎儿。

二、胎儿异常引起的难产

1. 胎儿过大难产

胎儿过大是指母畜的骨盆及软产道正常，胎位、胎向及胎势也正常，由于胎儿发育相对过大，不能顺利通过产道。

（1）**病因** 可能是由于母畜或胎儿的内分泌功能紊乱所致，母畜的怀孕期过长，使胎儿发育过大。多胎动物在怀胎数目过少时，有时也有胎儿发育过大而造成难产的。

（2）**助产** 胎儿过大的助产方法就是人工强行拉出胎儿，其方法同胎儿牵引术。强行拉出时必须注意，尽可能等到子宫颈完全开张后进行；必须配合母畜努责，用力要缓和，通过边拉边扩张产道，边拉边上下左右摆动或略为旋转胎儿。在助手配合下交替牵拉前肢，使胎儿肩围、骨盆围，呈斜向通过骨盆腔狭窄部（图 9-11）。强行拉出确有困难的而且胎儿还活着，应及时实施剖宫产术；如果胎儿已死亡，则可施行截胎术。

2. 双胎难产

双胎难产是指在分娩时两个胎儿同时进入产道，或者同时楔入骨盆腔入口都不能产出（图

9-17)。

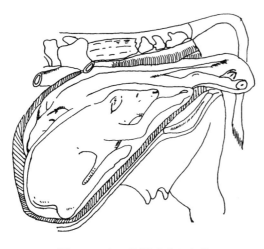

图 9-17 牛双胎同时进入产道

(1) 诊断 可能发生一个正生另一个倒生，两个胎儿肢体各一部分同时进入产道。仔细检查，可以发现正生胎儿的头和两前肢及另一个胎儿的两后肢，或一个胎头及一前肢和另一胎儿的两后肢等多种情况，但在检查时，必须排除双胎畸形和竖向腹部前置胎儿。

(2) 助产 双胎难产助产时要将后面一个推回子宫，牵拉外面的一个，即可拉出。手伸入产道将一个胎儿推入子宫角，将另一个再导入子宫颈即可拉出。但是在操作过程中要分清胎儿肢体的所属关系，用附有不同标记的产科绳各捆住两个胎儿的适当部位避免推拉时发生混乱。在拉出胎儿时，应先拉进入产道较深的或在上面的胎儿，然后再拉出另一个胎儿。

3. 胎儿姿势不正难产

(1) 胎儿头颈姿势不正难产 分娩时两前肢虽已进入产道，但是胎儿头发生了异常。如胎头侧转、后仰、下弯及头颈扭转等，其中以胎头侧转、胎头下弯较为常见。

① 诊断：胎头侧转时，可见由阴门伸出一长一短的两前肢，在骨盆前缘可摸到转向一侧的胎头或颈部，通常头是转向伸出较短前肢的一侧。胎头下弯时，在阴门处可见到两蹄尖，在骨盆前缘胎头弯于两前肢之间，可摸到下弯的颈部。

图 9-18 徒手矫正头部

② 助产

a. 徒手矫正法：适用于病程短，侧转程度不大的病例。矫正前先用产科绳拴住两前肢，然后术者手伸入产道，用拇指和中指握住两眼眶或用手握住鼻端，也可用绳套住下颌将胎儿头拉成鼻端朝向产道，如果是头顶向下或偏向一侧，则把胎头矫正拉入产道即可（图 9-18）。

b. 器械矫正法：徒手矫正有困难者，可借助器械来矫正。用绳导把产科绳双股引过胎儿颈部拉出与绳的另一端穿成单滑结，将其中一绳环绕过头顶推向鼻梁，另一绳环推到耳后由助手将绳拉紧，术者用手护住胎儿鼻端，助手按

术者指意向外拉，术者将胎头拉向产道（图 9-19）。死胎可用长柄产科钩勾住眼眶，拉正胎头（图 9-20）。

马、牛等大家畜胎头高度侧转时，往往用手摸不到胎头，须用双孔桄协助，先把产科绳的一端固定在双孔桄的一个孔上，另一端用绳导带入产道绕过头颈曲部带出产道，取下绳导，把绳穿过产科桄的另一孔。术者用手将产科桄带入产道，沿胎儿颈椎推至耳后，助手在外把绳拉紧并固定在桄柄上，术者手握住胎儿鼻端，然后在助手配合下把胎头矫正后并强行拉出。

无法矫正时，则实施截头术，然后分别取出胎儿头及躯体。胎头下弯时，先捆住两前肢，然后用手握住胎儿下颌向上提并向后拉；也可用拇指向前顶压胎头，并用其他四指向后拉下颌，最后将胎头拉正。

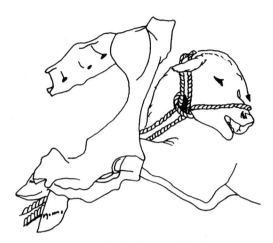

图 9-19 用单滑结缚住头部矫正

图 9-20 用产科钩勾住眼眶拉侧弯头颈

(2) 胎儿前肢姿势不正难产 有腕关节屈曲、肩关节屈曲和肘关节屈曲，或两前肢压在胎头之上等。临床上常见者为一前肢或两前肢腕关节屈曲，其他异常姿势较少见。

① 诊断：一侧腕关节屈曲时，从产道伸出一前肢，两侧腕关节屈曲时，则两前肢均不见伸出产道。产道检查，可摸到正常的胎头和弯曲的腕关节。肩关节屈曲时，前肢伸入胎儿腹侧或腹下，检查时，可摸到胎头和屈曲的肩关节。有时胎头进入产道或露出于阴门，而不见前肢或蹄部。

② 助产

a. 腕关节屈曲：先将胎儿推回子宫，推的同时术者用手握住屈曲的肢体的掌部，一面尽力往里推，一面往上抬，再趁势下滑握住蹄部，在趁势上抬的同时，将蹄部拉入产道（图 9-21）。另外也可用产科绳捆住屈曲前肢的系部，再用手握住掌部，在向内推的同时，由助手牵拉产科绳，拉至一定程度，术者转手拉蹄子，协助矫正拉出（图 9-22）。如果胎儿已死亡，可实施腕关节截断术。

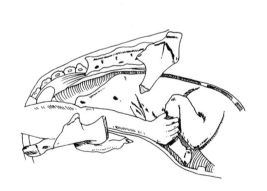

图 9-21 用手矫正屈曲腕关节

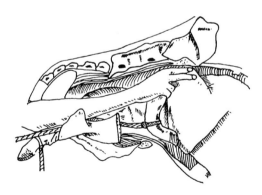

图 9-22 用产科绳拉直前肢

b. 肩关节屈曲：有时不进行矫正也可以拉出，如果拉出有困难，可先拉前壁下端，尽力上抬，使其变成腕关节屈曲，然后再按腕关节屈曲的方法进行矫正（图 9-23）。如仍无法拉出，且胎儿已死亡，可实施一前肢截除术，再拉出胎儿。

(3) 胎儿后肢姿势不正难产 在倒生时，有跗关节屈曲和髋关节屈曲两种，临床上以一后肢或两后肢的跗关节屈曲较为多见。

① 诊断：两侧跗关节屈曲时，在阴门处什么也看不到，产道检查，可摸到两个屈曲的跗关节、尾巴及肛门，其位置可能在母畜耻骨前缘，或与臀部一起挤入产道内。一侧跗关节屈曲

时，常由产道伸出一蹄底向上的后肢。产道检查，可摸到另一后肢的跗关节屈曲，并可摸到尾巴及肛门。

② 助产：先用产科绳捆住后肢跗部，然后术者用手压住臀部，同时用产科梃顶住尾根与坐骨弓之间的凹陷，往里推，同时助手用力将绳子向上向后拉，术者顺次握住系部乃至蹄部，尽力向上举，使其伸入产道，最后用力将胎儿后肢拉出（图9-24）。

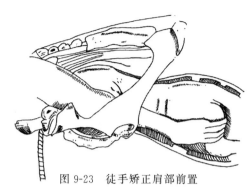

图 9-23 徒手矫正肩部前置

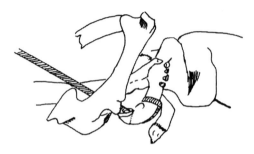

图 9-24 跗关节屈曲整复法

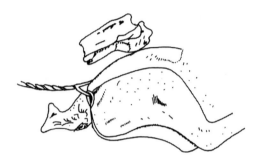

图 9-25 髋关节屈曲过深胎儿拉出法

若跗关节挤入骨盆腔较深，无法矫正，且胎儿过大时，可以把跗关节推回子宫内，使其变为髋关节屈曲（坐骨前置），此时可用产科绳分别系于两大腿基部，将绳子扭在一起，向产道注入大量润滑剂，强行拉出胎儿（图9-25）。如果前法无效或胎儿已死亡时，则实行截胎术，再拉出胎儿。

(4) 胎位不正难产 有下胎位和侧胎位。

① 下胎位：有正生下位和倒生下位。

a. 诊断：正生下位，阴门露出两个蹄底向上的蹄子，产道检查可摸到腕关节、口、唇及颈部。倒生下位时，阴门露出两个蹄底向下的蹄子，产道检查可摸到跗关节、尾巴，甚至脐带，即可确诊（图9-26）。

b. 助产：上述两种下位，均需将胎儿的纵轴作180°的回转，使其变为上位，或轻度侧位，再实行强行拉出。或者由术者先固定住胎儿，然后翻转产畜，以期达到使下位变为上位的目的，不过这样矫正难度较大。如矫正无效，应及时实行剖宫产术。

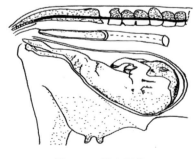

图 9-26 倒生下位

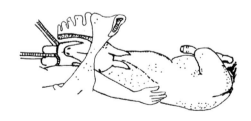

图 9-27 正生侧位

② 侧胎位：有正生和倒生两种侧胎位。

a. 诊断：正生侧胎位时，两前肢以上下的位置伸出于阴门外，产道检查可摸到侧胎位的头和颈（图9-27）；倒生时，两后肢以上下的位置伸出于阴门外，产道检查可摸到胎儿的臀部、肛门和尾部。

b. 助产：倒生时的侧位，胎儿的两髋结节之间的距离较母畜骨盆入口的垂直径短，所以胎儿的骨盆进入母畜骨盆并无困难，或稍加辅助，即可将胎儿变为上位而拉出。但正生侧位时，常由于胎头的妨碍，而难以通过骨盆腔，所以需要矫正胎头，通常是推回胎头，握住眼眶，将胎头扭正拉入骨盆入口，然后再拉出胎儿。

(5) 胎向不正难产 胎向不正是指胎儿身体的纵轴与产畜的纵轴不呈平行状态。

① 腹部前置横向和腹部前置竖向：即胎儿腹部朝向产道，呈横卧或犬坐姿势（图9-28）。分娩时，两前肢或两后肢伸入产道，或四肢同时进入产道。

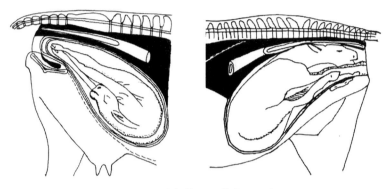

图 9-28　腹部前置的横向及竖向

助产先用产科绳拴住两前肢往外拉，同时将后肢或后躯推回子宫，使其变成正常胎位，而后逐渐拉出。

② 背部前置横向和背部前置竖向：即胎儿背部朝向产道，呈横卧或犬坐姿势，分娩时，无任何肢体露出，产道检查，在骨盆入口处可摸到胎儿背部和项颈部（图9-29）。

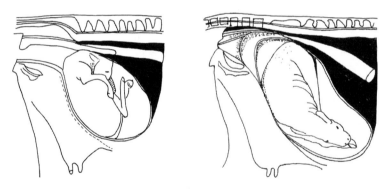

图 9-29　背部前置的横向及竖向

助产用产科绳拉住胎儿的头部往外拉，同时将后躯往里推，或将后躯往外拉，将前躯往里推，使其变成正生下位或倒生下位，再行矫正拉出。

胎向不正一般较少发生，一旦发生矫正和助产也很困难，应及时实行剖宫产术。

第五节　难产的防制

难产虽然不是十分严重的疾病，可是一旦发生，特别是弥散型胎盘的家畜（例如马、驴）由于胎盘迅速剥离，极易引起胎儿死亡，也常危及母畜的生命，或因为手术助产不当，使子宫及软产道受到损伤及感染，影响母畜的健康和受孕，也可使母畜的泌乳能力或役用能力降低。因此，积极预防难产的发生，对家畜的繁殖具有重要意义。

一、母畜休克处理

发生难产时，如果助产不及时或助产方法不当，不但可以引起仔畜死亡，而且会影响母畜健康，甚至危及母畜生命。下面仅就发生难产时的休克加以介绍，其他有些病症的详细情况在产后期疾病中介绍。

休克是机体在神经、内分泌、循环、代谢等系统发生严重障碍时，表现出的症候群，是以有效循环血量锐减、微循环障碍为特征的急性循环不足，是一种组织灌注不良，导致组织缺氧和器官损害的综合征。产科休克常发生于分娩的第二期或第三期初期。

1. 病因

① 腹压下降过快时，由于拉出胎儿过速，致使子宫体积骤然缩小引起腹压急剧降低（特别是胎儿过大、多胎妊娠或胎水过多时），容易引起休克。

② 疼痛：发生难产时，在矫正拉出胎儿过程中，由于持续而强烈的刺激引起的疼痛，可使大脑皮质从兴奋转入抑制期。

③ 大量失血：子宫破裂、子宫颈撕裂、子宫脱出、剖宫产手术等引起大量失血时，可使循环血量减少，心输出量不足，动脉血压下降，周围循环衰竭，最终导致全身组织器官出现一系列缺氧、缺血等出血性休克的病理变化。

④ 过敏反应：由于胎膜的毛细血管破裂，而使胎儿血液经由绒毛间隙进入母体，使母体发生一定的过敏反应，因而也是胎儿产出期引起休克的一个原因。有时子宫内膜破裂后，由于羊水进入母体循环也可引起过敏性休克。

2. 症状

休克初期，动物通常呈兴奋状态，表现为不安，呼吸快而深，脉搏快而有力，黏膜发绀，皮温降低，无意识地排尿排粪等。这种过程很短，仅有几分钟，长者也不超过 1h，因而往往被人们所忽视。继兴奋之后，动物出现沉郁，食欲废绝，痛觉、视觉、听觉等反射消失或反应微弱，心跳微弱，呼吸浅表而不规则，此时黏膜苍白，瞳孔散大，四肢厥冷，血压下降，体温降低，全身或局部颤抖，出汗，如不及时抢救可引起死亡。

3. 防治

休克的诊断并不困难，其治疗效果主要取决于早期诊断和早期治疗。如果病畜已进入衰竭状态，抢救会为时太晚。在助产过程中，手术方法宜轻柔，助产人员要不断仔细观察病畜的心跳、呼吸活动和全身状态，如果有出现休克的可疑，要采取早期预防措施，发生休克后应立即抢救。抢救时，可采用如下方法。

(1) 消除病因 主要根据发生休克的不同原因，给以相应的处理。如果休克是由于子宫破裂、产道撕裂等损伤所引起，必须先止血，以防止失血过多，终止及矫正休克的继续发展。如果休克由强烈疼痛刺激所引起，应立即除去不良刺激。

(2) 补充血容量 对失血引起的休克应根据情况及早采用输血、补液及给予解除微血管痉挛药物，同时还可应用抗坏血酸及钙制剂等各种综合措施，或者针刺水分、耳尖及尾尖等穴位，输右旋糖酐葡萄糖盐水。

(3) 防止腹压过低 当胎水流失，胎儿胸腹部已露出体外时，应缓慢拉出胎儿，防止迅速拉出胎儿时腹压急剧降低。

(4) 改善心功能 可用提高心肌收缩力的药物，如异丙肾上腺素或多巴胺、洋地黄、皮质醇等。

(5) 调节代谢障碍 休克发展到一定阶段时，应注意纠正酸中毒。轻度的酸中毒可给予生理盐水，中度可用碱性药物。

（6）抗生素治疗　外伤性休克常伴发感染，因此在休克前期或早期可用广谱抗生素治疗。

二、防制难产的措施

1. 适时配种

一般来说，即使营养和生长都良好的母畜，也不宜配种过早，否则由于母畜尚未发育成熟，容易发生骨盆狭窄，造成难产。牛的配种不应早于 12 月龄，马不应早于 3 岁，猪不宜早于 6~8 月龄，羊不宜早于 1~1.5 岁。

2. 注重母畜营养

保证青年母畜生长发育的营养需要，以免其生长发育受阻而引起难产。妊娠期间，由于胎儿的生长发育，母畜所需要的营养物质大大增加。因此，对母畜进行合理的饲养，供给充足的含有维生素、矿物质和蛋白质的青绿饲料，不但可以保证胎儿生长发育的需要，而且能够维护母畜的全身健康和子宫肌的紧张度，减少分娩发生困难的可能性。但不可使母畜过于肥胖，而影响全身肌肉的紧张性。在妊娠末期，应适当减少蛋白质饲料，以免胎儿过大，尤其是肉牛和猪更应如此。

3. 孕畜要适当运动

妊娠母畜要有适当的运动和使役。妊娠前半期可使常役，以后减轻，产前两个月停止使役，但要进行牵遛或自由运动。运动可提高母畜对营养物质的利用，使胎儿活力旺盛，同时也可使全身及子宫的紧张性提高，从而降低难产、胎衣不下及子宫复旧不全等病的发病率。分娩时，胎儿活力强和子宫收缩力正常，有利于胎儿转变为正常分娩的胎位、胎势及产出。

4. 做好产前准备

接近预产期的母畜，应在产前 1 周至半月送入产房，适应环境，以避免改变环境造成的惊恐和不适。在分娩过程中，要保持环境的安静，并配备专人护理和接产。接产人员不要过多干扰和高声喧哗，对于分娩过程中出现的异常要留心观察，以免使比较简单的难产变得复杂。产乳奶牛要在产前一定时间实行干奶措施。

三、防制难产的方法

预防难产的方法是在临产前进行产道检查，对分娩正常与否做出早期诊断，以便及早对各种异常引起的难产进行救治。

1. 临产检查的时间

牛在是从胎膜露出至排出胎水这一段时间，马、驴是在尿膜囊破裂，尿水排出之后。这一时期正是胎儿的前置部分刚进入骨盆腔的时间。

2. 检查方法

将手臂及母畜的外阴消毒后，把手伸入阴门，隔着羊膜（羊膜未破时）或伸入羊膜囊（羊膜已破时）触诊胎儿。羊膜未破时不要撕破，以免胎水过早流失，影响胎儿的排出。如果胎儿是正生，前置部分三件（唇和二蹄）俱全，而且正常，可让它自然排出。如有异常，应立即进行矫正。这时胎儿的躯体尚未楔入盆腔，异常程度不大，胎水尚未流尽，子宫内润滑，子宫尚未紧裹胎儿，矫正比较容易。

3. 临产前检查的意义

一般认为家畜的难产是难以预防的，但是顺产和刚开始的某些难产在一定条件下可以互相转化的，临产检查就是给这些难产转化为顺产提供条件。否则，如不进行临产检查，随着子宫的收缩，胎儿前躯进入骨盆腔越深，头颈就弯得越厉害，最终成为难产。此时，如果稍加帮助，不但可防止难产的发生，挽救胎儿生命，同时还可避免由于难产引起的产道损伤。

进行产道检查时，除了检查胎儿外，还可检查母畜的骨盆有无异常，阴门、阴道和子宫颈等软产道的松弛、润滑及开放程度，以帮助诊断有无可能发生难产，从而及时做好助产的准备工作。

对于胎位异常，也能通过临产检查及时发现，及早矫正，从而防止难产的发生。胎儿如为倒生，无论异常与否，均须迅速拉出。

此外，临产前检查还能发现胎儿有无其他异常及产道是否异常。产出初期的检查是减少难产的一种积极措施，在严格注意消毒的基础上，一般具有助产经验的人都可进行这种检查，因而可以广泛推广应用。但在生产实践中，每例临产动物都进行检查有时也是不现实的，尤其是在放牧情况下更是如此。为此，以牛为例，提出以下参考标准，如遇到以下任一情况时，必须进行检查及助产。

① 如果母牛进入宫颈开张期后已超过 6h 仍无进展，则应检查。

② 如果母牛在胎儿排出期已达 2～3h 而进展非常缓慢或毫无进展，则应进行检查，但应注意青年母牛比成年母牛进展缓慢，因此产程要长。

③ 如果胎囊已悬挂或露出于阴门，而在 2h 内胎儿仍难于娩出，则应进行检查。

④ 应让有关人员注意观察分娩畜有无难产的症状，以便尽早发现及检查。观察预产动物时，时间不应短于 3h，以免难于准确确定胎儿排出期的长短。如果分娩过程正常，无需进行人工助产，分娩的地方应安静、清洁，除非发生异常，应尽量减少人为的干扰。一般来说，如果分娩的第一阶段（开口期）牛、绵羊和山羊超过 6～12h，犬、猫和猪超过 6～12h，或者是分娩的第二阶段（胎儿排出期）在牛、绵羊和山羊超过 2～3h，马超过 40min，猪、犬和猫超过 2～4h，则应及时进行助产。

实训二十二　难产的救助

【实训目的】
能识别常用产科器械的种类并会使用，学会胎儿异常引起难产的救助方法。

【实训内容】
（1）识别产科常用器械。
（2）胎儿异常引起的难产救助方法。

【设备与材料】
（1）产科器械 4 套。
（2）骨盆腔及橡胶胎儿模型各 1～4 套，或自制骨盆腔、胎儿模型各 1～4 个。
（3）牛、马、猪怀孕足月的胎儿标本各 4 个或用橡胶制（或布制）做的胎儿标本若干个。
（4）各种胎儿姿势不正的挂图或幻灯片。

【方法与步骤】
首先由老师用标本模型、幻灯或挂图进行讲解，然后学生分组识别产科器械，了解胎儿姿势异常引起难产的助产方法。

1. 识别产科器械
（1）拉出胎儿的器械（产科绳、绳导、产科钩、产科钳等）。
（2）推进胎儿的器械（产科榬）。
（3）肢解胎儿的器械（隐刃刀、指刀、产科刀、产科凿、产科线锯等）。

2. 胎儿异常引起难产的助产方法
在骨盆腔模型内把胎儿模型摆成异常姿势，使学生动用所学知识进行矫正，练习助产技能。

（1）牵引术多在胎儿过大或母畜阵缩和努责微弱，且胎儿姿势正常时应用。

（2）矫正术与牵引术结合主要实习下列内容：

① 胎头侧转、后仰、下弯及头颈扭转时的矫正和牵引方法；

② 胎儿前肢不正的矫正和牵引方法如腕关节屈曲、肩关节屈曲、肘关节屈曲、两前肢位于胎头之上等；

③ 胎儿后肢不正的矫正和牵引方法，主要为跗关节与髋关节屈曲的矫正。

【注意事项】

难产救助前，必须首先进行母畜的检查，判定是否有必要助产，助产应当采用的是应用于母体的手术还是胎儿的手术，以便针对具体病例进行相应的助产操作，避免出现诊断不准确，而单一地使用牵引术或截胎术的问题。

【实训报告】

写出胎儿异常引起难产的救助方法。

实训二十三　剖宫产术

【实训目的】

学会剖宫产术的操作。

【实训内容】

牛的剖宫产术（见习），羊的剖宫产术（练习）。

【设备与材料】

（1）即将分娩或怀孕末期的实习专用家畜（牛、羊）。难产病例。

（2）手术刀柄、手术刀片、剪刀、持针器、止血钳、镊子、创钩、巾钳、各种缝针若干、缝线若干、纱布若干块、创巾、注射器、手术托盘。消毒药品、麻醉药品、止血药、抗生素、肥皂、洗手盆、体温表、听诊器以及保定器械。

【方法与步骤】

1. 教师讲解剖腹手术适应证、术前准备

（1）手术人员的分工、保定方法和麻醉种类的选择、手术通路及手术进程。

（2）术前家畜应做的准备，如禁食、导尿、胃肠减压等。

（3）可能发生的手术并发症，预防和急救措施，如虚脱、休克、窒息、大出血等；特殊药品和器械的准备。

（4）术后如何护理、治疗和饲养管理等。

（5）观看剖宫产手术录像。

2. 实训前对病畜的准备

包括禁食、术前补液与强心、术前抗生素的应用。

3. 学生分组进行手术。

孕畜保定→麻醉→术部选择（腹侧切开法和腹下切开法）→消毒→切开腹壁→拉出子宫→切开子宫→拉出胎儿→剥离胎衣→缝合子宫→缝合腹壁→术后护理→新生仔畜的护理→脐带处理等流程操作。

【注意事项】

（1）手术操作时要制订详细的手术计划，在手术前应当根据不同的动物种类，详细了解施术动物的局部解剖结构，在手术操作中迅速准确，提高手术准确率和施术效率。

（2）手术中应当及时止血，对于大的血管要进行有效结扎，术中严格无菌操作，术后加强护理，促进创口愈合。

【实训报告】

写出剖宫产手术的操作过程。

案例分析

[病例 1] 胎儿过大造成的难产

[疗法] 用产科绳将胎儿前置部分捆绑住，拉紧，配合母牛阵缩和努责，并上下左右反复活动胎儿，逐渐拉出胎儿。

[效果] 产出的胎儿健康正常。

[分析] 胎儿过大、母牛努责及阵缩微弱、产道扩张不全等造成的难产，使用牵引术可以使牛犊正常产出。

[病例 2] 胎位、胎势、胎向异常造成的母牛难产

[疗法] 徒手并配合使用绳导、产科梃、产科钩等器械矫正胎儿异常部分，然后配合母牛努责牵拉出胎儿。

[效果] 产出的胎儿健康正常。

[分析] 胎位、胎势、胎向异常造成的难产用矫正术和牵引术可以使胎儿正常产出。

目标检测题

一、名词解释

1. 产力性难产　2. 产道性难产　3. 胎儿性难产　4. 牵引术　5. 矫正术　6. 截胎术

二、填空题

1. 影响母畜分娩的三个因素是：________、________、________。
2. 根据造成难产的原因不同，可将难产分为：________、________、________。
3. 难产的检查应包括________、________、________、________、________五个方面。
4. 产前胎儿检查主要包括________、________、________、________等项目。
5. 手术助产前应进行________、________、________、________等准备工作。
6. 牵引术适用于________、________、________等造成的难产。
7. 矫正术适用于________、________、________等造成的难产。
8. 截胎术适用于________、________、________、________等造成的难产。
9. 剖腹取胎术适用于________、________、________、________、________。

三、问答题

1. 如何进行难产的病史调查?
2. 手术助产应遵守哪些原则?
3. 写出牛剖宫产的手术步骤。
4. 如何对剖宫产牛进行术后护理?
5. 写出难产的防制措施。

第十章 产后期疾病

知识目标

1. 了解产后期阴道及阴门损伤、子宫颈损伤、子宫破裂的病因和症状特征。
2. 了解胎衣不下、子宫内翻及脱出、生产瘫痪的病因和症状特征。
3. 了解子宫内膜炎、产后败血症和产后脓毒血症的病因和症状特征。

技能目标

1. 能进行产后期阴道及阴门损伤、子宫颈损伤、子宫破裂的诊断和治疗操作。
2. 能进行胎衣不下、子宫内翻及脱出、生产瘫痪的诊断和防治操作。
3. 能进行子宫内膜炎、产后败血症和产后脓毒血症的诊断和防治操作。

第一节　产道损伤

临产之前，软产道组织发生一系列变化，使它在分娩时能够适应胎儿的通过。但因所受扩张、压迫及摩擦的程度很大，很多母畜，尤其是头胎，分娩时软产道或多或少会受到一些损伤。子宫强烈压迫胎儿的突出部分，也可能发生血肿及损伤。轻微损伤一般不至造成严重后果，产后常能自愈；严重损伤则可能引起母畜死亡或发生并发症，导致母畜不育。因此须注意防治，避免母畜死亡，并保证以后能正常繁殖。

产道及子宫损伤是在分娩时发生的，常见的有阴门及阴道损伤、子宫颈损伤及子宫破裂。配种及治疗生殖器官疾病时，有时也发生类似的损伤。

一、阴道及阴门损伤

1. 病因

阴道及阴门损伤多在难产过程中发生。

① 胎儿过大，胎位、胎势不正且产道干燥时，未经很好整复及灌入润滑剂，即强行拉出胎儿。

② 使用产科器械助产时，不慎滑脱，或截胎术后未将胎儿尖锐的骨断端保护好即行拉出。

③ 胎儿蹄及鼻端姿势异常，抵于阴道上壁，当强烈努责时，可能穿破阴道，甚至使直肠、肛门及会阴发生破裂。

④ 难产助产时手臂对阴门阴道的反复刺激，很快即引起水肿，并在黏膜上造成很多小的伤口，细菌侵入后，就引起发炎。

⑤ 初产母畜分娩时，由于阴门不够大，容易发生撕裂伤。

⑥ 为促使胎衣排出而拴以重物，胎衣上的血管能够勒伤阴道底部。

⑦ 使用开膣器操作不当，可能夹破阴道黏膜。

⑧ 个体大的纯种公马、公牛与老龄瘦弱的小型母马、母牛本交时，能发生阴道壁穿透创。

2. 症状

阴道及阴门受到损伤的病畜，常尾根举起、摇尾、弓背及努责。

（1）阴门损伤 主要为撕裂创，可见到撕裂创口及出血。若在夏季，创口内容易生蛆。手术助产所造成的刺激严重时，阴门及阴道发生剧烈肿胀，阴门黏膜外翻，阴道腔狭小，有时阴门黏膜下发生血肿。

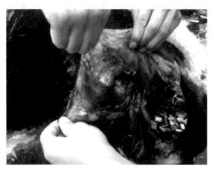

图 10-1　阴道及阴门的撕裂（史兴山）

（2）阴道创伤 可见血水或血凝块从阴道内流出。阴道检查，黏膜充血、肿胀，可发现创伤部位黏膜上有新鲜的创口，或溃疡，溃疡面上常附着污黄色坏死组织及脓性分泌物（图 10-1）。

若阴道壁发生穿透伤，根据破口位置不同，症状也不一样。后部阴道壁被穿破时阴道壁周围脂肪组织或膀胱等可能经破口突入阴道腔内，时间久了也可能发生阴道周围蜂窝织炎或脓肿。如阴道壁与肛门或直肠末端同时破裂，则粪便从阴道内排出。阴道前端被穿破时，病畜很快就出现腹膜炎症状，如不及时治疗，马常迅速死亡，牛也预后可疑；如破口发生在阴道前端下壁上，肠道及网膜还可能突入阴道腔内，甚至脱出阴门之外。

3. 治疗

应早期发现，及时治疗。若胎儿及胎衣未下，先将胎儿及胎衣取出。

（1）阴门损伤 按一般外科方法处理，新鲜撕裂伤口应行缝合。阴道黏膜肿胀及有伤口时，可在阴道内注入乳剂消炎药；在阴门两旁注射抗生素，也常有良效。阴门生蛆，可滴入2%敌百虫杀死后取出，再按外伤处理。蜂窝织炎待脓肿形成后，切开排脓。

（2）阴道创伤 阴道壁穿透创应迅速将突入阴道内的肠管、网膜或脂肪组织等推回，立即将破口缝合。缝合方法是，左手在阴道内固定创口，并尽可能向外拉；右手拿长柄持针器，将穿有长线的缝针带入阴道内，小心将缝针穿过创口两侧。抽出缝针后，在阴门外打结，同时左手再伸入阴道内，将缝线抽紧，使创口边缘贴紧。创口大时，需要做几个结节缝合。缝合前不要冲洗阴道，以防药液流入腹腔。缝合后，用0.1%高锰酸钾溶液冲洗阴道。若为阴道前端穿透伤，还须连续数天腹腔注射抗生素，防止发生腹膜炎。

出现直肠末端的穿透创，应在全身麻醉或硬膜外麻醉下迅速进行缝合。可将穿有长线的缝针带入直肠进行缝合（参看阴道壁穿透创的缝合法），或试将直肠破口的边缘拉出肛门外进行缝合。

治疗方案：冲洗阴道、消炎镇痛、恢复功能。以下以大家畜为例列出处方，注意小动物应减量。

［处方一］

① 0.1%高锰酸钾溶液 500～1000mL

用法：大家畜一次性冲洗阴道，每天一次，连用3d。

② 碘甘油适量

用法：阴道内发炎部涂抹，连续数天。

［处方二］

① 0.1%新洁尔灭 500～1000mL

用法：大家畜一次性冲洗阴道，每天一次，连用3d。

② 绿药膏适量

用法：阴道内发炎部涂抹，连续数天。

　　[**处方三**]

① 青霉素钠 800 万～1600 万国际单位

0.9％生理盐水 500～1000mL

用法：大家畜一次静脉注射，每日 1～2 次，连用 3～7d。

② 1％～2％明矾溶液 500～1000mL

用法：大家畜一次性冲洗阴道，每天一次，连用 3d。

　　[**处方四**]

① 甲硝唑 250～500mL

用法：大家畜一次静脉注射，每天一次，连用 3～5d。

② 鞣酸溶液适量

用法：一次性冲洗阴道，每天一次，连用 3d。

③ 2％盐酸普鲁卡因 10～30mL

用法：大家畜一次性硬膜外麻醉。

二、子宫颈损伤

　　子宫颈损伤，主要是撕裂。牛、羊（有时包括马、驴）初次分娩时，子宫颈轻度黏膜损伤是常见的，但均能自然愈合。如裂口较深，才能称为宫颈撕裂。

1. 病因

① 在子宫颈开张不全时强行拉出胎儿。

② 胎儿过大，胎势、胎位不正等引起难产时，未经充分矫正即拉出胎儿。

③ 努责剧烈而将胎儿排出，能使子宫颈发生损伤。

④ 输精时操作粗暴，也能使子宫颈发生损伤。

2. 症状

　　产后可能见到少量鲜血从阴道内流出。若撕裂不深，可能不见血液流出，仅在阴道检查时才发现。若子宫颈肌层发生严重撕裂，能引起大出血，甚至危及生命。有时一部分血液流入骨盆腔中腹膜外的疏松组织内或子宫内。

　　阴道检查，可发现子宫颈裂伤的部位、大小及出血情况。以后因创伤周围组织发炎肿胀，创口有黏液脓性分泌物。子宫颈环状肌发生严重撕裂时，子宫颈管口封闭不全。

3. 治疗

　　若伤口出血不止，可将浸有防腐消毒液或涂有乳剂消炎药的大块消毒纱布塞在子宫颈管内，压迫止血。纱布块须用细绳拴好，绳的一端拴在尾根上，以便止血后取出纱布，同时在自行排出来时也不至丢失。肌内注射止血剂（如 20％止血敏 10～25mL，1％仙鹤草素 10～20mL 或垂体后叶素 50～100 国际单位，均为牛、马一次剂量）。止血后，创面涂 2％龙胆紫、碘甘油或抗生素油膏。

　　胎衣未下，应促进它排出，以免腐败后使创口感染。

三、子宫破裂

　　子宫破裂分不完全破裂与完全破裂（穿透伤）两种。不完全破裂是子宫壁黏膜层或黏膜层和肌层发生破裂，浆膜层未破；完全破裂是子宫壁三层都发生破裂，子宫腔与腹腔相通，甚至胎儿也坠入腹腔。子宫壁穿透伤如破口很小，叫子宫穿孔。

1. 病因

① 难产助产时，粗鲁蛮干、操作不慎、技术错误、与助手配合不协调，例如推拉产科器

械时滑脱、截胎器械触及子宫、截胎后骨断端未保护好，使子宫受到损伤。

② 难产为时已久，子宫壁变脆时，操作不当，更易引起破裂，破裂常发生在耻骨前缘处。

③ 子宫瘢痕组织（如以前剖宫产的切口），生产过程也是容易发生破裂的部位。

④ 子宫捻转、子宫颈未开张及胎儿的异常未解除，即使用催产素，可导致子宫破裂。

⑤ 子宫捻转严重时，捻转处有时发生破裂。

⑥ 冲洗子宫时，导管使用不当可造成子宫穿孔；剥离胎衣时的技术错误，也能导致子宫破裂。

2. 症状

根据破口深浅、大小、部位以及家畜种类不同，症状亦不一样。

(1) 子宫不全破裂 产后可能见有血水流出阴门外，并继发子宫炎症，其他症状不明显。仔细进行子宫内触诊，有时可能摸到破口。

(2) 子宫完全破裂 若发生在胎儿排出前，努责即突然停止，母畜变得安静，有时阴道内流出血液；若破口很大，胎儿可以坠入腹腔。破裂引起大出血，迅速出现急性贫血及休克症状，全身情况恶化。患畜精神极度沉郁，全身震颤出汗，可视黏膜苍白，心音快弱，呼吸浅而快。因受子宫内容物污染，很快继发弥散性脓性腹膜炎，患畜常于短时间（马）或2～3d内（牛）死亡。破口通常是在靠近骨盆入口的子宫体上，方向常为纵行的。若上部子宫壁发生完全破裂，肠管及网膜可能进入子宫腔内，肠管甚至可以脱出于阴门之外。

如子宫破口很小（子宫穿孔），位于上部，胎儿已排出，感染不严重，牛的症状就不明显。因产后子宫体积迅速缩小，使裂口边缘吻合，有时可能自行愈合。马则有腹膜炎的严重症状。

牛因产后插入子宫导管而引起的子宫穿孔，注入子宫内的冲洗液不回流，全身症状迅速恶化，出现腹痛及腹膜炎症状，呼吸促迫，呼气时发出吭声，这些可以作为怀疑穿孔的根据。

3. 预后

子宫不全破裂如及时治疗，防止感染，预后良好；否则可引起慢性子宫内膜炎。

子宫完全破裂，死亡率高低与家畜种类及破口的位置、大小有关。马、羊预后不佳；牛的预后存疑，但如破口小而且在子宫壁上部，预后较好。然而也可能因和邻近组织发生粘连，引起长期不孕，给予淘汰。

4. 治疗

若子宫破裂发生在分娩期中，要先取出胎儿及胎衣。

(1) 子宫不全破裂 不要冲洗子宫，仅将抗生素或其他消炎药送入子宫内，每日或隔日一次，连治几次，同时注射子宫收缩剂（如垂体后叶素或麦角制剂等），能很快痊愈。

(2) 子宫完全破裂 裂口不大，可将穿有长线的缝针由阴道带入子宫，进行缝合（参看阴道壁穿透创的缝合法）。缝合十分吃力，必须要有耐心，如裂口很大，要迅速施行剖腹术（根据裂口位置，选择手术通路）。取出子宫内残留的胎衣，再将抗生素放入子宫内，然后进行子宫缝合。因腹腔有严重污染，缝合后要用灭菌生理盐水冲洗腹腔；用消毒纱布吸干冲洗液，腹腔内注入200万～300万国际单位青霉素，最后缝合腹壁。

子宫破裂，除局部治疗外，要肌内注射（不全破裂）或腹腔注射（完全破裂）抗生素，连用3～4d，以防腹膜炎及全身感染。如失血过多，应输液或输血，注射止血剂。

［处方一］

① 缩宫素 50～100 国际单位

用法：大家畜一次肌内注射，隔日一次。

② 青霉素钠粉 1600 万国际单位

用法：大家畜一次置入子宫内，每日或隔日一次，连用数次。

［**处方二**］

止血敏注射液 30～50mL

5％葡萄糖 500mL

林格液 1000～2000mL

用法：大家畜一次静脉注射，每天一次。连用 2d。

［**处方三**］

① 氨基卞青霉素 10g

0.9％生理盐水 500～1000mL。

用法：大家畜一次腹腔内注射，连用 3～4d。

② 10％磺胺嘧啶钠注射液 200～400mL

5％氯化钙 150～300mL

0.9％生理盐水 500～1000mL

用法：大家畜一次静脉注射，每天一次，连用 3～5d。

［**处方四**］

① 0.1％盐酸肾上腺素 10mL

用法：大家畜一次皮下注射。

② 荆芥炭 50g，黄芩炭 50g，白芍 40g，阿胶 30g，生地黄 50g，当归 50g。

用法：共为细末，开水冲调，候温内服。

第二节 胎 衣 不 下

母畜分娩后，胎衣正常时间内不排出，就叫胎衣不下或胎衣滞留。胎衣即胎膜的俗称。各种家畜产后胎衣排出的正常时间一般为：马 1～1.5h，猪 1h，羊 4h（山羊较快，绵羊较慢），牛 12h。各种家畜均有胎衣不下发生，而以饲养管理不当，有生殖道疾病的舍饲奶牛多见。有的地区奶牛的胎衣不下约占健康分娩牛的 8.2％，有些奶牛场甚至高达 25％～40％，在个别奶牛场，每头牛平均 4.5 胎即被迫淘汰，其主要原因就是胎衣不下引起子宫内膜炎而导致不孕。因此，本病给牛的繁殖，尤其是奶牛业，带来极大的经济损失。猪的胎衣不下也可达5％～8％。

一、病因

引起产后胎衣不下的原因很多，主要和产后子宫收缩无力、怀孕期间胎盘发生的炎症及胎盘构造有关。

1. 产后子宫收缩无力

饲料单纯、缺乏钙盐及其他矿物质和维生素、消瘦、过肥、运动不足等都可致子宫弛缓。例如某乳牛场有三个厩舍，饲养条件相同，两个厩舍有运动场，一个厩舍无运动场；无运动场的牛群不仅胎衣不下普遍发生（25.9％），而且难产等病的发病率也较高。

胎儿过多、单胎家畜怀双胎、胎水过多及胎儿过大，因而子宫过度扩张，继发产后阵缩微弱，容易发生胎衣不下。

流产、早产、难产、子宫捻转都能在产出或取出胎以后由于子宫收缩力不够，而引起胎衣不下。流产及早产后容易发生胎衣不下，这与胎盘上皮未及时发生变性及雌激素不足、孕酮含量高有关；难产后则子宫肌疲劳，收缩无力。

在牛，给小牛哺乳者，胎衣不下的发生率为 4.9％，不哺乳者为 22.7％。幼畜吮乳，能够刺激催产素释出，加强子宫收缩，促进胎衣排出。

2. 胎盘炎症

怀孕期间子宫受到感染（如李氏杆菌、沙门杆菌、胎儿弧菌、生殖道支原体、霉菌、毛滴虫、弓形体或病毒等造成的感染），发生子宫内膜炎及胎盘炎，导致结缔组织增生，使胎儿胎盘和母体胎盘发生粘连，产后或流产容易发生胎衣不下。维生素 A 缺乏，也可使胎盘上皮的抵抗力降低，容易受到感染。

3. 胎盘组织构造

牛、羊胎盘属于上皮绒毛膜与结缔组织绒毛膜混合型，胎儿胎盘与母体胎盘联系比较紧密，这是胎衣不下多见于牛、羊的主要原因。马、猪为上皮绒毛膜胎盘，故发生较少。

二、症状

胎衣不下分为全部不下及部分不下两种。

1. 胎衣全部不下

即整个胎衣未排出来，胎儿胎盘的大部分仍与子宫黏膜连接，仅见一部分胎膜悬吊于阴门之外。牛、羊脱出的部分常包括有尿膜绒毛膜，呈土红色，表面有许多大小不等的子叶。马脱出的部分主要是尿膜羊膜，呈灰白色，表面光滑。高度子宫迟缓时，全部胎膜可能滞留在子宫内，悬吊于阴门外的胎衣也可能断离。这些情况都需要经阴道检查，才能发现子宫内还有胎衣。

牛经过 1~2d，胎衣腐败分解，夏天腐败较快。从阴道内排出暗红色恶臭液体，内含腐败的胎衣碎块；患畜卧下时，排出量较多。由于感染及腐败胎衣的刺激，发生急性子宫内膜炎。腐败分解产物被吸收后，出现全身症状，病畜精神不振，背拱起、常常努责，体温稍高，食欲及反刍消减、胃肠功能扰乱、有时发生腹泻，瘤胃弛缓、积食及臌气。但牛及绵羊的症状均较轻（图 10-2）。

马在产后超过半天，常有全身症状，腹痛不安，精神沉郁，食欲降低，体温升高，脉搏、呼吸加快。若努责剧烈，可能发生子宫脱出。山羊的全身症状也较明显。

图 10-2　牛胎衣不下（史兴山）

2. 胎衣部分不下

即胎衣的大部分已经排出，只有一部分或个别胎儿胎盘（牛、羊）残留在子宫内，从外部不易发现。

牛诊断的主要根据是恶露排出的时间延长，有臭味，其中并含有腐败胎衣碎片。

马则需检查排出的胎膜是否完整，方法是：尿膜绒毛膜上除胎儿排出的破口以外，若还有破裂，可将其边缘对在一起，如能吻合，血管断端亦接近，即说明这只是一个裂口，否则表示有一部分绒毛膜或尿膜绒毛膜未排出，这一部分常在空角的尖端上。部分胎衣不下常使恶露排出的时间延长。

猪多为部分胎衣不下。病猪表现不安，体温升高，食欲降低，泌乳减少，喜喝水；阴门内流出红褐色液体，内含胎衣碎片。哺乳时突然起立跑开，这可能和乳汁少，仔猪吮乳引起疼痛有关。为了诊断胎衣是否完全排出，产后须检查排出的胎衣上脐带断端的数目是否与胎儿数目相符。

三、预后

马胎衣不下预后要慎重，如不及时治疗，即出现全身反应，并可能继发蹄叶炎，甚至引起败血症；常因有子宫内膜炎，引起不易受孕。山羊可能继发脓性子宫内膜炎及败血病。

牛胎衣不下，一般预后良好，多数牛经一个月左右，胎衣腐败分解，自行排尽，这和牛子宫的生理防卫能力较强有关。然而也常常引起子宫内膜炎、子宫积脓等，影响以后怀孕，从而成为乳牛业的严重问题，故对牛的胎衣不下，也应当十分重视。

绵羊及猪胎衣不下，一般预后亦良好。但在猪也须注意治疗，否则因为泌乳不足，小猪的发育受到影响，而且胎衣不下若引起子宫内膜炎，以后不易受孕。

四、治疗

马及山羊对胎衣不下敏感，必须使胎衣及早排出，并重视其全身症状及时治疗。对于牛、猪也要促使胎衣排出，对牛也可采取防止胎衣在子宫内腐败的方法，这样即使排出迟一些，母牛的健康及以后的受胎力也不至受到影响。

胎衣不下的治疗方法很多，概括起来可以分为药物治疗和手术治疗两大类。遇到牛胎衣不下病例时，首先试行手术剥离，如有困难，则采用药物治疗；马则须尽早剥离。

1. 药物疗法

(1) 促进子宫收缩 垂体后叶素，牛 40～80 国际单位（IU），羊、猪 5～10 国际单位（IU），肌内注射或皮下注射，2h 后再重复一次（最好在产后 8～12h 注射，分娩后超过 24～48h 效果不佳）。麦角新碱，猪 0.2～0.4mg，皮下注射。

灌服羊水 3000mL，也可促进子宫收缩，2～6h 后可排出胎衣，否则 6h 后可重复应用。羊水是分娩时收集的，放在凉处，以免腐败。如需用于别的母牛，供羊水的牛必须是健康的，没有流产及结核等传染病。

(2) 促进胎儿胎盘与母体胎盘分离 在子宫内注入 5%～10% 生理盐水 3L，可以促使胎儿胎盘缩小，从母体胎盘上脱落。高渗盐水并有刺激子宫收缩的作用，注入后须注意使盐水再排出来。

(3) 预防胎衣腐败及子宫感染 等待胎衣自行排出后，可在子宫内放入金霉素（或四环素也可）0.5～1g，用胶囊装上放入或用塑料纸包上撒入二角内，隔日一次，共 1～3 次，效果良好，以后的受胎力也保持正常。也可以应用其他抗生素或磺胺药。

(4) 中兽医辨证施治 胎衣不下为里虚证，其发病机制是由于气虚血亏，气血运行不畅，因而子宫活动力减弱，不能排出胎衣。治疗应以补气养血为主，佐以温经行滞祛瘀药物。牛、马可选用下列处方。

[处方一]

参灵汤：黄芪 30g、党参 30g、生蒲黄 30g、五灵脂 30g、当归 60g、川芎 30g、益母草 30g。

共为末，开水冲，灌服。加减：瘀血而有腹痛者，加醋香附 25g、泽兰叶 15g、生牛膝 30g。

[处方二]

活血去瘀汤：当归 60g、川芎 25g、五灵脂 10g、桃仁 20g、红花 20g、枳壳 30g、乳香 15g、没药 15g。

共为末，开水冲，黄酒 200～300mL 为引灌服，用于体温升高、努责疼痛不安者。

2. 手术疗法

即剥离胎衣。

牛如果药物治疗无效，乳牛可在产后两天，子宫口尚未缩小到手不能通过以前试行剥离。子宫口收缩的速度，子宫颈内无胎衣（胎衣完全在子宫内）比有胎衣快，产后两天即能缩小到手伸不进去。

是否采用手术剥离，应注意的原则是：容易剥就坚持剥，否则不可强剥，以免损伤母体子叶，引起感染；而且剥不净时，其后果也不好。体温升高者，说明已有子宫炎，不可再剥，以免炎症扩散加重。这时可继续采用药物疗法。

(1) 术前准备 母畜外阴部按常规消毒。术者手臂皮肤除按常规消毒外，先擦 0.1％碘化酒精加以鞣化，使保护层不易脱落，然后涂润滑油。手上如有伤口，须注意防止受到感染。术者须穿长靴及围裙。

为了避免胎衣粘在手上，妨碍操作，可在子宫内灌入 10％生理盐水 500～1000mL。如母牛努责剧烈，可在后海穴注射普鲁卡因。

(2) 手术方法 左手扯住胎衣，右手顺着它伸入子宫，找到胎盘。剥离要有顺序，由近及远，螺旋前进，逐个逐圈进行，并且先剥一个子宫角，再剥另一个子宫角，不可剥混。辨别一个胎盘是否剥过的依据是剥过的，表面粗糙，不和胎膜相连；未剥过的，和胎膜相连，表面光滑。剥离每个胎盘的方法是：在母体胎盘与其蒂交界处，用拇指及食指捏住胎儿胎盘的边缘，轻轻将它自母体胎盘撕开一点，或者用食指尖把它抠开一点，再将食指或拇指伸入胎儿胎盘与母体胎盘之间，逐步把他们分开（图 10-3）。剥得越完整，效果越好。剥的过程中，左手要把胎衣扯紧，以便顺着它去找尚未剥的胎盘，达到子宫角尖端时特别要这样做。为防剥出的胎衣很重，把胎衣拽断，可将一部分剪掉。子宫尖端中的胎盘难剥离，一方面是因为尖端的空间小了，胎盘彼此靠得紧，妨碍操作，再一方面是因为手够不到。这时可轻拉胎衣，使子宫角尖端内翻，即便于剥离。

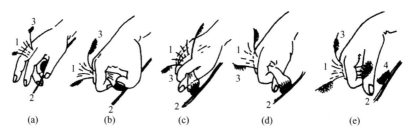

图 10-3 牛胎衣不下手术剥离

马胎盘构造和牛不同，手术疗法和牛不一样。剥离的方法是将手伸至子宫颈内口，找到尿膜绒毛膜破口的边缘，把手伸入子宫黏膜与绒毛膜之间，小心地将绒毛膜从子宫黏膜上分离下来。破口边缘很软，须仔细触诊才能摸清楚。当子宫体内的尿膜绒毛膜剥下时，其他部分便随之而出，粘连往往仅限于这一部分。此外，也可以拧紧露在外面的胎衣，然后把手沿着它伸入子宫，找到脐带根部，握住这里轻轻扭转拉动，绒毛即逐渐脱离腺窝，使胎衣完全脱落下来。有的马在阴门外扭拉胎衣，即可把它拉出来；偶尔可使子宫体黏膜露于阴门口上，用眼看着剥离，这样就比较方便。

马的部分胎衣不下，应检查胎衣确定未下的是哪一部分，并在子宫的相应部位上找到剥下来。

(3) 胎衣剥离后的处理 胎衣剥离完毕后，因子宫内尚存在有胎盘碎片及腐败液体，可用 0.1％高锰酸钾、0.1％新洁尔灭或 0.05％呋喃西林等冲洗，以清除子宫感染源。冲洗方法是将粗橡胶管（或胃管、子宫洗涤管）的一端插至子宫的前下部，管的外端接上漏斗，然后倒入冲洗液 1～2L。待漏斗中冲洗液快流完时，迅速把漏斗放低，借虹吸作用使子宫内液体自行排出。这时患畜常有努责，能促使子宫内液体充分排出。这样反复冲洗两三次，至流出的液体与注入的液体颜色基本一致为止。有人则认为，牛剥离完毕后不宜用消毒药液冲洗，因为子宫角很大，而且下垂，冲洗液不易排出，可导致子宫迟缓，复旧过程延长；特别在子宫发炎时，冲洗能使炎症扩散，引起不良后果。无论冲洗与否，子宫内要放入抗生素等药物，在马尤应注意。术后数天内须检查有无子宫炎症，并注意治疗。乳牛最好持续投入抗生素数次，以消除发现不了的炎症，防止不孕症。配种可推迟1~2个发情周期，因为早配也可能配不上。

五、预防

怀孕母畜要饲喂含钙及维生素丰富的饲料。舍饲奶牛要适当增加运动时间，产前一周减少精料，分娩后让母畜自己舔干仔畜身上的液体，尽可能灌服羊水，并尽早让仔畜吮乳或挤奶。分娩后即注射葡萄糖氯化钙溶液（也可在产前一个月内注射钙剂三次），或饮益母草及当归水，亦有防止胎衣不下的作用。

第三节　子宫内翻及脱出

子宫角前端翻入子宫腔或阴道内，称为子宫内翻（套叠）；子宫全部翻出于阴门外，称为子宫脱出。两者为同一个病理过程，但程度不同。牛（尤其奶牛）多发生，羊、猪也常发生，马很少见（东北地区较多）。脱出多见于分娩之后，有时则在产后数小时内发生。

一、病因

由于怀孕母畜衰老经产，营养不良（单纯喂以麸皮，钙盐缺乏等）及运动不足，分娩时如阴道受到强烈刺激，产后发生强力努责，腹压增高，便容易发生子宫脱出。猪胎儿过大、过多，单胎家畜怀双胎，子宫过度扩张，产后阵缩微弱，这时若努责力强，也可导致子宫脱出。难产时，产道干燥，子宫紧裹住胎儿，若未经很好处理（如注入润滑剂）即强力拉住胎儿，使子宫内压突然降低，而腹压相对增高，子宫常随即翻出于阴门之外。但有时在顺产后也能发生，这对奶牛来说可能和生产瘫痪有关。

二、症状

1. 子宫内翻

在牛多发生在孕角，马多为空角。如程度轻，在子宫复旧过程中能自行复原，常无外部症状。但如子宫角尖端通过子宫颈进入阴道内，则患畜轻度不安，经常努责，尾根举起，食欲及反刍减少。凡是母畜产后仍有明显努责的，应进行检查，手伸入产道，可发现柔软圆形瘤状物。

直肠检查，肿大的子宫角似肠套叠，子宫阔韧带紧张。患畜卧下后，可以看到突入阴道内的内翻子宫角。子宫内翻如不能自行恢复，可能发生坏死及败血性子宫炎，有污红色臭液从阴道排出，全身症状明显。有时因持续努责，继发子宫脱出。

2. 子宫脱出

通常仅孕角脱出，空角同时脱出的较少。子宫脱出的症状明显，可见很大的囊状物从阴门内突出来（图10-4），其形态则依家畜不同而异。

牛、羊脱出的子宫上，有时还附有尚未脱落的胎衣。如果胎衣已经脱落，则可看到脱出物上有许多暗红色的母体胎盘，并极易出血。牛的母体胎盘为圆形或长圆形，绵羊的为浅杯状，山羊的为圆盘状。仔细观察可以发现脱出的孕角上部一侧有空角的开口。有时脱出的子宫角为大小不同的两部分，大的为孕角，小的为空角，两者之间无胎盘的带状区为子宫角分叉处。每一角的末端都向内凹陷。脱出很长的时候，子宫颈也暴露在阴门之外。脱出的子宫腔内可能有肠管，外部触诊及直肠检查可以摸到。脱出时间久了，子

图10-4　牛产后子宫脱出

宫黏膜充血、水肿，呈黑色肉冻样，干裂，有血水渗出。寒冷季节常因冻伤而发生坏死。

猪脱出的两条子宫角很像肠道，但较粗，且黏膜呈绒状，出血很多，颜色紫红，上有横皱襞，容易和肠道的浆膜区分开来。

马的子宫脱出部分主要是子宫体。子宫角也分为大小两部分，大的为孕角，小的为空角，但都脱出很短，每一部分的末端上也有一凹陷。子宫黏膜和猪的相像。

牛、羊子宫脱出后不久，除弓腰、不安等现象，还会因继发腹膜炎、败血症等，出现全身症状。如肠道进入脱出的子宫腔内，出现疝痛症状。子宫脱出时如卵巢系膜及子宫阔韧带被撕扯破，其血管被扯断，则表现贫血、结膜苍白、战栗、脉搏快弱等急性贫血症状。穿刺子宫末端有血液流出。猪在子宫脱出后，常有虚脱症状，卧地不起，反应极为迟钝。

三、预后

1. 子宫内翻

如及时发现并加以整复，预后良好。否则，如不能自行复原，则可发生套叠，导致不孕。

2. 子宫脱出

无论哪一种家畜，均因子宫内膜炎的关系，对其受孕能力的预后必须谨慎；至于全身方面，因畜种不同，以及脱出程度和脱出时间久暂，预后很不一样。猪最严重，及早送回，尚有存活的可能；但也有的即使整复十分迅速，并行输液，也常因出血和休克而死亡。牛、羊的预后较好，但牛内翻时发生大量出血，也可导致死亡，脱出时间越久，越不易整复。

四、治疗

子宫脱出，必须及早施行手术整复。脱出的时间愈长，整复愈困难，所受外界刺激愈严重，康复后的不孕率亦愈高。不能整复时，须进行子宫切除术。

患畜取前低后高站立保定，多用荐尾硬膜外腔或后海穴麻醉（用 2% 盐酸普鲁卡因 10mL）。

1. 整复法

整复脱出的子宫时，往往难于将子宫角的尖端推入阴门之内。有肠管进入子宫腔的病例，整复更加困难。因而整复之前必须检查子宫腔中有无肠管，如有，应将它先压回至腹腔。

(1) 轻症 患畜子宫部分脱出或全部脱出，脱出时间不长、肿胀不严重者，治疗时用 0.1% 高锰酸钾液将脱出子宫及外阴尾根充分洗净，除去异物、坏死组织及附着的胎膜，术者紧握拳头将脱出的子宫顶回阴道，整复至正常位置，用阴门固定器或酒瓶固定法固定，经 3～5d 拆去固定物即可。根据病情酌服中药补中益气汤：党参 60g，黄芪 90g，白术 60g，柴胡、升麻各 30g，当归、陈皮各 60g，炙甘草 35g，生姜 3 片，大枣 4 枚为引，共为细末，开水冲服，1 剂/日，连服 3d。

(2) 重症 患畜子宫全部脱出或阴道也随之脱出，脱出时间较长者，在整复时先以 30% 的明矾水冲洗清洁，再用针乱刺肿胀处，使水肿液渗出，继用菜油涂擦，反复搓揉至子宫变软，即可将脱出的子宫从靠近阴门处开始，用手在两侧交替向阴道内压进，整复至原位，加以固定。同时服用中药八珍汤：党参、白术、茯苓各 60g，甘草 30g，熟地黄、白芍、当归各 45g，川芎 30g。共为细末，开水冲服，1 剂/日，连服 5 剂。如因使役过度或营养不良、年老体衰致气血亏虚的可选用补中益气汤加熟地黄、阿胶以补气补血；若脾胃失调，加青皮、生地黄、麻子仁等以滋阴养液，润燥滑肠，减少患畜因排便而引起不必要的努责。

2. 脱出子宫切除术

如子宫脱出时间已久，无法送回，或者有严重的损伤及坏死，整复后如有引起全身感染，导致死亡的危险，可将脱出的子宫切除，以挽救母畜的生命。

第四节　生产瘫痪

生产瘫痪亦称褥热症，是母畜分娩前后突然发生的一种严重代谢性疾病。其特征是由于缺钙而知觉丧失及四肢瘫痪。

一、病因

目前认为，促使血钙降低的因素有下列几种，生产瘫痪的发生可能是其中一种或几种因素共同作用的结果。分娩前后大量血钙进入初乳，血钙浓度急剧下降导致动用骨钙的能力降低。在分娩过程中，大脑皮质过度兴奋，其后即转为抑制状态。分娩后腹内压突然下降、腹腔器官被动性充血，以及血液大量进入乳房，引起暂时性的脑贫血，使大脑皮质抑制程度加深，从而影响甲状旁腺，使其分泌激素的功能减退，以致不能维持体内的正常平衡。另外，怀孕后半期由于胎儿发育的消耗和骨骼吸收能力的减弱，骨骼中贮存的钙量大为减少。因此即使甲状旁腺的功能受到的影响不大，但骨骼中能被动用的钙已不多，不能补偿产后的大量丧失。分娩前后从肠道吸收的钙量减少，也是引起血钙降低的原因之一。

二、症状

牛发生生产瘫痪时，表现的症状不尽相同，有典型的与轻型（非典型）的两种。

1. 典型症状

整个过程不超过12h。病初通常是食欲减退或废绝，反刍、瘤胃蠕动及排粪排尿停止，泌乳量降低；精神沉郁，表现轻度不安；不愿走动，后肢交替踏脚，后躯摇摆，好似站立不稳，四肢肌肉震颤。所有病例开始时鼻镜即变干燥，四肢及身体末端发凉，皮温降低，但有时可能出汗。呼吸变慢，体温正常或稍低。脉搏则无明显变化。

初期症状发生后数小时（多为1～2h），病畜即出现瘫痪症状；后肢开始不能站立，虽然一再挣扎但仍站不起来。由于挣扎用力，病畜全身出汗，颈部尤多，肌肉颤抖。不久，出现意识抑制和知觉丧失的特征症状。病牛昏睡，眼睑反射微弱或消失，瞳孔散大，对光线照射无反应，皮肤对疼痛刺激亦无反应。肛门松弛，肛门反射消失。心音减弱，速率增快，每分钟可达80～120次；脉搏微弱，勉强可以摸到；呼吸深慢，听诊有啰音；有时发生喉头及舌麻痹，舌伸出口外不能自行缩回，呼吸时出现明显的喉头呼吸声。吞咽发生障碍，因而易引起异物性肺炎。病畜以一种特殊姿势卧地，即伏卧，四肢屈于躯干以下，头向后弯到胸部一侧（图10-5）。用手可将头颈拉直，但一松手，又重新弯向胸部；也可将病畜的头弯至另一侧胸部。体温降低也是牛生产瘫痪的特征症状之一。病初体温可能仍在正常范围之内，但随着病程发展，体温逐渐下降，最低可降至35～36℃。

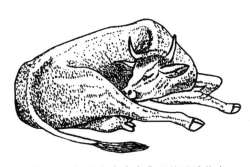

图10-5　奶牛生产瘫痪典型的趴卧状态

图10-6　非典型生产瘫痪的站立状态（史兴山）

图 10-7　奶牛非典型生产瘫痪
的趴卧状态（史兴山）

2. 轻型（非典型）

该类型所占病例数目较多，产前及产后很久发生的生产瘫痪也多为非典型的。其症状除瘫痪外，主要特征是头颈姿势不自然。病牛精神极度沉郁，但不昏睡，食欲废绝。各种反射减弱，但不完全消失（图 10-6、图 10-7）。

病牛有时能勉强站立，但站立不稳，且行动困难，步态摇摆。体温一般正常或不低于 37℃。

三、诊断

诊断生产瘫痪的重要依据是病牛为 3～6 胎的高产母牛，刚刚分娩不久（绝大多数在产后 3d 之内），并出现特有的瘫痪姿势及血钙降低（一般在 8％ 以下，多为 2％～5％，质量分数，mg/mg）。如果乳房送风疗法有良好效果，更可作出确诊。

四、治疗

静脉补充血糖、血钙剂，恢复功能。治疗越早，疗效越好。

1. 静脉注射钙剂

最常用的是硼酸葡萄糖酸钙溶液（制备葡萄糖酸钙溶液时，按溶液数量的 4％ 加入硼酸，这样可以提高葡萄糖酸钙的溶解度和溶液的稳定性，高浓度的葡萄糖酸钙溶液对此病的疗效更好）。

　　［处方一］
　　20％～25％硼酸葡萄糖酸钙 500mL
　　25％葡萄糖溶液 500～1000mL
　　10％安钠咖 10～20mL
　　用法：一次静脉慢速滴注，注射后 6～12h，可重复滴注一次。

　　［处方二］
　　① 10％葡萄糖酸钙注射液 300～500mL
　　10％葡萄糖溶液 500～1000mL
　　用法：大家畜一次静脉慢速滴注，可连用 1～3 次。
　　② 维丁胶性钙 5～10mL
　　用法：一次肌内注射，每天一次，连用 3～5d。

　　［处方三］
　　25％葡萄糖溶液 500～1000mL
　　10％安钠咖 10～20mL
　　5％氯化钙溶液 500～1000mL
　　用法：一次静脉慢速滴注，可连用 1～2 次。配合乳房送风。

　　［处方四］
　　① 5％氯化钙溶液 500～1000mL
　　25％葡萄糖溶液 500～1000mL
　　15％磷酸钠溶液 200mL

25％硫酸镁溶液 50～100mL

用法：一次静脉注射，可连用 1～2 次。

② 当归 30g、红花 20g、桃仁 20g、香附 25g、赤芍 25g、防风 30g、羌活 25g、肉桂 15g、天麻 25g、熟地黄 30g、僵蚕 15g、甘草 15g。

用法：共为末，开水冲调，一次内服。连用 3～5d。

2. 乳房送风疗法

这是治疗牛生产瘫痪最有效和最简便的疗法，特别适用于对钙疗法反应不佳或复发的病例。乳房送风疗法的机理是在打入空气后，乳房内的压力随即上升，乳房的血管受到压迫，因而流入乳房的血液减少，随血流进入初乳而丧失的钙也减少，血钙水平（也包括血磷）得以增高。与此同时，全身血压也升高，可以消除脑的缺氧、缺血状态，使其调节血钙平衡的功能得以恢复。另外，向乳房打入空气后，乳腺的神经末梢受到刺激并传至大脑，可提高大脑皮质的兴奋性，解除其抑制状态。

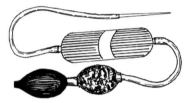

图 10-8　乳房送风器

向乳房内打入空气，需用专门的器械——乳房送风器（图 10-8）。使用之前应将送风器的金属筒消毒并在其中放置干燥消毒棉花，以便滤过空气，防止感染。打入空气之前，使牛侧卧，挤净乳房中的积奶并消毒乳头，然后将消过毒而且在尖端涂有少许润滑剂的乳导管插入乳头管内，注入青霉素 10 万国际单位及链霉素 0.25g（溶于 20～40mL 生理盐水内）。打气之后，用宽纱布条将乳头轻轻扎住，防止空气逸出。待病畜起立后，经过 1h，将纱布条解除。

绝大多数病例在打入空气后约半小时，即能苏醒站立；治疗越早，打入的空气数量足够，效果越好。一般打入空气后 10min，病牛鼻镜开始变湿润；15～30min 眼睛睁开，开始清醒，头颈姿势恢复自然状态，反射及感觉逐渐恢复，体表温度也升高。驱之起立后，立刻进食，除全身肌肉尚有颤抖及精神稍差外，其他均恢复正常。肌肉震颤虽可持续数小时之久，但最后总会消失。

对病畜要有专人护理，多加垫草，天冷时要注意保温。病牛侧卧的时间过长，要设法使其转为伏卧或将牛翻转，防止发生褥疮及反刍时引起异物性肺炎。病畜初次起立时，仍有困难，或者站立不稳，必须注意加以扶持，避免跌倒引起骨骼及乳腺损伤。痊愈后 1～2d 内，挤出的奶量仅以够喂乳牛为度，以后才可逐渐将奶挤净。

五、预防

在干奶期，最迟从产前 2 周开始，给母牛饲喂低钙高磷饲料，减少从日粮中摄取的钙量，是预防生产瘫痪的一种有效方法。在干奶期，可将每头奶牛每日摄入的钙量限制在 100g 以下，增加谷物精料的数量，减少饲喂豆科植物干草及豆饼等，使摄入的钙磷比例保持在（1～1.5）：1。分娩之前及以后，立即将摄入的钙量增加到每天每头 125g 以上。

干奶期，最迟从产前 2 周开始，减少富于蛋白质的饲料；促进母牛消化功能，避免发生便秘、腹泻等扰乱消化的疾病；产后不立即挤奶及产后 3d 之内不将初乳挤净等，对于防止生产瘫痪的发生都有一定的作用。

第五节　产后感染

分娩是母畜生产的关键时期，由于机体抵抗力下降，产道损伤和开放，暂时失去了自身的抗感染功能，极易受到外界病原微生物的感染。如没有及时有效地处理，局部的感染会波及全身，引起产后全身感染，发生败血症或脓毒血症。以牛常发，其他动物较少发病。

一、子宫内膜炎

1. 病因

分娩过程中或后期由于病原微生物的侵入感染而引起。子宫黏膜的损伤及母畜抵抗力降低，是促使本病发生的重要原因。此外，此病常继发于难产、胎衣不下、子宫脱出、子宫弛缓、产道损伤以及结核病、布氏杆菌病、副伤寒等疾病的过程中。

2. 症状

(1) 牛子宫内膜炎

① 急性子宫内膜炎：病畜食欲减退，体温升高。拱背，尿频，不时努责，从阴门中排出灰白色的含有絮状物的分泌物或脓性分泌物，卧下时排出量较多。阴道检查，子宫颈外口肿胀、充血，有时可以看到渗出物自子宫颈流出，严重的病例出现全身症状。直肠检查，子宫角增大，子宫呈面团样感觉，如果渗出物多时则有波动感。

② 慢性子宫内膜炎：其特征是性周期不正常，有时虽有发情，但多次配种而不受孕。阴道检查，可见黏膜充血，并不断排出透明而带絮状物的黏液。

图 10-9 子宫内膜炎病牛排出黏液脓性分泌物（史兴山）

慢性化脓性子宫内膜炎：病畜往往表现全身症状，患畜逐渐消瘦，阴唇肿胀，从阴门中流出黄白色或黄色的黏液性或脓性分泌物（图 10-9）。阴道检查，可见子宫颈外口充血，并黏附有脓性絮状黏液，子宫颈张开有时由于子宫颈黏膜肿胀，组织增生而变狭窄，脓性分泌物积聚于子宫内，称为子宫积脓。直肠检查，子宫壁松弛，厚薄不均，收缩迟缓。当子宫积脓时，子宫体及子宫角明显增大，子宫壁紧张而有波动。

(2) 犬的子宫内膜炎
最初的症状出现于分娩后 0.5～4d。病犬体温高达 39.5℃以上，脉搏增数，泌乳量下降或拒绝哺乳仔犬。精神沉郁，烦渴贪饮，不食或厌食，有时出现呕吐和腹泻，弓背努责，不断地做排尿姿势。阴道排出物混浊稀薄，带有恶臭，呈红色或褐红色（胎膜滞留的为绿色或黑色），带有絮状物的黏液，俗称"恶露"，并经常舔触阴唇；严重者，阴门周围及尾部被渗出黏液附着并干燥结痂，挤压病犬腹部有时可看到有脓性分泌物从阴门溢出，如病犬腹痛，拒绝触及腹部。

3. 治疗

消除炎症，防止扩散，促进子宫功能恢复。

以下以牛为例列举处方，其他动物治疗时，药物的用量据体重和动物种类增减。

［处方一］

① 1％氯化钠溶液 1000～5000mL

用法：溶液加温后冲洗子宫，每日冲洗一次，连用 2～4 次。

② 青霉素钠粉 800 万～1600 万国际单位。

用法：子宫内放入。

［处方二］

① 0.1％～0.3％高锰酸钾溶液 1000～2000mL

用法：溶液加温后冲洗子宫，每日冲洗一次，连用 2～4 次。

② 磺胺粉 10g

用法：子宫内放入。

　[处方三]

① 脑垂体后叶素 50～80 国际单位

用法：一次肌内注射，隔日一次，连用 2～3 次。

② 子宫净化散 350g

用法：开水冲调，候温灌服，每日一次，连用 2～3 次。

　[处方四]

① 1％明矾溶液 2000～2500mL

用法：溶液加温后冲洗子宫，每日冲洗一次，连用 2～4 次。

② 红花 30g、当归 50g、苍术 40g、三棱 40g、益母草 100g、金银花 50g、连翘 50g、蒲公英 50g、紫花地丁 30g、槟榔片 50g

用法：共为细末，开水冲调，候温灌服。

　[处方五]

① 0.9％生理盐水 1000mL

用法：溶液加温后冲洗子宫，每日冲洗一次。

② 10％磺胺嘧啶钠注射液 200～400mL

20％安钠咖 10～20mL

10％葡萄糖溶液 500mL

0.9％生理盐水 500～1000mL

用法：一次静脉注射，每天一次，连用 3～5d。

③ 健胃散 250～350g

人工盐 100～500g

用法：温水冲调，一次内服，每日一次，连用 3d。

二、产后败血症和产后脓毒血症

1. 病因

本病通常是由于难产、胎儿腐败或助产不当，软产道受到损伤和感染而发生，或因严重的子宫内膜炎、子宫颈炎及阴道阴门炎引起。胎衣不下、子宫脱出、子宫复旧延迟以及严重的脓性坏死性乳房炎也可继发。

病原菌通常是溶血性链球菌、葡萄球菌、化脓棒状杆菌和梭状芽孢杆菌，而且常为混合感染。

2. 症状

(1) 产后败血症　发病初期，体温突然上升至 40～41℃，触诊四肢末端及两耳有冷感。临近死亡时，体温急剧下降，且常发生痉挛。整个病程中出现稽留热。体温升高的同时，精神极度沉郁。病牛常卧下、呻吟、头颈弯向一侧，呈半昏迷状态；反射迟钝，食欲废绝，反刍停止，但饮欲增强。泌乳量骤减，2～3d 后完全停止泌乳。眼结膜充血，且微带黄色，病的后期结膜发绀，有时可见小出血点。脉搏微弱，每分钟可达 90～120 次，呼吸浅快。

患牛往往表现腹膜炎的症状，腹壁收缩，触诊敏感。随着疾病的发展，常出现腹泻，粪中带血，有腥臭味；有时则发生便秘。由于脱水，眼球凹陷，表现极度衰竭。

患牛常从阴道内流出少量带有恶臭的污红色或褐色液体，内含组织碎片。阴道检查时，母畜疼痛不安，黏膜干燥、肿胀、呈污红色。如果见到创伤，其表面多覆盖有一层灰黄色分泌物或薄膜。直肠检查可发现子宫复旧延迟、子宫壁厚、子宫弛缓。

（2）产后脓毒血症 突然发生，体温升高 1～1.5℃，待脓肿形成或化脓灶局限化后，体温又下降，甚至恢复正常。过一段时间，如发生新的转移时，体温又上升。所以在整个患病过程中，体温呈现时高时低的弛张热型。脉搏常快而弱，每分钟可达 90 次以上；随着体温的高低，脉搏也发生变化。

3. 治疗

产道消炎、机体补液增强机体抵抗力。以下以大家畜为例列举处方。

［处方一］

青霉素 400 万～800 万国际单位

链霉素 400 万国际单位

30％安乃近 10～30mL

用法：大家畜一次肌内注射，每天 2 次，连用 3～5d。

［处方二］

10％磺胺嘧啶钠 200～400mL

10％安钠咖 20～40mL

10％氯化钙溶液 100～300mL

0.5％氢化可的松 50～80mL

10％葡萄糖溶液 2000～3000mL

用法：大家畜一次静脉注射，每天一次，连用 3～5d。

［处方三］

白霉素 200～400mL

5％葡萄糖溶液 500～1000mL

用法：大家畜一次静脉注射，每天一次，连用 3～5d。

［处方四］

① 10％安钠咖 20～40mL

12.5％维生素 C 60mL

林格液 1000～3000mL

25％葡萄糖溶液 500～1000mL

用法：大家畜一次静脉注射，每天一次。

② 金霉素 2～5g

用法：子宫内投入，每日 2 次，连用 3～5d。

［处方五］

① 5％碳酸氢钠溶液 500～1000mL

糖盐水 500～2000mL

用法：一次静脉注射，每天一次。

② 缩宫素 50～80 国际单位。

用法：大家畜一次肌内注射，隔日一次，连用 3 次。

案例分析

［病例 1］ 子宫颈损伤

［疗法］ 肌内注射 20％止血敏 20mL，止血后创面涂 2％龙胆紫。

［效果］ 出血现象消除，奶牛体况逐渐恢复，泌乳、发情表现正常。

〔分析〕 奶牛生产时强行拉出胎儿，胎儿过大，胎势、胎位不正等，易损伤子宫颈，导致长时间的子宫颈出血，若子宫颈肌层严重撕裂，能引起大出血，甚至危及生命。止血后应恢复撕裂的创口，防止感染。

〔病例 2〕 母牛产后瘫痪

〔疗法〕 一次静脉慢速滴入 20％硼酸葡萄糖酸钙 1000mL，20％葡萄糖溶液 1000mL，10％安钠咖 15mL，6h 后重复注射一次。

〔效果〕 病牛缓慢恢复，不久站立、哺乳。第二次注射后基本恢复正常。

〔分析〕 分娩前后大量血钙进入初乳且动用骨钙的能力下降，引起血钙浓度急剧降低。分娩过程中，大脑皮质过度兴奋，稍后转为抑制。分娩后腹内压突然下降、腹腔器官被动性充血，以及血液大量进入乳房，引起短暂性的脑贫血。以上原因导致血钙降低，是生产瘫痪的主要原因，因此提高血钙浓度，有助于治疗生产瘫痪。

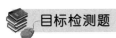 **目标检测题**

一、名词解释

1. 胎衣不下　2. 子宫内翻　3. 子宫脱出　4. 生产瘫痪

二、填空题

1. 分娩造成的产道损伤主要有＿＿＿＿＿＿＿、＿＿＿＿＿＿＿、＿＿＿＿＿＿＿。

2. 产后胎衣排出的正常时间一般为：马＿＿＿ h、猪＿＿＿ h、羊＿＿＿ h、牛＿＿＿ h。

3. 胎衣不下主要和＿＿＿＿＿＿＿、＿＿＿＿＿＿＿、＿＿＿＿＿＿＿等因素有关。

4. 生产瘫痪的特征是＿＿＿＿＿＿＿＿＿＿＿＿＿＿＿＿＿＿＿＿＿＿＿＿＿＿＿。

三、问答题

1. 写出产道损伤的防治措施。

2. 如何治疗胎衣不下？

3. 生产瘫痪具有哪些症状？如何确诊？

4. 为什么乳房送风能治疗牛生产瘫痪？

5. 如何处置子宫脱出？

6. 写出牛产后子宫内膜炎的症状及治疗方法。

第十一章 卵巢疾病

了解卵巢功能减退、卵巢囊肿、持久黄体的病因和症状特征。

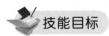

能进行卵巢功能减退、卵巢囊肿、持久黄体的诊断和防治操作。

第一节　卵巢功能减退

卵巢功能减退是指卵巢功能暂时性或长久性衰退，致使家畜无性周期或性周期停止，从而表现出不发情或发情停止的疾病。此病发生于各种家畜，而且比较常见，衰老家畜尤其容易发生。

一、病因

卵巢功能减退往往是由于子宫疾病、全身的严重疾病，以及饲养、管理、利用不当，使家畜身体乏弱所致。如饲料不足或饲料质量不高，特别是蛋白质、维生素 A 及维生素 E 的缺乏，或长期饥饿、过度使役、长期哺乳，或慢性消耗性疾病，使母畜过多消耗营养，引起脑垂体产生卵泡刺激素（FSH）的功能降低。还有卵巢炎、卵巢发育不全、卵巢萎缩、卵巢静止、卵巢硬化、胎衣不下、子宫内膜炎、子宫内有异物等，亦可引起卵巢功能减退。

母畜至年老时，或者繁殖有季节性的母畜在乏情季节，卵巢功能也会发生生理性的减退。此外，气候变化（寒冷、酷热或变幻无常）或者对当地气候不适应（家畜迁移时），也可使卵巢功能暂时减退。

二、症状及诊断

卵巢功能减退的特征是发情周期延长或者长期不发情，发情的外表征象不明显，或者出现发情征象，但不排卵。体检，外阴及整个躯体都正常。直肠检查，卵巢的形状和质地没有明显变化，也摸不到卵泡或黄体，有时只可在一侧卵巢上感觉到有一个很小的黄体残迹。

卵巢发育不全时，性成熟后母畜不见发情，卵巢小而且无卵泡发育。

卵巢萎缩时，母畜不发情。卵巢往往变硬，体积显著缩小，母牛的卵巢仅如豌豆一样大，母马的卵巢如鸽蛋一样大，卵巢中既无黄体又无卵泡。如果间隔一周左右，经过几次检查，卵巢仍无变化，即可作出诊断。由于卵巢萎缩，子宫的体积往往也会缩小。

卵巢静止时，母畜在分娩后仅出现一两次发情，长期不再发情。卵巢的体积较正常，无卵泡发育，卵巢质地较硬，表面有时不规则，多伴有黄体残迹。

卵巢硬化时，母畜长期不见发情，卵巢硬如木质，无卵泡发育。多为卵巢炎的后遗症，卵巢囊肿也可使卵巢变硬。

直肠检查是诊断本病的主要手段，可间隔5~6d检查一次，并结合上述症状，即可确诊。

三、预后

年龄不大的母畜，卵巢功能减退时，预后良好。如果病畜衰老，卵巢显著萎缩退化，卵巢与附近的组织发生粘连，或者子宫也同时萎缩，预后不佳。

四、治疗

对卵巢功能减退的家畜进行治疗，首先必须了解家畜的全身状况及其生活条件，进行全面分析，找出主要原因，并按照家畜的具体情况，采取适当的治疗措施，才能取得满意的疗效。

首先，应从饲养管理方面着手。改善饲料质量，增加日粮中蛋白质、维生素和矿物质的数量，注意饲料比例的搭配；增加放牧和日照时间，规定足够的运动，减少使役和泌乳。

根据经验，在草原（或草地）优良的牧场上放牧，补饲富含维生素和微量元素的饲料，往往可以得到恢复和增强卵巢功能的满意效果。

其次，对患生殖器官或其他疾病（全身性疾病、传染病及寄生虫病）而伴发卵巢功能减退的家畜，必须治疗原发疾病才能收效。

再次，应用常用的一些方法刺激或增强家畜卵巢功能。介绍如下。

1. 公畜催情法

公畜对于母畜的生殖功能来说，是一种天然刺激。在公畜的影响下，可以促进母畜发情或者使发情增强，而且可以加速排卵。它不仅能通过母畜的视觉、听觉、嗅觉及触觉对母畜产生影响，而且也通过交配，借助附属生殖腺分泌物对母畜生殖器官进行生物化学刺激，作用于母畜的神经系统。因此，除了患生殖器官疾病或者神经内分泌系统功能紊乱的母畜以外，对与公畜不经常接触、分开饲养的母畜，利用公畜催情通常都可以获得效果。

催情公畜可以利用正常公畜；为了节省优良种畜的精力，也可以将没有种用价值的公畜，施行输精管结扎或阴茎移位术（羊）后，混放于母畜群中，作为催情之用。

2. 激素疗法

（1）促卵泡素（FSH） 牛肌内注射100~200国际单位，马肌内注射200~300国际单位，每日或隔日一次。每注射一次后须作检查，注意观察母畜是否发情，如一次无效可连续应用3~4次，直至出现发情征象为止。

（2）人绒毛膜促性腺激素（HCG） 马、牛静脉注射2500~5000国际单位或肌内注射10000~20000国际单位；猪、羊肌内注射500~1000国际单位。必要时，间隔1~2d重复一次。对于少数病例，特别是重复注射时，可能出现过敏反应，应加以注意。

（3）孕马血清（PMS）或孕马全血 怀孕40~90d的母马血液或血清中含有大量马绒毛膜促性腺激素，其主要作用类似促卵泡素，因而可用于催情。

孕马血清粉剂的剂量按国际单位计算，马、牛肌内注射1000~2000国际单位，猪、羊肌内注射200~1000国际单位。在牛，重复应用有时可以产生过敏反应，应加以注意。

① 孕马全血的制备：取500mL玻璃瓶，加入硼砂10g、硫代硫酸钠5g及蒸馏水30mL，高压灭菌，冷却备用。选怀孕50~90d的健康母马，最好是轻型马，由颈静脉采血500mL。采血过程中要摇动瓶子，以防血液凝固。最后用灭菌翻口橡皮塞密封，放阴凉处备用。在普通冰箱中可保存一年以上。

② 孕马血清的制备：由上述怀孕马采血于灭菌、干燥的筒状容器内，于室温中使血液凝固，加压，析出血清。最后吸出血清，加入0.5%石炭酸，保存于冷暗处，有效期可达一年左右。

（4）雌激素 这类药品对中枢神经及生殖道有直接兴奋作用，可以引起母畜表现明显的外表发情征象，但对卵巢无刺激作用，不能引起卵泡发育及排卵。在驴应用之后，奏效迅速，80%以上的母驴在注射后半天即出现性欲和发情征象，但经直肠检查未查出有卵泡发育。给猪注射后也可以迅速引起发情的外表征象。虽然如此，这类药品仍不失其使用价值，因为应用激素之后能使生殖器官出现血管增生、血液供给旺盛、功能增加，从而摆脱生物学上的相对静止状态，使正常的发情周期得以恢复。因此虽然用后头一次发情时不排卵（可不必配种），而在以后的发情周期中却可以正常发情排卵。

目前常用的雌激素制剂及其剂量如下。

① 苯甲酸雌二醇（或丙酸雌二醇），肌内注射，马、牛 4～10mg，羊 1～2mg，猪 2～8mg。

② 己烯雌酚，肌内注射，马、牛 20～25mg，羊 1～2mg，猪 4～10mg。

③ 己烷雌酚，剂量照己烯雌酚加倍。

④ 甲乙烯雌酚，作用较己烯雌酚及己烷雌酚弱，但维持时间可达 1 周以上，剂量照己烯雌酚增加 1～1.5 倍。

应当注意，剂量过大或长期应用雌激素可以引起卵巢囊肿或慕雄狂，有时可以引起卵巢萎缩和发情周期停止，甚至使骨盆韧带及其周围组织松弛而导致阴道或直肠脱出。

3. 物理疗法

(1) 子宫热浴 大家畜可用生理盐水、1%～2%的碳酸氢钠溶液，加温至 40℃，向子宫内灌注，停留 10～20min 后排出。通过热浴，可促进子宫和卵巢的血液循环，加快代谢，改善营养。对卵巢发育不全、萎缩及硬化较适用。

(2) 卵巢按摩 适于牛、马等大家畜。将手伸入直肠内，隔肠壁按摩卵巢，以激发卵巢的功能。适于卵巢发育不全、萎缩及硬化，此法连日或隔日进行，每次持续 3～5min。例如在发情季节内按摩驴的子宫颈，往往当时就出现发情的明显征象（拌嘴、拱背、伸颈及耳向后竖起等）。但是这些方法也与雌激素一样，所引起的只是性欲和发情现象，不能促进卵泡发育及排卵，因而也不能有效地配种受孕。虽然如此，由于这些方法简便，因此在没有条件采用其他方法时仍然可以试用。另外，可人工刺激生殖器官，如用开膣器视诊阴道子宫颈、触诊或按摩子宫颈、子宫颈及阴道涂擦刺激性药物（稀碘酊、复方碘注射液）等，都可能很快引起母畜表现外表发情现象。

4. 中草药疗法

母畜卵巢功能减退，宜养血活血、养气益气、温宫、催情。

［处方一］ 黄芪 30g、党参 24g、白术 12g、当归 24g、熟地黄 24g、香附 24g、黄精 21g、肉苁蓉（大云）12g、砂仁 15g、枸杞子 21g、五味子 15g、淫羊藿 15g、丹参 30g、川续断 45g、补骨脂（故纸）21g、川芎 12g、白芍 24g、炙甘草 9g，黄酒、猪卵巢或公鸡睾丸 1 对作引。将上药研末，用开水冲，待温灌服，隔日 1 剂，连服 3～5 剂。马、牛一次灌服。

［处方二］ 当归 47g，红花 25g，白术、川芎各 31g，淫羊藿、神曲各 63g。用法：水煎，白酒适量（常用 250mL）为引，牛、马一天一剂灌服，连用 3d；猪一剂分 2d 灌服，一天一次，连用 4d。

五、预防

加强饲养，给予正确而合理的日粮，特别应注意供给足够的蛋白质、维生素和微量元素。改善管理，合理使役，防止过劳和不运动。哺乳期应添加精料，并适时断乳。搞好安全越冬工作，储备充足的青饲料以备冬末春初补饲用。及早正确地治疗母畜生殖器官疾病。

第二节　卵巢囊肿

卵巢囊肿可分为卵泡囊肿和黄体囊肿两种。卵泡囊肿是由于卵泡上皮变性、卵泡壁结缔组织增生变厚、卵细胞死亡、卵泡液未被吸收或者增多而形成的。黄体囊肿是由未排卵的卵泡壁上皮细胞黄体化而形成的，因而又称为黄体化囊肿。

卵巢囊肿常见于奶牛及猪，但在马中也可发生。奶牛的卵巢囊肿多发生于第四至第六胎产奶量最高期间，而且以卵泡囊肿居多，黄体化囊肿只占25%左右。

卵泡囊肿的主要特征是无规律地频繁发情和持续发情，甚至出现"慕雄狂"；黄体囊肿的主要特征是长期不表现发情。

慕雄狂是卵泡囊肿的一种症状表现，但并不是所有的卵泡囊肿都具有慕雄狂的症状，也不是只有卵泡囊肿才引起慕雄狂。卵巢炎、卵巢肿瘤以及内分泌器官（脑下垂体、甲状腺、肾上腺）或神经系统（主要是丘脑下部）功能紊乱都可发生慕雄狂。对于后一种情况，检查卵巢找不出任何变化，有时卵巢体积甚至缩小。

一、病因

引起卵巢囊肿的原因，目前尚未完全研究清楚。用促黄体素及有关的制剂治疗囊肿效果很好，说明囊肿和内分泌失调有关，即促黄体素分泌不足或促卵泡素分泌过多，使排卵机制和黄体的正常发育受到了干扰。从实践来看，下列因素可能影响排卵机制。

① 饲料中缺乏维生素A或含有多量的雌激素。饲喂精料过多而又缺乏运动，也容易发生卵泡囊肿，因此舍饲的高产奶牛多发，而且多见于泌乳盛期。

② 马使役过重，长时期发情又不配种，卵泡可以变为囊肿，而不排卵。

③ 垂体或其他激素腺体功能失调以及使用激素制剂不当，例如注射雌激素过多，可以造成囊肿。

④ 子宫内膜炎、胎衣不下以及其他生殖器官疾病都可能诱发囊肿出现。

⑤ 在卵泡发育过程中，气温突然变化，有的马、驴会发生囊肿。乳牛在冬季比天暖时多发。

⑥ 在黑白花牛，本病与遗传有关。

二、症状及诊断

1. 卵泡囊肿

患卵泡囊肿的母牛，发情表现反常，如发情周期变短，发情期延长，以至发展到严重阶段，持续表现强烈的发情行为，而成为慕雄狂。有的母牛则不发情，这种情况多见于产后60d内。患卵泡囊肿的马、驴不表现慕雄狂的症状，仅发情周期延长，有的则不发情。

母牛慕雄狂的症状是极度不安，大声哞叫、咆哮、拒食，频繁排泄粪尿；经常追逐和爬跨其他母牛；奶牛的产量降低，有的乳汁带苦咸味，煮沸时发生凝固。由于病牛经常处于兴奋状态，过度消耗体力，而且食欲减退，所以往往身体瘦削，被毛失去光泽。慕雄狂的病畜性情凶恶，不听使唤，并且有时攻击人畜。

患卵泡囊肿时间较长的病牛，特别是发展成为慕雄狂时，颈部肌肉逐渐发达增厚，状似公牛。荐坐韧带松弛，臀部肌肉塌陷，并且出现特征的尾根抬高，尾根与肛门之间出现一个深的凹陷；阴唇肿胀、增大，阴门中常排出黏液。长期表现慕雄狂的病母畜，部分明显消瘦，体力严重下降，久而不治可衰竭致死；部分发生骨骼严重脱钙，使它在反常爬跨期间可能发生骨盆或四肢骨折。

直肠检查可发现卵巢上有数个或一个壁紧张而有波动的囊泡，直径在牛一般均超过2cm，大于正常卵泡，有的达到3～5cm，如乒乓球大小，有的达5～7cm，有时牛的为许多小的囊肿；在马可达 7～10cm，发情表现明显。用指肚触压，紧张而似又有波动。稍用力按压囊肿部位，如母畜表现为回头观望、后肢踏地或移动不定，说明痛感明显，隔 2～3d 检查，症状如初可诊断。

如囊肿的大小与正常卵泡相同，为了鉴别诊断可隔 2～3d（牛）或 5～10d（马）再检查一次，正常卵泡届时均会消失。给牛进行多次直肠检查，可发现囊肿交替发生和萎缩，但不排卵，囊壁比正常卵泡厚；子宫角松软，不收缩。

马、驴的卵泡囊肿多发生在卵泡发育的 2～3 期。直肠触诊感觉囊壁变厚，缺乏弹性，但波动明显，按压没有疼痛反应。卵巢的质地硬实。

2. 黄体囊肿

黄体囊肿的主要外表症状是不发情，在牛直肠检查可发现囊肿多为一个，大小与卵泡囊肿差不多，但壁较厚而软，不那么紧张。在马、驴，囊肿的直径有的达到 7～15cm，感觉有明显的波动，触压有轻微的疼痛表现。为了与正常卵泡鉴别，需要间隔一定时间多次重复检查。黄体囊肿存在的时间比卵泡囊肿长，如超过一个发情周期，检查的结果相同，母畜仍不发情，就可确诊。

猪的囊肿常为许多大的黄体化卵泡，但有时为许多小的卵泡囊肿。发情周期延长，发情时症状很显著，但不发生慕雄狂。

牛患卵泡囊肿时血浆孕酮的浓度低，患黄体化囊肿时则较高；在黄体化的过程中可能进一步提高，但仍然比正常母牛的低。患牛血浆雌激素浓度变化不定，可能与正常牛的相似或较高。血浆睾酮浓度与正常发情周期的相似。据报道，卵巢囊肿患牛的促黄体素浓度一般都比正常牛的高，而且与血浆孕酮浓度呈负相关。

单独依靠直肠检查或症状不可能很准确地将卵泡囊肿和黄体囊肿区别开来。

三、预后

患病后治疗越早，预后越好。据报道，在患病后 6 个月以内治疗的大批病例，90％治愈受孕；而患病 6～12 个月时治愈率只有 60％～70％。一侧单个囊肿一般都能治愈；两侧囊肿，尤其是发病时间久，囊肿数目多，治疗往往无效。母牛治愈之后，下一胎分娩后复发的占 20％～30％。囊肿的大小及症状表现强烈与否和治愈率无密切关系。卵巢囊肿引起子宫内膜严重变性，子宫壁萎缩和子宫积水的病例预后不佳。极少数病例不用治疗可以自行恢复，产后第一次排卵之前发生的卵巢囊肿多数（60％）可以自愈。

四、治疗

首先应当改善饲养管理及使役条件，因为这样可以使母马的单囊肿不经治疗就自行消失；如不改善饲养管理方法，即使治愈之后，也易复发。对于舍饲的高产母牛，可以增加运动，减少挤奶量。

1. 激素疗法

应用激素治疗卵巢囊肿，主要是直接促使囊肿黄体化。现将效果比较可靠的几种激素疗法介绍于下。

(1) 促黄体素（LH）制剂 常用于治疗卵巢囊肿的外源性促黄体素是人绒毛膜促性腺激素（HCG）和猪、羊垂体提取物（GTH）两种。HCG 用于牛、马的剂量是静脉注射 5000 国际单位或肌内注射 10000 国际单位；GTH 牛 100～200 国际单位，马 200～400 国际单位，肌内注射或静脉注射。

LH 制剂治疗卵巢囊肿的治愈率平均为 75％。产生效应的病牛经常在治疗后 20～30d 出现发情周期循环，因而，除非病牛持续表现强烈的慕雄狂征象，在治疗后 3～4 周一般不需要重复用药。

LH 是蛋白质激素，给病畜重复注射可引起过敏反应；而且应用多次之后，由于产生抗体而疗效降低，使用时应当注意。

HCG 也可以用于腹腔或囊肿内注射，而且用量较小（1000～2000 国际单位），比较经济；但操作复杂，且有副作用，牛用后双胎或三胎的比率增高，并可引起胎膜和胎儿水肿、肝和肾脏变性。

（2）促性腺激素释放激素（GnRH）类似物　牛、马肌内注射 0.5～1.0mg。GnRH 类似物现有的国产制剂有 LRH-A、LRH-A$_3$ 及 LRH-Ⅱ 等。

GnRH 用于卵巢囊肿效果显著，治疗后产生效应的母牛大多数在 18～23d 发情。患牛的治愈率、从治疗至第一次发情的间隔时间及受胎率和应用 HCG 的效果相似；而且重复应用发生过敏反应者极少，也不会降低疗效。GnRH 还有预防作用，产后第 12～14 天给母牛注射 GnRH 可以制止卵巢囊肿的发生。

（3）孕酮　牛每次肌内注射 50～100mg，每日或隔日一次，连用 2～7 次，总量 200～700mg。

实践证明，应用外源性孕酮治疗卵巢囊肿是有效的，可使 60%～70% 的病牛恢复周期循环；但它引起囊肿消退的机制尚未完全确定。根据经验，注射孕酮 2～3 次以后，见效的母牛性兴奋及慕雄狂的症状消失，经过 10～20d 恢复正常发情，而且可以受孕。

（4）前列腺素 F$_{2a}$（PGF$_{2a}$）及其类似物　PGF$_{2a}$ 对卵巢囊肿无直接治疗作用，而是继 GnRH 之后应用可以提高效果，缩短从治疗至第一次发情的间隔时间。应用 GnRH 后第 9 天注射 PGF$_{2a}$，病畜治疗后开始发情的时间可从 18～23d 缩短到平均 12d。PGF$_{2a}$ 的用法及用量：一般牛、马肌内注射 2～8mg/头（匹），猪、羊肌内注射 1～2mg/头（只）。

（5）地塞米松（氟美松）　牛肌内注射 10～20mg/头。对多次应用其他激素治疗无效的病例可能收到效果。

（6）黄体酮　马肌内注射黄体酮每次 50～100mg，隔天 1 次，连用 3～4 次。

在能鉴别卵泡囊肿与黄体囊肿的情况下，可采取针对性治疗。

① 卵泡囊肿：首选是人绒毛膜促性腺激素 10000～20000 国际单位，肌内注射，每天注射 1 次，连用 3d。孕激素治疗卵泡囊肿效果也较理想，大家畜一次肌内注射 50～150mg，连日或隔日进行，连续 7 次为一疗程。如对奶牛卵泡囊肿，也可用垂体促黄体素一次肌内注射 200～400 国际单位，一般 3～6d 后囊肿症状消失，形成黄体，15～20d 恢复正常发情。如用药 1 周后仍未见好转，可第二次用药，剂量比第一次稍增大。

② 黄体囊肿：首选是 PGF$_{2a}$ 及其类似物，一般牛、马 2～8mg，猪、羊 1～2mg，肌内注射。

2. 中草药疗法

中兽医学上，对母畜阴亏、胎热不孕（卵泡囊肿、多卵泡、排卵困难等），采用养阴凉胎，促进卵泡成熟、排卵。

［处方一］

山药 30g、芋肉 15g、茯苓 24g、生地黄 30g、白术 15g、酒黄柏 30g、当归 45g、酒黄芩 30g、白芍 18g、秦艽 24g、菟丝子 80g、覆盆子 30g、何首乌 21g、紫石英 15g、甘草 15g，姜枣作引，研末，开水冲，待温灌服。从母畜发情后第 1 天开始，上药连服 2 剂，于第 4 天配种。

［处方二］

益母草 65g、淫羊藿 30g、鸡冠花 60g、红花 30g；用法：非铁制容器水煎，灌服（亦可拌在精料中，连药渣一同食入），连用 3d。

[**处方三**]

麦芽川归散：大麦芽 120g，川芎、当归、公丁香、广木香各 45g，益母草、淫羊藿各 40g，月季花根、阳雀花根、醋香附、神曲各 30g，硫黄 10g，木通根（八月瓜根）120g，鸡蛋 10 个，白酒 60～100mL。

用法用量：此药方除白酒、鸡蛋外，余药炒焦碾细为末备用。将药末加适量温水，调成糊状后加入白酒、鸡蛋灌服（猪可停食一餐，按上法拌成的药剂，再拌少量精料，让其自食），中等体重的母畜，每剂作 1 次服，每日 1 次，连服两剂为 1 个疗程（猪的用量为此方 1/2 量为 1 剂），服药后，在 1 个情期不发情，再服第 3 剂。在实践中，可根据畜体衰弱，体重大小，有兼症酌情增减。

[**处方四**]

三棱 30g，苍术 30g，香附 30g，藿香 30g，青皮 25g，陈皮 25g，桂枝 25g，益智 25g，肉桂 15g，甘草 10g。共为细末，开水冲，候温灌服。

3. 中成药治疗

应用促孕一剂灵进行治疗。此药为家畜不孕症的纯中草药制剂。

(1) 用法用量 奶牛、水牛 450g，黄牛、肉牛、马、驴 300g，猪、羊 200g 或 1～1.5g/kg。用开水冲调为粥状候温灌服。用药后经 18～20d 见母畜发情，还需重复给药一次即可进行配种。

(2) 特点

① 适用范围广。该药对牛、猪、羊、马、驴等多种家畜子宫炎症、习惯性流产、卵巢囊肿、持久黄体等症均可治疗。

② 疗效显著。

③ 使用安全方便，见效快，无任何毒副作用，易于推广应用。

4. 穿刺手术疗法

母牛：一手在直肠内固定卵巢，另一手（或助手）用长针头从体外肷部刺入囊肿，用注射器抽出囊肿液后，同时注入人绒毛膜促性腺激素 2000～5000 国际单位、青霉素 80 万国际单位和地塞米松 10mg 于囊肿腔内。

卵巢囊肿如伴有子宫疾病，应同时加以治疗，方能达到预期的效果，否则易复发。如对患有子宫炎的母猪，在应用抗生素治疗的同时，配合应用 40℃ 的生理盐水冲洗子宫，冲洗后往子宫内注射抗生素或磺胺类药物，有利于局部炎症的尽快消除。

五、预防

科学饲养，牛（黄牛、水牛）、马、驴等合理使役，奶牛合理挤奶，控制母畜体重及膘情，日粮全价，营养全面，饲料及饲草不可单一，看膘补料，防止母畜过瘦或过肥。母畜患子宫内膜炎、子宫颈炎、卵巢炎以及其他全身系统疾病应及时治疗。应用雌激素类药物治疗疾病时，要合理使用，防止量过多。

第三节　持久黄体

在性周期或分娩之后，性周期黄体或妊娠黄体持续存在而不消失的，称为持久黄体。在组织结构和对机体的生理作用方面，持久黄体与怀孕（妊娠）黄体或性周期黄体没有区别。持久黄体同样可以分泌孕酮，抑制卵泡发育，使发情周期停止循环，因而引起不育。此病多见于母牛，而且多数是继发于某些子宫疾病；原发性的持久黄体或其他家畜患此病的比较少见。

一、病因

舍饲时，运动不足、饲料单纯、缺乏矿物质及维生素等，都可引起黄体滞留。持久黄体容易发生于产乳量高的母牛。冬季寒冷且饲料不足，常常发生持久黄体。此病也和子宫疾病有着密切的关系；子宫炎、子宫积脓及积水、胎儿死亡未被排出、产后子宫复旧不全、部分胎衣滞留及子宫肿瘤，都会使黄体不能正常消退，而成为持久黄体。

二、症状及诊断

持久黄体的主要特征是发情周期停止循环，母畜表现长期不发情。阴道检查发现阴道黏膜苍白、干涩，子宫颈关闭；直肠检查可发现一侧（有时为两侧）卵巢增大，感到一侧或两侧卵巢上有黄体存在，黄体略突出于卵巢表面，呈蘑菇状，触之粗糙而坚硬，感觉它们的质地比卵巢质硬。

如果母畜超过了应当发情的时间而不发情，间隔一定时间（10～14d），经过两次以上的检查，在卵巢的同一部位触到同样的黄体，即可诊断为持久黄体。为了和怀孕黄体区别，必须仔细触诊子宫。

有持久黄体存在时，子宫可能没有变化，但有时松软下垂，稍为粗大，触诊没有收缩反应。

三、预后

无并发症者，预后良好。改进饲养管理，增加运动或放牧，减少挤乳量，可使黄体消退，发情周期恢复正常，但所需时间较长。对于绝大多数病例，采用适当治疗措施之后，黄体在数天之内即可消失，出现发情；但在衰老、全身健康状况不佳的家畜或是因生殖器官疾病而发生的持久黄体，预后应当谨慎。

四、治疗

持久黄体可以看作是在健康状况不佳的情况下，防止母畜怀孕的自然保护现象。因而治疗持久黄体首先应从改善饲养、管理及利用并治疗所患疾病着手，才能收到良好效果。

1. 激素疗法

前列腺素 F_{2a} 及其合成的类似物，是疗效确实的溶黄体剂，患畜应用之后绝大多数可望于 3～5d 发情，有些配种后也能受孕。现将这类药品中常见的几种及其参考剂量分列于后。

(1) 前列腺素 F_{2a}　牛肌内注射 5～10mg，马肌内注射 2.5～8mg，猪、羊肌内注射 1～2mg，每天一次，连用两次。PGF_{2a} 阴唇黏膜下注射，效果尤为明显，且用量仅为肌内注射的一半；若在有黄体的卵巢一侧的黏膜下注射，则疗效更为突出。或者按每千克体重 9μg 计算用药。

(2) 氟前列烯醇　又名 Fluprostenol 或 ICI-81008，商品名 Epuimate，主要用于马，肌内注射 0.125～0.25mg；也可用于牛，肌内注射 0.5～1mg。必要时隔 7～10d 再行注射。

(3) 氯前列烯醇　又名 Cloprostenol 或 ICI-80996。牛用的氯前列烯醇，商品名为 Estrumate，一次肌内注射 0.5～1mg；或向子宫内灌注 0.2～0.3mg；还可用 0.1%碘溶液冲洗子宫进行辅助治疗。猪用的商品名为 Planate，2mL 安瓿含主药 175μg，一次肌内注射。

(4) 15-甲基前列腺素 F_{2a}　此药为国内目前常用的前列腺素类似物，其 2mL 安瓿含主药 2mg，牛肌内注射 2～3mg。

上述 4 种药品治疗持久黄体一般注射一次即可奏效，如有必要可隔 10～12d 再注射一次。

(5) 促卵泡素　肌内注射促卵泡素 100～200 国际单位，溶于 5～10mL 生理盐水中，每隔 3d 注射一次，连续三次为一疗程，疗效也较好。

前列腺素 F_{2a} 对马，特别是剂量较大时，易发生腹痛、腹泻、食欲减退和出汗等副作用，但大多数经过数小时可自行消失。其合成的类似物如氟前列腺烯醇、氯前列烯醇等，超过治疗剂量5～6倍才会出现副作用。

2. 中草药疗法

[处方一]

黄花、当归、党参、陈皮、益母草各30g，川芎、炮姜各24g，白术、吴茱萸、炙香附各15g，红花10g，共研末，黄酒、红糖各120g，用开水冲调，候温灌服，连用3d。

[处方二]

益母草65g、淫羊藿30g、茯苓24g、当归45g、白芍18g、陈皮20g、菟丝子80g、红花30g，水煎，灌服或拌料，连用3d。

3. 中成药治疗

应用促孕一剂灵进行治疗。用法用量：奶牛、水牛450g，黄牛、肉牛、马、驴300g，猪、羊200g或1～1.5g/kg。用开水冲调为粥状候温灌服。用药后见母畜发情时，还需重复给药一次即可进行配种。

五、预防

母畜的饲料营养要全面，要合理搭配一些矿物质及维生素等，防止过度使役、过度挤奶和饥饿，冬季注意防寒保暖和补料，及时治疗生殖系统疾病等。

 案例分析

[病例] 母牛持久黄体

[疗法] 肌内注射前列腺素5～10mg。

[效果] 黄体自行消退，母牛体况逐渐恢复，发情表现正常，配种即怀孕。

[分析] 饲养管理不当，子宫疾病均可影响黄体退缩和吸收，肌内注射前列腺素可促进黄体退缩和吸收。

目标检测题

一、名词解释

1. 卵巢功能减退　2. 卵泡囊肿　3. 黄体囊肿　4. 持久黄体

二、填空题

1. 刺激或增强家畜卵巢功能的主要方法有_____、_____、_____、_____等。

2. 子宫热浴治疗大家畜卵巢功能减退，常用的溶液有_____、_____，溶液加温至____℃，溶液在子宫内停留时间为_____min。

3. 卵巢囊肿可分为_____、_____两种。

4. 持久黄体的主要特征是_____。

三、问答题

1. 卵巢功能减退有哪些主要症状，治疗措施是什么？

2. 剂量过大或长期应用雌激素治疗卵巢功能减退会产生什么副作用？

3. 卵泡囊肿、黄体囊肿有哪些主要特征及治疗方法？

4. 如何治疗持久黄体？

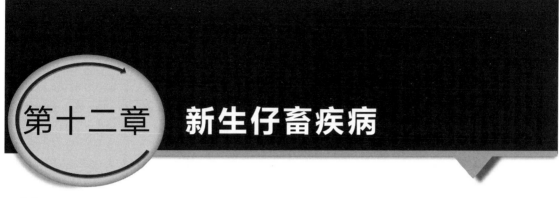

第十二章 新生仔畜疾病

知识目标

1. 了解新生仔畜窒息、胎便停滞、脐炎的病因和症状特征。
2. 了解肛门闭锁不全、新生犊牛搐搦的病因和症状特征。

技能目标

1. 能进行新生仔畜窒息、胎便停滞、脐炎的诊断和防治操作。
2. 能进行肛门闭锁不全、新生犊牛搐搦的诊断和防治操作。

第一节　新生仔畜窒息

新生仔畜窒息又称假死，仔畜刚出生后，呼吸出现障碍或完全停止呼吸，而心脏尚在跳动，必须及时救治，否则往往导致死亡。此病常见于马和猪。

一、病因

① 由于产道干燥、狭窄，胎儿过大，胎位及胎势不正等，使胎儿不能及时排出而停滞于产道。

② 骨盆前置，脐带自身缠绕，使胎儿血液循环受阻。

③ 尿膜、羊膜未及时破裂，造成胎儿严重缺氧，刺激胎儿过早呼吸，致使羊水被胎儿吸入呼吸道而发生窒息。

④ 分娩前母畜过度疲劳，贫血及大出血，或患有高热疾病或全身性疾病，使胎儿缺氧或使胎儿胎盘过早脱离母体。

二、症状

因窒息的程度不同，分为轻度窒息和重度窒息两种。

（1）轻度窒息（又称青色窒息）　表现为呼吸微弱而短促，吸气时张口并强烈扩张胸壁，两次呼吸间隔延长，结膜发绀，舌脱垂于口外，口鼻内充满黏液，听诊肺部有湿性啰音，心跳及脉搏快而无力，四肢活动能力很弱，但角膜反射存在。

（2）重度窒息（又称白色窒息）　表现为呼吸停止，呈假死状态。黏膜苍白，全身松软，反射消失，心跳微弱，脉不感手。

三、治疗

方法有两种：一是使仔畜呼吸道畅通；二是兴奋仔畜呼吸中枢，使其表现自主呼吸。通常采用如下规程。

（1） 用布擦净鼻孔及口腔内的羊水，以浸有氨溶液的棉球放于仔畜鼻孔旁边，或刺激鼻腔黏膜；可倒提仔畜抖动、甩动，或拍击颈部及臀部；冷水突然喷击仔畜头部；将头以下部分浸泡于45℃左右温水中；徐徐从鼻吹入空气；针刺山根、蹄头、耳尖及尾根等穴位，都有刺激呼吸反射而诱发呼吸的作用。

（2）人工呼吸　呼吸道畅通后，立即做人工呼吸。其方法如下。

① 有节律地按压仔畜腹部。

② 从两侧捏住肋部，交替地扩张和压迫胸壁，同时助手在扩张胸壁时将仔畜舌适度拉出口外，在压迫胸壁时将舌送回口内。

③ 握住两前肢，前后拉动，以交替扩展和压迫胸壁。

人工呼吸使仔畜呼吸恢复后，常在短时间内又复停止。因此应坚持一段时间，直至出现正常呼吸。

（3）可选用刺激呼吸中枢的药物　如尼可刹米、山梗菜碱、肾上腺素、咖啡因等，从脐血管注射疗效较好。

第二节　胎便停滞

新生仔畜胎便停滞，主要是指仔畜出生一日后，因秘结而不排胎粪，并伴有腹痛症状。此病多见于幼驹、犊牛或羔羊。胎粪常秘结于直肠或小肠部位。

一、病因

母畜营养不良、初乳品质不佳、缺乳、无乳，仔畜吃不到初乳，体弱、先天性发育不良或早产的仔畜易发生便秘。

二、症状

胎儿出生后一日以上仍不排粪，精神不好、拱背、摇尾、努责、频作排便姿势而无便排出。有时踢腹、卧地，并回顾腹部，偶尔腹痛剧烈，前肢抱头打滚等腹痛症状；患病仔畜吃奶次数减少，听诊肠音减弱或消失；以后精神沉郁，不吃奶，结膜潮红带黄色，呼吸、心跳加快，脉搏加快，全身无力；后期卧地不起，逐渐全身衰竭，呈现自体中毒症状。有的羔羊排粪时大声咩叫，由于粪块堵塞肛门，继发肠臌气。如用手指进行直肠检查，触到硬固的粪块，即可确诊。在羔羊则为很黏的稠粪或硬粪块。有的病驹特别是公驹，在骨盆入口处常有较大的硬粪块阻塞。

三、治疗

原则是滑润肠道和促进肠道蠕动。

用温肥皂水深部灌肠，或给予轻泻剂。可服用石蜡油100～250mL（幼驹）（羔羊5～15mL）或硫酸钠20g，并同时灌服酚酞0.1～0.2g，但不宜给予峻泻剂，以免引起顽固性腹泻。可将油胶管插入患畜直肠内30～50cm，进行直肠深部灌肠，必要时经2～3h后，再灌1次，也可灌入开塞露20mL，或内服适量硫酸钠或露露通胶囊，同时配合按摩腹部促使粪便排出。在骨盆入口处有较大的硬粪块阻塞而无法灌肠时，可试行将粪块拉出后再灌肠。若上述方法无效，可施行剖腹术，挤压肠壁使粪便排出，或切开肠壁取出粪块。在采用上述方法的同时，要根据患畜的机体状况，如有自体中毒症状，必须及时采取补液、强心、解毒及抗感染等治疗措施。

四、预防

为了预防仔畜便秘，妊娠后期必须改善母畜饲养状况，给予全价饲料，以保证胎儿的正常生长发育。仔畜出生后，应使其尽快吃到足够的初乳，以增强其抵抗力，促进肠蠕动。

第三节　脐炎

脐炎是新生仔畜脐血管及其周围组织由于细菌感染而发炎。此病见于各种仔畜，但主要见于犊牛和驹。

一、病因

接产时对脐带消毒不严、脐带受到污染及尿液浸渍、小牛或仔猪彼此吸吮脐带等，均可使脐带遭受细菌感染而发炎。

二、症状

病初脐孔周围发热、充血、肿胀和疼痛，仔畜表现拱背，不愿行走。处理不当，可形成脓肿或溃疡。脐带坏疽时，脐带残段呈污红色，有恶臭味。除掉脐带残段后，脐孔处肉芽赘生，形成溃疡，常附有脓性分泌物。如化脓菌及其毒素由血液侵入肝、肺、肾及其他器官，即引起败血症或脓毒血症。有时也可继发破伤风。

三、治疗

治疗时可在脐孔周围皮下注射青霉素溶液，并局部涂以等量的松节油与 5% 碘酊合剂。如形成脓肿，对脓肿应按化脓创进行处理。如发生坏疽，必须切除脐带残段，除去坏死组织，用消毒药清洗后，涂以防腐药或 5% 碘酊。形成瘘管时，用消毒药液尽可能洗净其脓汁，并涂注消毒防腐药液。为防止炎症扩散，应全身应用抗生素。

四、预防

保持产房、产圈清洁干燥。在接产时一般不结扎脐带，而经常涂擦碘酊，防止感染，促进其迅速干燥、坏死和自然脱落。防止仔畜混养时互舔脐带。

第四节　直肠及肛门闭锁不全

直肠及肛门闭锁不全是肛门及直肠的一种先天性闭锁畸形：肛门被皮肤所封闭，或直肠末端形成盲囊，或结肠一部分闭锁或缺乏一段肠管，均属隐性基因遗传所致。偶见于仔猪和骡驹，其他家畜极少见。

一、症状

患病仔畜因排不出胎粪而表现不安和努责。1～2d 后精神不振，食欲减退，腹部膨胀，起卧滚转，逐渐出现自体中毒现象。

二、诊断

肛门闭锁容易诊断。直肠闭锁须用手指进行直肠检查才能确诊。结肠闭锁畸形常与便秘混淆，但通过温肥皂水深部灌肠后如仍无胎粪排出，可作出诊断。X 线造影和剖腹探查可帮助确诊。

三、治疗

肛门闭锁采用人造肛门手术治疗；其他闭锁畸形无治疗意义。避免近亲繁殖，有助于预防本病的发生。

第五节　新生犊牛搐搦

本病多发生于 2～7 日龄的犊牛。特征为发病突然，表现强直性痉挛，继之出现惊厥和知觉消失；病程短，死亡率高。

一、病因

本病病因不详，有人认为是胚胎期间母体矿物质不足，由急性钙、镁缺乏引起的。也有人认为是镁代谢紊乱引起的。

二、症状

犊牛突然发病，多站立，颈伸直，呈强直性痉挛。口不断空嚼，唇边有白色泡沫，并由口角流出大量带泡沫的涎水。继则眼球震颤，牙关紧闭，呈全身性痉挛，角弓反张，随即死亡。

三、治疗

本病可选用下列处方试治。

［处方一］

10％氯化钙注射液 20mL，25％硫酸镁注射液 10mL，20％葡萄糖注射液 20mL，混合 1 次静脉注射。

［处方二］

25％硫酸镁注射液 20mL，分 3～4 个点肌内注射；10％氯化钙注射液 20mL，1 次静脉注射。

［处方三］

氯化钙 2～4g，氯化镁 1～2g，葡萄糖 2～4g，蒸馏水 20～40mL，溶解、滤过、煮沸灭菌，待温后 1 次静脉注射。

四、预防

对妊娠后期母牛应供给全价饲料，注意磷、钙平衡，多晒太阳，保证充足的运动。

 案例分析

［病例］ 新生犊牛抽搐

［疗法］ 钙糖片 4g、鱼肝油 10 粒、维生素 B 50mg，混合后 1 次内服，1 次/天，连用 4d。同时，用维丁胶性钙 6 支、维生素 AD 6 支、维生素 B_{12} 6 支，肌内注射，1 次/天，连用 5d。同时配合内服乳酶生 0.3g×10 片、鱼肝油 5 粒，连用 4d。

［效果］ 犊牛能够站立，其他症状逐渐消失。

［分析］ 母牛怀孕期间长时间采食缺乏钙或磷的饲草饲料，造成日粮钙、磷比例失调，导致钙、磷因吸收障碍而缺乏。另外，当孕牛胃肠黏膜发生卡他性炎症时，对矿物质、维生素 A、维生素 D 的消化和吸收发生障碍，导致机体内营养物质缺乏，从而造成犊牛先天性矿物质和微量元素缺乏。

目标检测题

一、名词解释

1. 新生仔畜假死　2. 胎便停滞　3. 脐炎

二、填空题

1. 新生仔畜假死的主要治疗方法有＿＿＿＿＿＿、＿＿＿＿＿＿两种。

2. 胎便停滞治疗原则是＿＿＿＿＿＿、＿＿＿＿＿＿。

三、问答题

1. 新生仔畜胎便停滞的原因及治疗方法有哪些？

2. 仔畜脐炎的原因及防治措施有哪些？

3. 如何通过手术方法治疗新生仔畜直肠及肛门闭锁？

第十三章 乳房疾病

知识目标

1. 了解乳房炎的病因和症状特征。
2. 了解乳房水肿、乳房创伤、漏乳、血乳、酒精阳性乳的病因和症状特征。

技能目标

1. 能进行乳房炎的诊断和防治操作。
2. 能进行乳房水肿、乳房创伤、漏乳、血乳、酒精阳性乳的诊断和防治操作。

第一节　乳房炎

乳房炎是母畜乳腺由各种病因引起的炎症，多发生在乳用家畜上，特别是乳牛乳房炎更为常见。奶牛乳房炎不仅影响泌乳牛产奶量，降低牛场经济效益，而且还严重影响乳汁质量，进而影响人体健康。据报道，奶牛乳房炎发病率为 20%～60%。

一、乳房炎的病原和发病机制

1. 病因

① 畜舍卫生条件不良，病原体由乳头进入乳管，并上行到乳腺组织引起发炎。

② 挤乳技术不当造成乳头管损伤或挤奶不净或偶尔挤乳间隔太长，使乳汁滞留于乳房内，病原体易进入乳头管发生乳房炎。

③ 乳房受到打击、冲撞、挤压、摩擦、踢蹬、冻伤等因素的作用或幼畜咬伤乳头等使乳房损伤，病原体感染而引起。

④ 饲料中毒、胃肠疾病、生殖器官的炎症及子宫疾病时毒素的吸收可继发乳房炎。

2. 病原

引起乳房炎的病原有细菌、真菌、病毒、霉形体等，主要的病原是链球菌属、金黄色葡萄球菌、大肠杆菌。其中，引起奶牛乳房炎最主要的病原菌是无乳链球菌和金黄色葡萄球菌。

3. 发病机制

乳房炎是由于外界微生物入侵乳腺而发生的炎症，其发病过程包括侵入、感染和发炎三个阶段。

① 侵入阶段　指病原体穿过乳头屏障、血液或皮肤创口侵入乳头管的阶段。侵入的病原体定位于乳头管。由于受母畜体质、细菌的数量和毒力、乳头内抗菌物质等影响，病原微生物呈现出不同的致病作用，母畜表现出不同的症状。轻度炎症，受害乳房的血管损伤较轻，血液成分渗出较少，乳中白细胞有所增加，临床症状不明显，此时，呈隐性感染，即称隐性乳

房炎。

② 复制阶段　随着机体抵抗力的降低，病原体在乳房内继续生长、繁殖，或细菌继续侵入而发生重复感染。病原体由乳头管扩散到乳房的其他部位。

③ 发炎阶段　病原体数量增多，毒力增强，引起乳房组织炎症加重，乳房血管渗透性增高，血管内大量的有形成分进入腺泡内，致使乳房明显肿胀，乳汁变性；当腺泡破坏严重时，泌乳停止，临床上可见明显症状，即称临床型乳房炎。当细菌、毒素及其分解产物吸收入血，对全身呈现毒性作用时，全身反应明显，表现出体温升高，食欲废绝。

轻微炎症缓解后，受损伤的乳房产奶量将逐渐恢复；中度感染，受损伤的乳房恢复时间较长；严重损伤者，损伤的腺泡将形成瘢痕组织，以致发生纤维化、萎缩，泌乳能力消失。

二、乳房炎的临床症状

1. 临床型乳房炎

为乳房间质、实质或间质实质组织的炎症。其特征是乳汁变性、乳房组织不同程度地呈现肿胀、温热和疼痛。根据病程长短和病情严重程度不同，可分为最急性乳房炎、急性乳房炎、亚急性乳房炎和慢性乳房炎。

(1) 最急性乳房炎　发病突然，发展迅速，多发生于 1 个乳房，患病乳房明显肿大，坚硬如石，皮肤发紫、龟裂、疼痛明显，产奶量剧减。全身症状显著，食欲废绝，体温升高至 $41.5 \sim 42 ℃$，呈稽留热型，心跳增速达 $110 \sim 130$ 次/min，呼吸增数，精神沉郁，粪便黑干，肌肉软弱无力，不愿走动，喜卧，迅速消瘦。

(2) 急性乳房炎　病情较最急性缓和，发病后乳房肿大，皮肤发红，疼痛明显，质硬，乳房内可摸到硬块，有躲避和踢人表现，全身症状较轻，精神尚好，体温正常或稍升高，食欲减退，奶量下降为正常时的 $1/3 \sim 1/2$，乳汁呈灰白色，内混有大小不等的奶块、絮状物。

(3) 亚急性乳房炎　发病缓和，患乳房红、肿、热、痛不明显；食欲、体温、脉率等全身反应均正常；乳汁稍稀薄，呈灰白色，乳内含絮状物或乳凝块。体细胞数增加，pH 值偏高，氯化钠含量增加。

(4) 慢性乳房炎　由急性转变而来，反复发生，病程长。乳产量下降，药物反应差。最先挤出的几手乳汁有块状物，以后挤出乳汁肉眼观察正常；乳房有大小不等硬结。由于反复经乳头管内注射药物，乳头管呈一条绳索样的硬条，挤乳困难。乳头变小，乳房下部有硬区。

2. 隐性乳房炎

又称亚临床型乳房炎。病畜无临床症状表现，乳房和乳汁无肉眼可见异常。但乳汁理化性质、细菌学有明显变化，具体表现：pH 值 7.0 以上，呈偏碱性，乳内有奶块、絮状物、纤维，氯化钠含量在 0.14% 以上，体细胞数在 50 万个/mL 以上，细菌数和电导值增高等。

三、乳房炎的诊断

1. 临床型乳房炎的诊断

通过视诊和触诊检查病畜的乳房、乳汁及进行必要的全身检查。以乳房红、肿、热、痛，泌乳减少及乳汁的性状异常为依据，即可确诊。

2. 隐性乳房炎的诊断

根据乳汁在理化性质、细菌学上发生的变化可确诊。

(1) 物理检查　主要检查牛乳中有无沉淀物或乳凝块。常用杯滤法，即在杯上安装金属筛网，通过过滤，若发现有乳块、絮状物或纤维丝等沉淀，即可确诊为患有乳房炎。也可用乳房炎检测仪进行测定，导电率上升，可以诊断为隐性乳房炎。

(2) 间接检查法　向乳汁加入烷基丙烯基磺（硫）酸盐，根据是否出现凝块来判断。

（3）乳汁体细胞计数 通过显微镜计数法、电子计数法直接计算母畜乳中的体细胞数，来判定是否患有乳房炎。一般认为，奶牛乳中体细胞高于 50 万个/mL，奶山羊乳中体细胞超过 100 万个/mL，绵羊乳中体细胞超过 30 万个/mL，可认为患有乳房炎。

四、乳房炎的治疗

1. 临床型乳房炎的治疗

治疗原则是消灭病原微生物，抑制和控制炎症过程，改善奶牛全身状况，防止败血症。

（1）向乳房内注入药物 每次挤乳后立即向乳房注射药物是治疗乳房炎最常用、简便、有效的方法。乳房注射应注意：严格消毒乳导管、乳头；挤净乳房内的乳汁及残留物；根据药敏试验选用抗菌药物。常用的灌注药物及剂量为青霉素 320 万国际单位；邻氯青霉素 500mg；邻氯青霉素 200mg＋氨苄青霉素 75mg；螺旋霉素 250mg；利福霉素 100mg；链霉素 1g＋青霉素 160 万国际单位；新霉素 500mg 等。

（2）肌内注射或静脉注射抗生素 对于全身症状明显或患急性乳房炎的病牛，应该采用全身抗生素疗法。临床上常用的是青霉素 350 万国际单位，链霉素 4g，一次肌内注射，每天 2 次；四环素按每天每千克体重 5～10mg，分两次静脉注射，严重者可增加至 2～3 倍量；磺胺二甲嘧啶每千克体重 200g 肌内注射。

（3）封闭疗法 用 0.25％～0.5％盐酸普鲁卡因溶液进行静脉封闭、乳房基底封闭、会阴神经封闭。

① 静脉封闭：用 400～500mL 药液，在颈静脉一次注射。

② 乳房基底封闭：在乳房前叶或后叶基部之上，紧贴腹壁刺入 8～10cm，每个乳叶注入 0.25％～0.5％盐酸普鲁卡因溶液 150～200mL。

③ 会阴神经封闭：部位是在阴唇下联合，即坐骨弓上方正中的凹陷处。局部消毒后，左手拇指按压在凹陷处，右手持封闭针头向患侧刺入 1.5～2cm，注入药液 10～20mL。药液加入 40 万～80 万国际单位青霉素则可提高疗效。

④ 中药疗法：常用公英地丁汤、黄芪散等。

⑤ 对症疗法：根据病情，可注射 10％～25％葡萄糖液 500～1000mL，5％碳酸氢钠液 500～1000mL，10％～20％葡萄糖酸钙 500～1000mL。

2. 隐性乳房炎的治疗

一般不用抗生素治疗，而是采取提高机体防御能力、控制其阳性率增加的措施，降低其阳性率。具体办法如下。

（1）盐酸左旋咪唑的应用 在泌乳期按每千克体重 7.5mg 1 次内服，按每千克 3mL 进行肌内注射，1 个月后，阳性乳房数明显下降。

（2）内服云苔子 剂量为 250～300g，一次内服，隔天 1 剂，3 剂为 1 疗程。

（3）补充亚硒酸钠 每头奶牛每日补硒 2mg。

五、乳房炎的预防

（1）挤奶卫生 母牛要整体清洁，尤其是乳房要清洁、干燥。乳头在套上挤奶杯前，用最少量的水冲洗，用纸巾清洁和擦干。

（2）乳头浸浴 在每次挤奶后，使用 0.5％洗必泰、3％～4％次氯酸钠、0.5％～1％威力碘溶液浸没整个乳头，可大大降低乳房炎的发生。

（3）干奶期预防 在泌乳期最后一天，给母牛的每个乳房注入复方（长效）青霉素油剂、干奶安、复方氟哌酸制剂等药物。

（4）及时淘汰患有慢性或顽固性疾病的牛。

（5）**隔离病牛**，以避免因牛的引进或出入而感染。

（6）**定期维护挤奶机** 保持挤奶机的真空稳定性和正常的脉动频率，及时清洁和更换奶杯的"衬里"。

（7）**定期进行隐性乳房炎检测** 根据检测结果采取相应的防治措施。

第二节 其他乳房疾病

一、乳房水肿

乳房水肿又称乳房浆液性水肿，是母畜在分娩前后发生的乳房皮下及乳腺间质组织液过量蓄积。多见于奶牛，尤其以第一胎及高产奶牛发病较多。可导致产奶量降低，重者可永久损伤乳房悬韧带和组织，使乳房下垂，并诱发乳房皮肤病和乳房炎。

1. 病因

① 乳房淋巴液回流不畅或淋巴外渗引起。

② 乳房血流瘀滞所致。

③ 心脏功能不良，全身循环紊乱。

④ 缺乏运动以及饲料品质不良。

2. 症状

① 水肿仅限于乳房。一般是整个乳房的皮下及间质发生水肿，以乳房下半部较为明显。也有水肿局限于两个乳房或一个乳房的。多数病牛从分娩前就表现食欲不振，到分娩后 7d 左右，乳房膨胀，急剧下垂。

② 乳房皮肤紧张，发红光亮，无热无痛，皮温低，指压留有指印，因水肿乳头变得粗而短，使挤奶困难。病程长时，水肿部由于结缔组织增生而变硬实，逐渐蔓延到乳腺小叶间结缔组织间质中，使后者增厚，引起腺体萎缩。当整个乳房肿大而硬结时，产奶量显著降低。

③ 一般无全身症状，照常泌乳，乳汁也无明显变化，仅乳房呈现皮下浸润性肿胀。严重的水肿可波及到乳房基底前端、会阴部、下腹部及四肢上部，甚至乳镜、乳上淋巴结和阴门。患牛后肢张开站立，母牛行走、起卧困难，易遭受外界损伤，并发乳房炎后，病状显著恶化。

3. 诊断

根据病史和症状不难诊断，但需与乳房血肿、腹部疝、乳房炎进行鉴别。

4. 治疗

（1）**轻度水肿** 大部分病例为轻度水肿，不需治疗。一般在产后 7～10d 水肿可自行消散，不影响产奶量及乳汁质量。适当增加运动，每日 3 次按摩乳房和冷热水交换擦洗，减少精料和多汁饲料，适量减少饮水等有助于水肿的消退。

（2）**严重水肿** 病程长和严重的病例需用药物治疗。

① 用 40～50℃ 温水或 20% 硫酸镁热敷水肿部位。也可用樟脑软膏、碘软膏、鱼石脂软膏、松节油涂布。

② 口服双氢氯噻嗪：牛、马 1g，猪、羊 0.1g，犬及其他小动物 0.05g。每日一次，连用 3d。

③ 肌内注射安钠咖：牛、马 2～5g，猪、羊 0.5～1g，犬及其他小动物 0.1～0.3g。每日一次，连用 3d。

④ 肌内注射速尿：各种动物注射剂量为 0.5～1mg/kg，每天一次，连用 2～3d。

⑤ 将 25% 葡萄糖注射液 1000mL、10% 葡萄糖酸钙（或 10% 氯化钙）注射液 200mL、20% 安钠咖注射液 20mL 混合后，给牛、马静脉注射 1 次，每日 1 次，连用 2～3 次。

⑥ 内服当归散、白术散等中药。

二、乳房创伤

乳房创伤是乳房及乳头皮肤、皮下组织、悬吊结构及腺体组织的完整性因外力作用而遭到破坏和损伤的一种疾病。多见于奶牛和奶山羊等乳用家畜。

1. 病因

① 因乳房较大并过于下垂，在起卧时被自己的后蹄踏伤所致。

② 卧地时，乳头暴露在外，被邻近家畜的后蹄踏伤所致。

③ 乳房被尖锐的物体如针、钉、玻璃片、铁片、刺线等割刺或被老鼠咬伤所致。

2. 症状

乳房创伤主要表现为出血、伤口裂开、疼痛等基本症状。常见的乳房创伤主要包括以下四种。

(1) 轻度外伤 表现为皮肤擦伤、皮肤及皮下浅部组织的创伤等，可继发感染。

(2) 深部创伤 多为刺创，可见乳汁通过创口外流。病初乳汁中含有血液。深层创伤波及实质时，创口有乳汁流出；如为乳头壁的穿透创，则经常流乳。乳腺深层创，由于乳汁不断流出，不易愈合，并易受感染而发生蜂窝织炎及化脓性乳房炎。

(3) 乳房血肿 皮肤不一定有外伤症状。轻度挫伤，血管少量出血，血肿不大，血液不久能够完全吸收痊愈。较大的血肿，往往从乳房表面突起。血肿初期有波动感，穿刺可放出血液，以后变成凝血块，触诊有弹性，穿刺时多不流血。深部血肿可并发血乳。大血肿不能完全被吸收时，形成结缔组织包膜，触诊时如硬实瘤体。在乳房基底严重出血，形成血肿，乳房有所下沉，全身呈现内出血症状，如贫血、心律亢进、呼吸增数等，最终可能导致死亡。

(4) 乳头外伤 乳头有的一部分断掉，有的从乳头基部被断掉的，也有因被踩伤而呈横裂创。

3. 诊断

根据乳房是否有伤口、出血、疼痛等症状可以确诊。

4. 治疗

(1) 轻度外伤 可按外科对清洁创或感染创（化脓创）的常规处理法治疗。创面涂布龙胆紫或撒布冰片散（呋喃坦啶 20g，冰片 90g，大黄末 10g，氧化锌 10g，碘仿 20g）。创口大时应进行适当缝合，并应用抗生素以预防乳房炎。

(2) 深部创伤 可用 3％过氧化氢溶液、0.1％高锰酸钾溶液、0.05％新洁尔灭溶液或呋喃类溶液充分冲洗创口，清除创内异物及坏死组织；创内填充碘甘油或魏氏流膏（蓖麻油100mL、碘仿 3g、松馏油 3mL）绷带条。修整皮肤创口，结节缝合，下端留引流口。如创腔蓄积分泌物过多，必要时可向下扩创引流。有必要时采用抗生素，以防感染引起乳房炎。

(3) 乳房血肿 为了避免感染乳房炎，以不行手术切开为宜，小的血肿不需治疗，3～10d 可被吸收。大的血肿，早期冷敷，使用止血剂，数天后改用温敷，促进血肿的消散吸收。若用止血剂无效时，可进行输血治疗。

(4) 乳头外伤

① 皮肤创伤：乳头皮肤创伤时，按一般外科常规处理，但缝合要紧密。乳头裂伤可用芦荟液治疗，即取鲜芦荟叶捣烂挤榨出汁，4～6h 内使用，在挤奶后用此液擦洗裂伤乳头，每天2 次，连用 5d。

② 乳头管裂开：必须及时缝合，否则由于漏奶以及创缘水肿及肉芽增生、质脆，难以缝合紧密。缝合方法：用 0.25％～0.5％普鲁卡因溶液做乳头基部皮下浸润麻醉，清除创内异物

及变性组织，用止血钳夹住乳头基部，或用灭菌纱布压迫 10min 止血。缝合时，先将金属导乳针插入乳头，后进行三层缝合。第一层用尼龙线结节缝合黏膜，针距以缝合结束后堵住乳头管口，稍稍用力挤压，以乳汁不漏出创口为宜。第二层用细丝线及水平纽孔状缝合法缝合肌层，缝合时要将缝线拉紧到组织之间没有间隙的程度再打结。第三层用丝线结节缝合皮肤，缝合时不要拉线过紧，以免引起血液循环障碍而影响愈合。为避免因乳头积乳而发生缝合处漏乳，手术后要在乳头管内插入导管，导管至少要保持到 4d。术后 7～8d 拆除皮肤缝线。

③ 乳头断裂：乳头全部或一段完全断掉时，必须将断端各层相对缝合，使其不能排乳。否则自行流奶，并感染乳房炎。

三、漏乳

漏乳是指在没有挤奶的情况下，奶从乳头内自然流出的现象，多见于乳牛和马，也见于奶山羊，特别是膘情好的母马更为多见。一般在分娩前后发生。

漏乳有正常的和非正常的。在正常的挤奶过程中，由于乳房内乳汁的分泌与充盈，乳房膨胀，乳房内部压力增大，奶从乳头内流出，这种现象属于生理性漏乳；在非挤奶时间，经常地或持续性地流出乳汁，这种现象属于病理性漏乳。不正常的漏乳，不仅极大地影响奶产量，同时也给饲养造成了极大浪费。

1. 病因

① 乳房和乳头炎症或乳头管损伤引起乳头括约肌萎缩、松弛、麻痹、断离或缺损所致。

② 遗传性的或先天性乳头括约肌发育不良所致。

③ 发情、气候炎热、应激等因素也可能诱发漏乳。

2. 症状

（1）生理性漏乳 在挤奶时间，当洗乳房时或洗完乳房后，即可见从乳头内流出乳汁，呈不间断的线状。

（2）病理性漏乳 在非挤奶时间，乳房充涨时，乳汁自然滴出或射出。在母畜卧下时，乳房受到地面或腹部肌肉压迫，乳汁流出更快、更多。由于乳汁经常不自主地外流，患区乳房较其他乳房松软。检查乳头，可发现松弛、紧张度差，或乳头缺损、纤维化。

3. 治疗

（1）生理性漏乳 可用拇指与食指、中指轻轻按摩乳头，经 3～5min，漏乳即可消失。

（2）病理性漏乳 现在尚无特效疗法，可试采用中西结合方法治疗。

① 按摩乳头：每次挤乳后，用拇指和食指捻转乳头尖端，按摩 10～15min，连续 10～15d。同时还可涂以酒精、樟脑酒精等轻度刺激剂，以刺激括约肌的收缩。

② 刺激括约肌增厚：在乳头括约肌旁插入细针头，注射少量的青霉素或高渗氯化钠溶液，刺激组织增生，可使括约肌增厚，乳头管缩小。也可在乳头管周围注射适量的灭菌液体石蜡，机械性地压迫乳头管腔。有报道，用结核菌素注射器在括约肌的 4 个等距离点注射复方碘溶液（碘 1.3g、碘化钾 2.6g、无菌注射用水 24.0mL），对漏乳的治愈率达 50%。

③ 乳头浸火棉胶：每次挤奶后，拭干乳头尖端，在火棉胶中浸一下。火棉胶在乳头尖端部形成帽状薄膜，既起封闭乳头管口的套子样作用，又有紧缩乳头括约肌的功能，下次挤奶前把此帽撕掉。此法虽不能根治，但有助于防止漏乳。

④ 串线刺激乳头肌：当乳头肌麻痹时，可用串线法进行刺激，使组织增生，以缩小乳头管腔。方法是先在乳头管中插进一根粗乳导管，后浸以 5%碘酊的细丝线，在乳头管周围皮下用袋口缝合法缝合数针，拉紧缝线打结后，抽出乳导管。在针孔上涂上抗菌药软膏，防止感染。经过 9～10d 拆线。

⑤ 乳头上套橡皮圈：当括约肌异常松弛，上述各法效果不良时，用纱布或橡胶圈以及胶布轻扎乳头，松紧程度以不使乳汁流出为宜。挤奶前摘下，挤奶后箍上。

4. 预防

严格遵守挤奶规程和挤奶技术，加强乳房卫生保健，防止损伤乳头。机器挤奶真空压不应高于 380mmHg（1mmHg＝133.32Pa），抽时不应超过 5min；及时修整牛蹄，防止蹄角质过长而损伤乳头；手工挤奶应用拳握式，不能采用捋式和"揪皮条"，挤奶后要施行乳头药浴。

四、血乳

血乳是指因乳房输乳管、腺泡及周围组织血管破裂发生出血，血液进入乳汁，使挤出的奶染血或呈血样。多见于乳牛和奶山羊，主要发生于产后最初几天。

1. 病因

① 分娩后乳房血管充血，红细胞或血红蛋白渗进腺泡腔及腺管腔所致。

② 乳房受机械性损伤，使乳房血管破裂所致。

③ 酮病样的代谢障碍，血小板减少或血凝障碍性疾病，可出现血乳。

2. 症状

① 突然出现血乳，病乳房肿胀，局部温度升高，皮肤上出现红色或紫红色斑点；挤奶时表现疼痛，躲避。

② 轻症者奶呈粉红色，重症者奶呈鲜红色、棕红色或其中含有暗红色血凝块。将血乳盛于试管中静置，血细胞下沉，上层出现正常乳汁。

③ 一般全身反应轻微，精神、食欲和泌乳正常，仅在挤奶时因血凝块填塞乳头管而挤奶困难。通常经数天出血后，症状逐渐减轻或消失。

④ 当患血小板减少症时，病畜呈进行性贫血，黏膜苍白，全身症状明显。

3. 诊断

根据乳呈红色，即可确诊。但要注意全身反应程度，并与出血性乳房炎区别。

出血性乳房炎常发生在产后最初几天，多见半个或整个乳房红、肿、热、痛，炎性反应明显。乳房皮肤出现红色或紫红色斑点，乳汁稀薄如水，呈淡红色或深红色，内含凝血和凝乳块、量少。全身反应严重，体温升高至 41℃，食欲减退或废绝，精神沉郁。

4. 治疗

① 产后血乳一般不需治疗，只要加强护理，减少或停止给精饲料、多汁饲料，限制饮水，减少挤乳次数，保持乳房清洁，一般经 3～10d 乳汁可自行恢复正常。

② 血乳超过 2d 的，可给以冷敷或冷淋浴，但严禁按摩、热敷和涂擦刺激性药物。为尽快止血，可向乳房内打入过滤灭菌的空气，可使腺泡腺管充气，压迫血管止血。也可肌内注射止血敏、安络血、维生素 K、仙鹤草素注射液等止血药。当流血过多时，应考虑输血、补充钙剂。有报道，将 0.2% 高锰酸钾溶液 300mL 注入牛乳头内，治愈率达 91%。

③ 对出现血乳时间较长，用止血剂无效时，可乳房内注入 2% 盐酸普鲁卡因 10mL，每日 2～3 次或试用中药治疗。

④ 预防继发感染，给牛肌内注射青霉素 250 万～300 万国际单位/次，每天 2 次，连注 3d。

五、酒精阳性乳

酒精阳性乳（APM）是指新挤出的牛奶，在 20℃ 下与等量的 70%（68%～72%）酒精混合，轻轻摇晃，产生细微颗粒或絮状凝块的乳的总称。酒精阳性乳色泽、气味与正常奶没有差别，营养成分与正常乳也没有明显差别。但在加热130℃后凝结，无法通过板式热交换器，给乳制品生产带来不利影响，同时不易保存。

根据酒精阳性乳中酸度的差异，可分为高酸度酒精阳性乳和低酸度酒精阳性乳两种。

（1）高酸度酒精阳性乳　指乳的滴定酸度增高（19～20°T），加入70％酒精凝固的乳。主要是由于在挤奶过程中挤奶机管道、挤奶罐消毒不严，挤奶场环境卫生不良，牛奶保管、运输不当及未及时冷却等因素，乳中的微生物迅速繁殖，乳糖分解为乳酸，致使酸度增高，蛋白变性所致。这种乳加热后凝固，其实质是发酵变质牛乳。

（2）低酸度酒精阳性乳　指乳的滴定酸度正常，乳酸含量不高，加入70％酒精可产生细小絮状凝乳块的乳。这种乳加热后不凝固，但奶的稳定性差，质量低于正常乳。

1. 酒精阳性乳产生的原因

（1）生理功能的影响　乳腺的发育、乳汁的生成受各种内分泌功能所支配，内分泌失调，特别是雌激素、甲状腺素、肾上腺皮质激素等分泌失调，易分泌酒精阳性乳。受惊吓等应激因素影响，导致生理功能紊乱，也易分泌酒精阳性乳。

（2）环境因素的影响　各种不良因素都可能成为酒精阳性乳发生的诱因。例如，酷热、寒冷，气温突然改变，过度疲劳，挤乳过度，牛棚阴暗、潮湿、通风不良，刺激性气体（氨气），杂音，车辆运输等各种应激因素刺激牛只，引起内分泌功能失衡，使乳腺组织分泌的乳汁异常。乳腺对外界刺激更为敏感，易分泌酒精阳性乳。

（3）潜在疾病的影响　各种潜在疾病诱发低酸度酒精阳性乳已有很多报道。如发生隐性乳房炎、肝脏功能障碍、酮病、骨软症、钙磷代谢紊乱、繁殖疾病、胃肠疾病时，都易分泌酒精阳性乳。

（4）乳汁收藏与运输不当　乳汁在收藏、运输等过程中，由于卫生不良和消毒不严，未及时冷却，乳中微生物迅速繁殖，乳糖分解为乳酸，致使乳的酸度增高，冬季鲜奶受气候或运输的影响而冻结，乳中一部分酪蛋白变性等都会形成酒精阳性乳。

（5）饲养管理失调　日粮总量不足或过高；精饲料喂量过大，饲料发霉、急剧更换饲料、变质，尤其是青贮饲料品质差，导致奶牛食欲下降或引起腹泻等胃肠疾病；长期缺乏维生素、多种微量元素；长期饲喂低钠饲料；日粮中钙磷比例失调，钙量过高等会引起奶牛生理状况改变，从而易分泌酒精阳性乳。

2. 酒精阳性乳的发生机制

目前，关于酒精阳性乳的发生机制，国内外尚无统一定论，目前主要的几种观点有：低钠学说；乳汁 Ca^{2+} 浓度升高学说；血液中相关激素升高学说；乳腺细胞代谢变化学说。

3. 诊断

酒精阳性乳出现后，乳房和乳汁无任何肉眼可见异常，乳成分与正常乳无差异，只是在收购乳时，经酒精试验后才可被发现。

根据发病原因和临床症状表现，结合酒精与牛奶混合而产生的微细颗粒或絮状凝块等现象来综合诊断。

4. 防治

迄今为止，引起酒精阳性乳发生的绝对因子尚未发现，本病也没有特效治疗方法。因此，加强饲养管理，消除各种不良环境条件，减少各种应激因素对奶牛的刺激，增强机体抵抗力，使全身生理功能和乳腺功能免受影响，是防治酒精阳性乳的唯一有效途径。

（1）加强饲养管理　供应均衡日粮，精料特别是蛋白饲料的喂量不应过高或不足，精料中按0.5％添加赖氨酸；粗饲料要充足，保证优质干草如苜蓿的供应；注意日粮中钙、磷、镁、钠的供应量和比例；保持饲料稳定，不能突然更换；严禁饲喂发霉、变质、腐败饲料；加强挤乳卫生和环境卫生，保持良好的环境条件；炎热季节防暑降温，寒冷季节防寒保暖，尽量减少各种应激因素的刺激。

（2）药物治疗　药物治疗的目的是调节机体全身代谢、解毒保肝、改善乳腺功能。

① 柠檬酸钠 75g，每天两次，内服，连服 7d，或 10％柠檬酸钠 150mL，每天两次，皮下注射。也可用 0.1％柠檬酸液 50mL，挤乳后乳房注入，每日 1～2 次。

② 丙酸钠 150g，一次内服，每天一次，连服 7d。磷酸二氢钠 40～70g，每天 1 次内服，连服 1 周；与维生素 B_1 合用效果更好。

③ 碘化钾 8～10g，一次内服，每日 1 次，连服 3～5d。

④ 用 2％甲硫基尿嘧啶 20mL，一次肌内注射，与维生素 B_1 合用效果更好。

⑤ 挤乳后，用 1％的 $NaHCO_3$ 或者 0.1％的柠檬酸钠往发病的乳室内灌注，每个乳室 50mL，每天一次，连用 4～5d。

⑥ 25％葡萄糖注射液、20％葡萄糖酸钙注射液各 250～500mL，每日 1 次，静脉注射，连用 3～5d。

⑦ 10％氯化钠注射液 400mL，5％碳酸氢钠注射液 400mL，5％～10％葡萄糖注射液 400mL。依次静脉注射，低酸度酒精阳性乳很快转为阴性。

⑧ 肌内注射维生素 C，调节乳腺毛细血管通透性。

⑨ 对于发情期、泌乳前后期由于内分泌功能紊乱引起的酒精阳性乳，可以肌内注射绒毛膜促性腺激素 1000 国际单位或黄体酮 100mg。

实训二十四　乳房炎的诊断治疗

【实训目的】
掌握乳房炎的诊断、检验和治疗的一般操作技术。

【实训内容】
隐性乳房炎的检测（加州乳房炎试验）、临床型乳房炎的诊断和乳房炎的治疗。

【设备与材料】
临床型乳房炎乳牛（可用橡胶乳房模型代替）、隐性乳房炎乳牛的待检乳汁、诊断盘、诊断液、胶头滴管、乳导管、抗菌药、生理盐水、水棉胶、注射器、消毒药液。

【方法与步骤】

1. 隐性乳房炎的检测

（1）CMT 法（加州乳房炎试验）原理　烷基丙烯基磺（硫）酸盐为表面活性剂，具有使各种白细胞膨胀的作用，苛性钠能加速细胞电荷的改变。这样，在白细胞之间的间隙及其电荷发生改变的情况下，变性细胞彼此出现凝结。

（2）试剂

碳酸氢钠	15g
烷基丙烯基磺酸钠（钾）	30～50g
溴甲酚紫	0.1g
蒸馏水	1000mL，混合，待用

（3）诊断盘　用一乳白色塑料盘，上有 4 个深约 1.5cm、直径为 5cm 的圆形小室。

（4）操作　将被检牛的 4 个乳区的乳汁分别挤在诊断盘的 4 个小室内，倾斜诊断盘，倒出多余的乳，使每个小室内保留乳汁 2mL，分别加入 2mL 试剂于小室内，呈同心圆摇动诊断盘，最后判定。判定标准如下表。

CMT 反应判定标准表

反应	符号	乳汁反应	细胞总数/mL	嗜中性粒细胞的比例/%
阴性	—	液状，无沉淀物	0～200000	0～25
可疑	±	微量极细颗粒，不久即消失	150000～500000	30～40
弱阳性	+	有部分沉淀物	400000～1500000	40～60
阳性	++	凝结物呈胶状，摇动时呈中心集聚，停止摇动时沉淀物呈凹凸状附着于盘底	800000～5000000	60～70
强阳性	+++	凝结物呈胶状，表面突出，摇动时向中心集中，凸起，黏稠度大，停止摇动，凝结物仍黏附于盘底，不消失	500000 以上	70～80
碱性乳	p	呈深紫色（pH 值 7 以上）	—	—
酸性乳	Y	呈黄色（pH 值 5.2 以下）	—	—

2. 临床型乳房炎的诊断及治疗

（1）临床诊断

① 视诊、触诊：观察乳牛运动情况，观察乳房的大小、形状、完整性及皮肤颜色等。压乳房，检查有无疼痛、敏感性、乳头管及乳房坚硬度、乳房上有无硬块，有无捻发音、温度有无增高、乳上淋巴结有无肿大等。

② 测量体温：在直肠测量体温，检查体温是否升高。

（2）治疗的一般操作方法

① 乳房注药：用无刺激性消毒液清洗、消毒乳导管、乳牛乳头及操作者的手；挤净乳房内的乳汁、残留物，并再次清洗、消毒乳头；将乳导管插入乳头管，连接注射器注入抗菌药液 50mL；注药后，可轻轻捏一下乳头，促进乳头括约肌收缩，防止药液漏出。

② 乳头浸药：用 50～100mL 广口瓶或杯子装满 3％次氯酸钠液、0.3％的洗必泰、0.5％碘伏、0.2％过氧乙酸或 70％的酒精后，逐个乳头浸泡 0.5min。

【实训报告】

写出奶牛乳房炎的诊断与治疗操作技术要点。

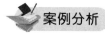 案例分析

[病例 1] 母猪急性乳房炎

[疗法] 局部用三棱针或中宽针多点穿刺放血 150mL，针刺入深度为 0.5cm，隔日 1 次，放血 2 次。对局部用 0.25％普鲁卡因青霉素注射液（青霉素 160 万～480 万国际单位，普鲁卡因 4mL，注射用水 28mL）进行封闭，每天注射 2 次，连续注射 3d。

[效果] 母猪体温恢复正常，乳房充血、硬块消失，精神和食欲亦恢复正常。

[分析] 母猪分娩后补饲早，且补饲的饲料质量过好，数量过多，导致泌乳量过多，而仔猪小，吮乳量有限，导致乳汁滞积，加之猪舍卫生差、湿度大，母猪分娩后，机体抵抗力差，细菌通过松弛的乳头孔进入乳房、或乳头受体表寄生虫侵袭，诱发乳房炎。

[病例 2] 血乳

[疗法] 用止血敏 20mL，肌内注射；仙鹤草素注射液 40mL，1 次肌内注射，每天 2 次；安络血 20mL（含安络血 100mg），1 次肌内注射，每天 2 次。3d 后患病奶牛症状明显好转。

　　〔效果〕　奶牛乳汁恢复正常。

　　〔分析〕　分娩后乳房血管充血状况发生改变，乳腺腺池毛细血管壁通透性增大，红细胞或血红蛋白渗进腺泡腔或腺管腔，使乳汁变红。乳房损伤使乳房血管破裂也可能造成本病的发生。同时应用止血药，可以达到有效止血的目的。

目标检测题

一、名词解释

1. 乳房炎　2. 乳房水肿　3. 乳房创伤　4. 漏乳　5. 血乳　6. 酒精阳性乳

二、填空题

1. 引起奶牛乳房炎最主要的病原菌是＿＿＿＿＿＿、＿＿＿＿＿＿。
2. 乳房炎发病一般经历＿＿＿＿＿＿、＿＿＿＿＿＿、＿＿＿＿＿＿三个阶段。
3. 临床型乳房炎可分为＿＿＿＿＿＿、＿＿＿＿＿＿、＿＿＿＿＿＿、＿＿＿＿＿＿四种。
4. 乳房水肿的诊断要注意与＿＿＿＿＿＿、＿＿＿＿＿＿、＿＿＿＿＿＿等病症区别。
5. 常见的乳房创伤主要包括＿＿＿＿＿＿、＿＿＿＿＿＿、＿＿＿＿＿＿、＿＿＿＿＿＿四种。
6. 治疗病理性漏乳常用的方法有＿＿＿＿＿＿、＿＿＿＿＿＿、＿＿＿＿＿＿、＿＿＿＿＿＿、＿＿＿＿＿＿。

三、问答题

1. 乳房炎如何发生（发病机制）？
2. 临床型乳房炎具有哪些症状？如何进行治疗？
3. 如何诊断奶牛隐性乳房炎？
4. 如何预防乳房炎的发生？
5. 严重乳房水肿的病因有哪些？如何进行治疗？
6. 写出乳房深部创伤的症状及治疗方法。
7. 奶牛分泌血乳的原因是什么？如何进行治疗？
8. 简述酒精阳性乳的发病原因及防治措施。

参 考 文 献

[1]　中国农业大学. 家畜外科手术学. 3 版. 北京：中国农业出版社，1999.

[2]　赵兴绪. 兽医产科学. 3 版. 北京：中国农业出版社，2002.

[3]　赵兴绪. 兽医产科学实习指导. 3 版. 北京：中国农业出版社，2004.

[4]　李国江. 动物普通病. 北京：中国农业出版社，2001.

[5]　覃国森. 养牛与牛病防治. 南宁：广西科学技术出版社，2005.

[6]　王洪斌. 家畜外科学. 4 版. 北京：中国农业出版社，2002.

[7]　肖定汉. 奶牛养殖与疾病防治. 2 版. 北京：中国农业出版社，2004.

[8]　陈北亨. 兽医产科学. 2 版. 北京：中国农业出版社，1988.

[9]　于船. 中兽医学. 2 版. 北京：中国农业出版社，1985.

[10]　黄家良. 兽医处方大全. 南宁：广西科学技术出版社，1998.

[11]　张宏伟. 动物疫病. 北京：中国农业出版社，2001.

[12]　孙明琴，王传锋. 小动物疾病防治. 北京：中国农业大学出版社，2007.

[13]　何德肆，扶庆. 动物外科与产科疾病. 重庆：重庆大学出版社，2007.

[14]　崔中林. 实用犬猫疾病防治与急救大全. 北京：中国农业出版社，2000.

[15]　邓干臻. 宠物诊疗技术大全. 北京：中国农业出版社，2005.

[16]　陈北亨，王建辰. 兽医产科学. 北京：中国农业出版社，2001.

[17]　吴敏秋，李国江. 动物外科与产科. 北京：中国农业出版社，2006.

[18]　高作信. 兽医学. 3 版. 北京：中国农业出版社，2002.

[19]　彭广能. 兽医外科学. 成都：四川科学技术出版社，2004.

[20]　崔中林，张彦明. 动物疾病防治大全. 北京：中国农业出版社，2001.

[21]　刘占民. 兽医学概论. 北京：中国农业出版社，2006.

[22]　王强华. 动物外科手术图解. 3 版. 北京：中国农业出版社. 1996.

[23]　顾剑新. 宠物外科与产科. 北京：中国农业出版社，2007.

[24]　覃国森. 养牛与牛病防治. 南宁：广西科学技术出版社，2005.

[25]　郭铁，汪世昌. 家畜外科学. 北京：中国农业出版社，1980.

[26]　孟庆寿. 家畜外科及产科学. 北京：中国农业出版社，1995.

[27]　刘振忠. 家畜外科及产科病学实习指导. 北京：中国农业出版社，1981.

[28]　甘肃省畜牧学校. 家畜外科及产科学. 2 版. 北京：中国农业出版社，2000.

[29]　王振龙，马鸿胜. 畜禽普通病学. 北京：中国农业科学技术出版社，1996.

[30]　威廉·C. 雷布汉（美）. 奶牛疾病学. 赵德明，沈建忠译. 北京：中国农业大学出版社，1995.

[31]　黄利权. 宠物医生实用新技术. 北京：中国农业科学技术出版社，2006.

[32]　唐兆新. 兽医临床治疗学. 北京：中国农业出版社，2002.

[33]　山东农学院畜牧兽医系外产科教研室. 家畜外科手术学. 济南：山东科技出版社，1982.

[34]　解放军农牧大学. 兽医外科学. 长春：解放军农牧大学出版社，1999.

[35]　王春璈. 犬猫疾病防治. 泰安：山东省出版总社泰安分社，1998.

[36]　姚卫东. 兽医临床基础. 北京：化学工业出版社，2014.

[37]　徐作仁. 兽医临床诊疗技术. 北京：化学工业出版社，2010.

[38]　任玲. 兽医基础. 北京：化学工业出版社，2010.

[39]　毕玉霞，方磊涵. 中兽医. 2 版. 北京：化学工业出版社，2016.

[40]　褚秀玲. 动物普通病. 2 版. 北京：化学工业出版社，2015.